前　言

本书是为了更好地适应中等职业院校机械类专业学生的学习要求，将枯燥乏味的机械基础理论变得直观易懂而编写的。在编写过程中注意下列原则：

1）坚持以能力为本位，重视实践能力的培养。根据中等职业院校机械类专业学生将从事职业的特点，结合实践应用，合理编写知识结构内容和实践应用内容。

2）合理组织本书内容，使之接近现代科学技术的发展，尽可能在书中编入新知识、新技术和新设备等方面的内容。同时，本书编写过程中，严格贯彻国家有关技术标准。

3）内容呈现形式方面，尽可能地使用三维立体图、实物图以及表格的形式将各知识点生动形象地展示出来，力求给学生展示一个更加直观、易于理解的认知环境，同时也便于学生自学。

4）针对各章节知识点，设计了贴近日常生活、生产的知识导入环节，便于拓展学生的思维结构，引导学生养成善于观察、善于推理、敢于设计创新的思维模式。

5）为给教师教学提供更多便利，本书配套有教学PPT。为便于学生理解掌握以及方便学生自主学习，本书的重点和难点部分配有微课及视频。

由于编者水平有限，书中不当之处在所难免，敬请批评指正。

编　者

目　录

O CONTENT

绪　论

学习目标

1. 本课程的性质、内容、特点及学习方法。

2. 掌握零件、构件、机构、机器、机械的概念及它们之间的区别与联系，以及机器的组成。

3. 掌握运动副的概念和分类。

知识导入

人们的生活离不开机械，在日常生活中机械随处可见，如自行车、汽车（图 0-1a)、挖掘机等。机械通常有两大类：一类是可以使物体运动速度加快的，称为加速机械，如自行车、飞机等；另一类是使人们能够对物体施加更大的力的，称为加力机械，如扳手（图 0-1b)、数控机床(图 0-1c）等。本课程将带你了解常用机械设备或机构的工作原理，你准备好了吗?

a) 汽车

b) 扳手

c) 数控机床

图 0-1 生活中常见的机械

学习内容

0 CHAPTER

一、课程概述

1. 课程性质

机械基础是机械类专业的一门专业基础课，是为更好地学习专业技术课和培养专业岗位能力服务的。

2. 课程内容

本课程包括机械传动、常用机构、轴系零件等方面的基础知识。

3. 课程任务

通过本课程的学习，能够了解常用机构、构件、各种传动的基本原理，然后在生活及生产中加以运用。

二、零件、构件、机构、机器和机械

1. 零件和构件

零件是机器及各种设备的基本组成单元（如螺母、螺栓)，如图 0-2 所示。有时也将用简单方式连成的单元件称为零件（如轴承、轴等)。

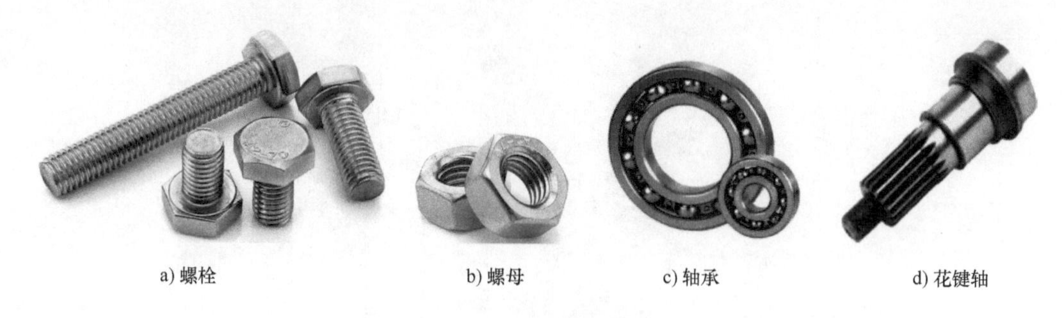

a) 螺栓　b) 螺母　c) 轴承　d) 花键轴

图 0-2　零件

构件是机构中的运动单元体，如图 0-3 所示内燃机（曲柄滑块机构）中的曲柄、连杆和滑块等。

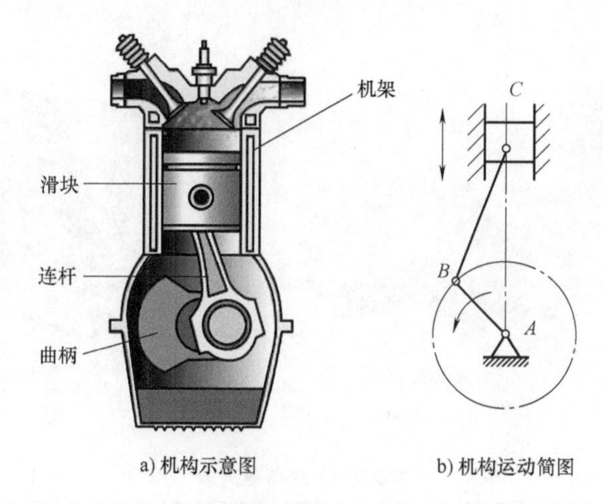

a) 机构示意图　b) 机构运动简图

图 0-3　内燃机（曲柄滑块机构）

零件与构件的区别和联系见表 0-1。

表 0-1　零件与构件的区别和联系

名称	区别	联系
零件	制造单元,相互之间没有运动	构件可以是一个独立的零件,也可以由若干个零件组成
构件	运动单元,相互之间有确定的相对运动	

2. 机构和机器

机构是由许多具有确定的相对运动的构件组成的，是一系列构件的组合体，它是用来传递运动和动力的构件系统，如图 0-4 所示柴油机中的曲柄滑块机构、齿轮机构、凸轮机构等。

机器是人们根据使用要求而设计制造的一种执行机械运动的装置，用来变换或传递能量、物料与信息，从而代替或减轻人类的体力劳动和脑力劳动，如图 0-5 所示的起重机、计算机等。

常见机器的类型及应用举例见表 0-2。

图 0-4　柴油机中的机构

a) 起重机

b) 计算机

图 0-5　常见机器举例

表 0-2　常见机器的类型及应用举例

类　型	应用举例
变换能量的机器	电动机、内燃机(包括汽油机、柴油机)等
变换或传递物料的机器	各类机床、起重机、缝纫机、运输车辆等
变换或传递信息的机器	计算机、手机等

机构与机器的区别见表 0-3。

表 0-3　机构与机器的区别

名称	共同点	不同点	功用
机构	1. 都是由构件组成的 2. 构件间都具有确定的相对运动	机构只能用来传递运动和力，而不能做功或实现能量转换	传递或转换运动，或实现某种特定的运动形式
机器		机器能够代替人的劳动完成有用的机械功(如机床的切削工作)或实现能量转换(如内燃机将热能转换为机械能)	利用机械能做功或实现能量转换

提示：如果不考虑做功或实现能量转换，只从结构和运动的观点来看，机构和机器之间是没有区别的。因此，为了简化叙述，有时也用“机械”一词作为机构和机器的总称。“机械基础”就是“机构和机器基础”的简称。

3. 机器的组成

以图 0-6 所示家用洗衣机为例，从图中可以看出，电动机产生的动力经离合器、传动带和减速器传动后，带动波轮旋转，整个洗衣过程由洗衣机中的控制器进行控制。一般而言，机器的组成通常包括动力部分、传动部分、执行部分和控制部分。机器各组成部分的作用和应用举例见表 0-4。

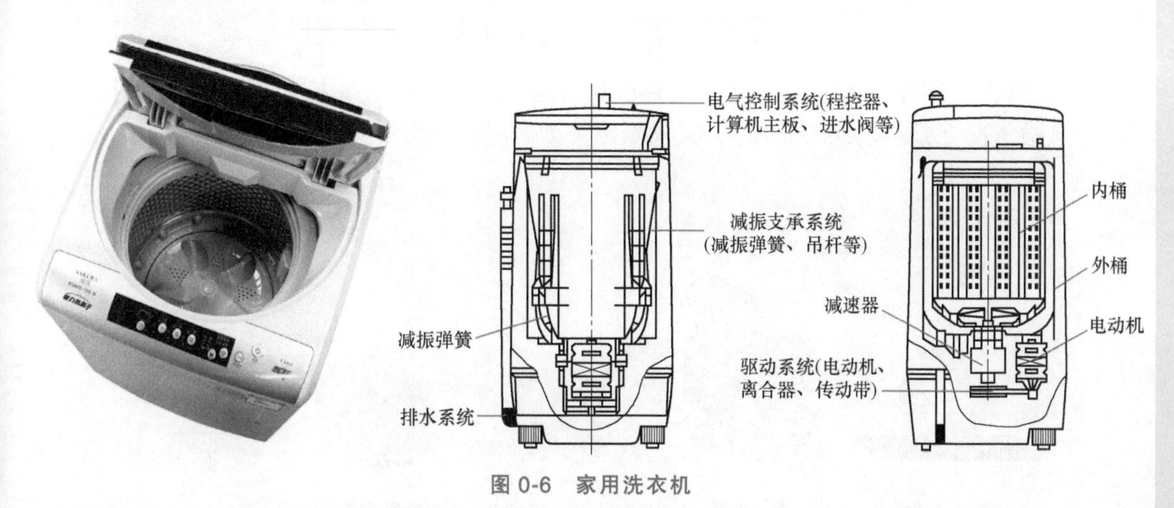

图 0-6　家用洗衣机

表 0-4　机器各组成部分的作用和应用举例

组成部分	作　用	应用举例
动力部分	将其他形式的能量转换为机械能，以驱动机器各部分的运动	如电动机、内燃机、蒸汽机和空气压缩机等
传动部分	将原动机的运动和动力传递给执行部分的工作机构	如金属切削机床中常用的带传动、螺旋传动、齿轮传动、连杆机构等都是机器中典型的传动部分。机器中应用的传动方式主要有机械传动、液压传动、气压传动和电气传动等
执行部分	机器中直接完成具体工作任务的部分，处于整个传动装置的终端，其结构型式取决于机器的用途	如金属切削机床的主轴、拖板。根据应用的要求，其运动形式可能是直线运动，也可能是回转运动或间歇运动等
控制部分	包括自动检测部分和自动控制部分，其作用是显示和反映机器的运行位置和状态，控制机器的正常运行和工作	如机电一体化产品（加工中心、数控机床及机器人）中的控制装置等

动力部分、传动部分、执行部分和控制部分之间的关系如下：

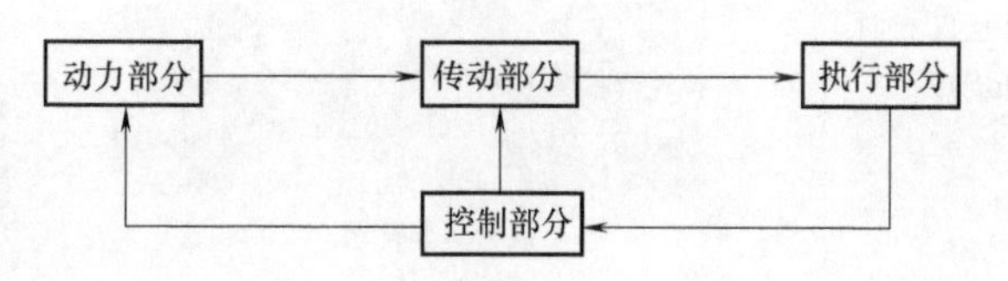

机械、机器、机构、构件、零件之间的关系如下：

机械

零件（制造单元）——组成——→ 构件（运动单元）——组成——→ 机构（传递、转变运动形式）——组成——→ 机器（利用机械能做功或实现能量转换）

三、运动副的概念及应用特点

1. 运动副

两构件之间直接接触并能产生一定形式相对运动的可动连接称为运动副。根据两构件之间的接触情况（是点、线还是面），运动副可分为高副和低副两大类，如图 0-7 所示。

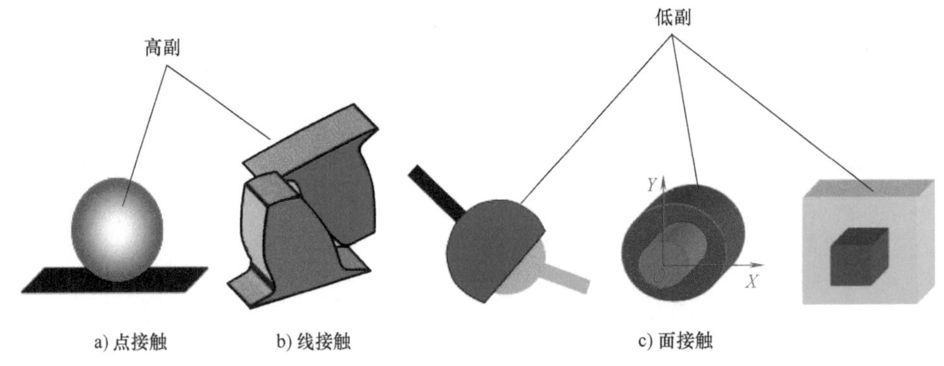

a) 点接触　b) 线接触　c) 面接触

图 0-7　运动副

（1）低副　两构件间做面接触的运动副，称为低副。根据两构件之间的相对运动特征，低副可分为转动副、移动副和螺旋副，见表 0-5。

表 0-5　低副及其应用

类型	说明	应用图例
转动副	两构件接触处只允许做相对转动的运动副	
移动副	两构件接触处只允许做相对移动的运动副	床鞍与导轨之间构成移动副 活塞与缸体之间构成移动副

（续）

类型	说明	应用图例
螺旋副	两构件只能沿轴线做相对螺旋运动的运动副。在接触处两构件做一定关系的既转又移的复合运动	机用虎钳的螺旋副 转动螺杆可改变扳手开口的大小

在分析机构运动时，为了使问题简化，可以不考虑那些与运动无关的因素（如构件的外形和断面尺寸、组成构件的零件数目、运动副的具体构造等），仅仅用简单的线条和符号来代表构件和运动副，并按一定比例表示各运动副的相对位置。

在图 0-8d 所示的转动副机构简图中，小圆圈表示转动副，线段表示构件，带阴影线的构件表示机架（固定不动）。

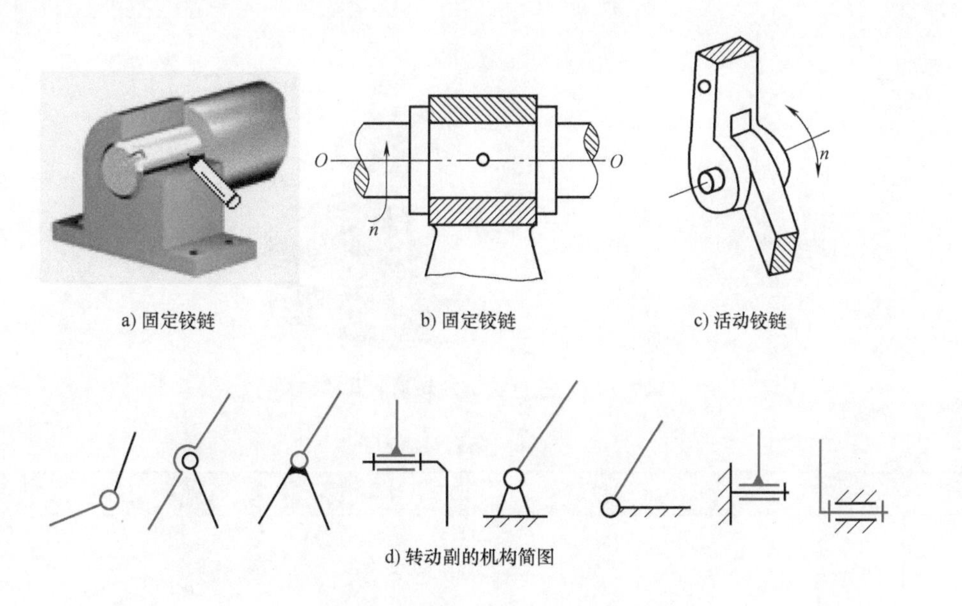

a) 固定铰链　b) 固定铰链　c) 活动铰链

d) 转动副的机构简图

图 0-8　转动副及其表示方法

图 0-9 和图 0-10 所示分别为移动副和螺旋副的表示方法。图 0-11 所示为挖掘机上的转动副及移动副。

(2) 高副　两构件之间通过点或线接触组成的运动副，称为高副。按接触形式不同，高副通常分为滚动轮接触、凸轮接触和齿轮接触，其应用见表 0-6。

1 2

a) 移动副

b) 移动副的表示方法

图 0-9 移动副及其表示方法

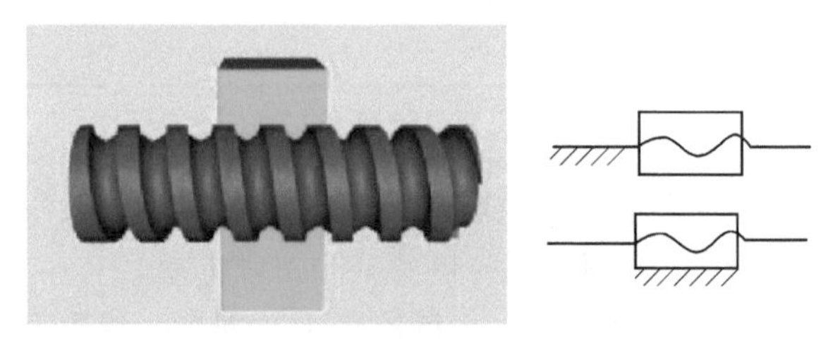

图 0-10 螺旋副及其表示方法

图 0-11 挖掘机上的转动副及移动副

表 0-6 高副及其应用

类型	应用图例
滚动轮接触	

（续）

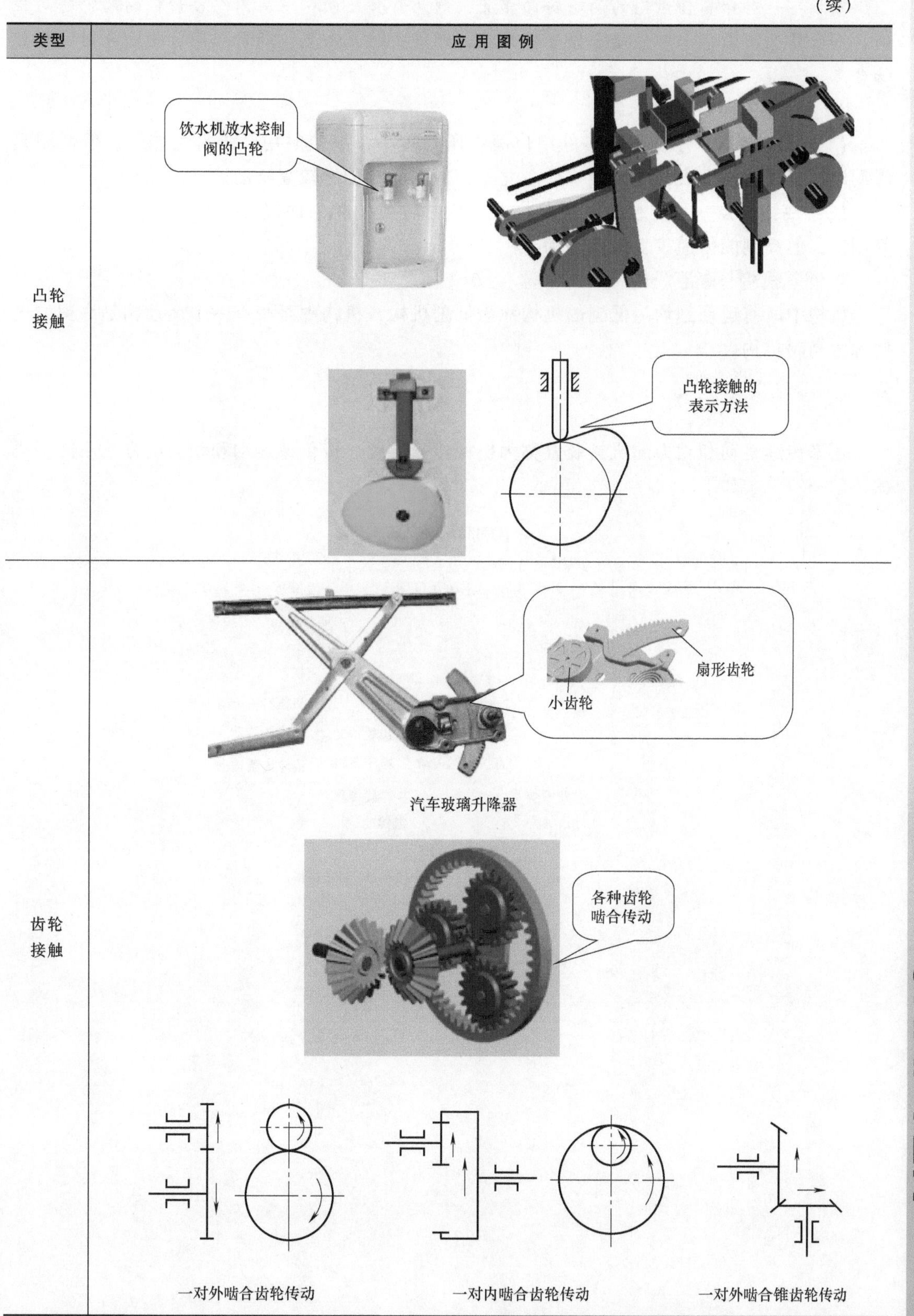

汽车玻璃升降器

一对外啮合齿轮传动　一对内啮合齿轮传动　一对外啮合锥齿轮传动

提示：一对外啮合齿轮的两轮转向相反，则两箭头反向；一对内啮合齿轮的两轮转向相同，则两箭头同向；一对外啮合锥齿轮传动，两箭头相互垂直，两箭头同时指向或同时相背啮合点。

2. 运动副的应用特点

（1）低副特点 承受载荷时的单位面积压力较小，故较耐用，传力性能好；但低副是滑动摩擦，摩擦损失大，因而效率低。此外，低副不能传递较复杂的运动。

（2）高副特点 承受载荷时的单位面积压力较大，两构件接触处容易磨损，制造和维修困难；但高副能传递较复杂的运动。

3. 低副机构与高副机构

机构中所有运动副均为低副的机构称为低副机构，机构中至少有一个运动副是高副的机构称为高副机构。

四、机械传动的分类

用来传递运动和动力的机械装置称为机械传动装置。按传递运动和动力的方法不同，机械传动一般分类如下：

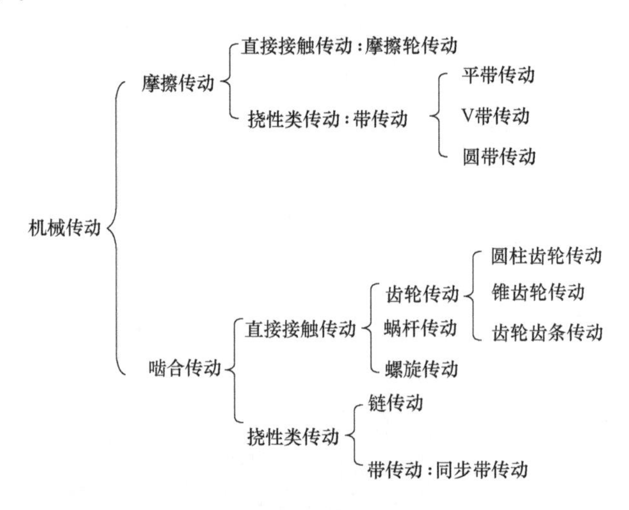

0 CHAPTER

第1章　螺旋传动

旋转灯、千斤顶（图 1-1）、活扳手（图 1-2）、红酒开瓶器等，相信这些与我们生活息息相关 的物品，每个人都不会陌生，而这些简单的物品都应用了螺旋传动。

螺纹千斤顶动画

图 1-1　千斤顶

图 1-2　活扳手

螺旋传动——利用螺旋副来传递运动或动力的一种机械传动，可以方便地把主动件的回转运动转变为从动件的直线运动。螺旋传动在机床的进给机构、起重设备、锻压机械、测量仪器、工具、夹具、玩具及其他工业设备中均有着广泛的应用（图 1-3）。

机用虎钳动画

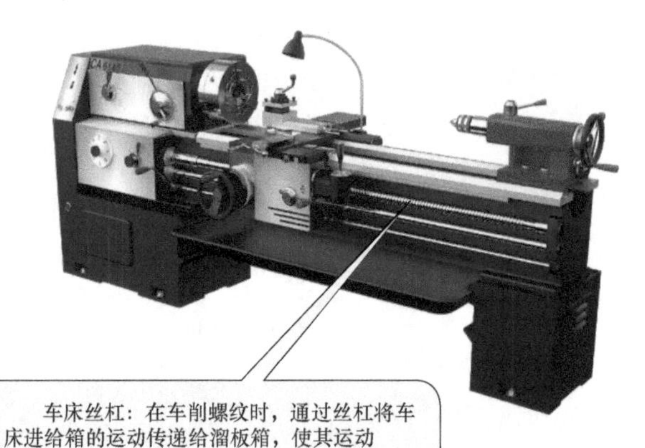

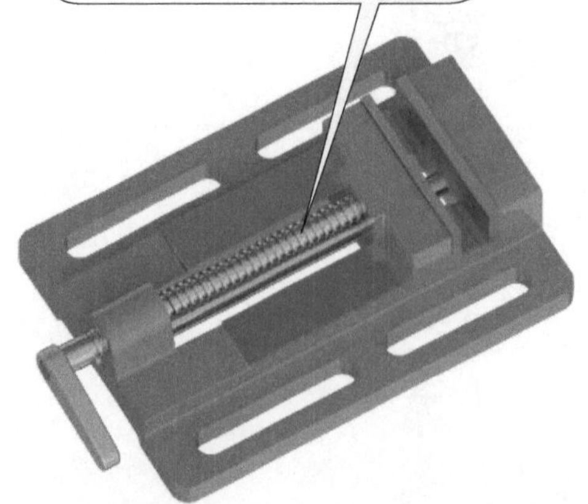

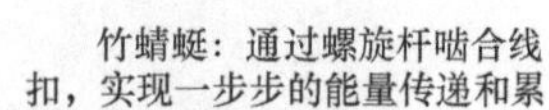

图 1-3　螺旋传动实例

1 CHAPTER

第1节 螺纹的种类和应用

学习目标

1. 了解螺纹的类型和特点。
2. 能够熟练区分常见螺纹的种类并正确选择应用。

知识导入

螺旋传动是利用螺杆（丝杠）和螺母组成的螺旋副来实现传动的。螺纹类型很多，除了可以实现传动外，还能对零件进行紧固连接。

生活中，大家对螺纹肯定不会感到陌生，螺纹是在生活中经常看到的，如螺栓、螺母以及自来水的接头等，都采用螺纹连接的形式。图1-4所示为固定式联轴器的连接螺纹。它是通过螺栓和螺母将两个半联轴器连接成一个整体，以传递运动和动力。螺母和螺栓作为紧固件，就是连接螺纹。但螺纹是不是只有这一种呢？如果不是，那它还有哪些类型？各种类型又是如何区分的呢？

图1-4 固定式联轴器的连接螺纹

学习内容

一、螺旋线的形成

如图1-5所示，将一张斜边涂黑、一锐角为30°的直角三角形纸片绕到铅笔上，其斜边在铅笔表面就形成了一条螺旋线。

螺纹——在圆柱或圆锥表面上，沿着螺旋线所形成的具有规定牙型的连续凸起。凸起是指螺纹两侧面间的实体部分，又称为牙。在圆柱表面上所形成的螺纹称为圆柱螺纹，如图1-6a所示。在圆锥表面上所形成的螺纹称为圆锥螺纹，如图1-6b所示。

图 1-5　螺旋线的形成

a) 圆柱螺纹　　b) 圆锥螺纹

图 1-6　螺纹

二、螺纹的分类及其应用

螺纹的分类及应用

1. 按螺纹牙型分类及其应用

螺纹牙型是指在螺纹轴线平面内的螺纹轮廓形状。根据牙型不同，螺纹可分为三角形螺纹、矩形螺纹、梯形螺纹、锯齿形螺纹等，如图 1-7 所示。

三角形螺纹：又称普通螺纹，牙型为三角形，一般分为粗牙螺纹和细牙螺纹两种，广泛用于各种紧固连接。粗牙螺纹应用最广；细牙螺纹适用于薄壁零件等的连接和微调机构的调整

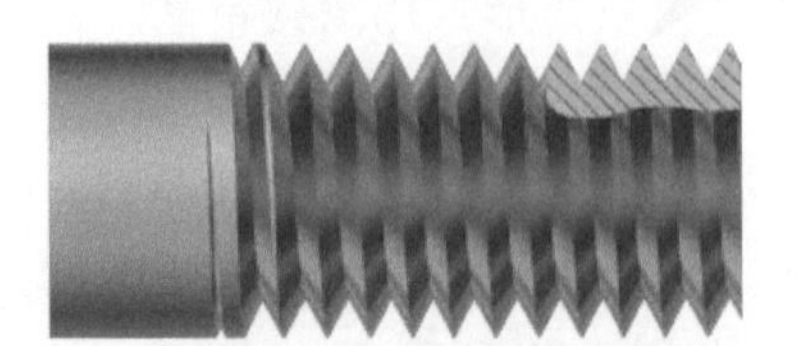

矩形螺纹：牙型为矩形，传动效率高，用于螺旋传动。但牙根强度低，精加工困难，还未标准化就已逐渐被梯形螺纹代替

图 1-7　螺纹按牙型分类

梯形螺纹：牙型为梯形，牙根强度较高，易于加工，广泛用于机床设备的螺旋传动中

锯齿形螺纹：牙型为锯齿形，牙根强度较高，多用于起重机械或压力机械的单向螺旋传动

图 1-7　螺纹按牙型分类（续）

2. 按螺旋线方向分类及应用

根据螺旋线的方向不同，螺纹分为左旋螺纹和右旋螺纹，如图 1-8 所示。

螺旋线方向的判别：

方法一　右旋螺纹：顺时针旋入的螺纹（或右边高），应用广泛。

左旋螺纹：逆时针旋入的螺纹（或左边高），应用较少。

方法二　用右手来判定：伸出右手，掌心对着自己，四指与轴线平行，看螺纹的倾斜 方向是否与大拇指的指向一致，一致就为右旋螺纹，不一致就为左旋螺纹。

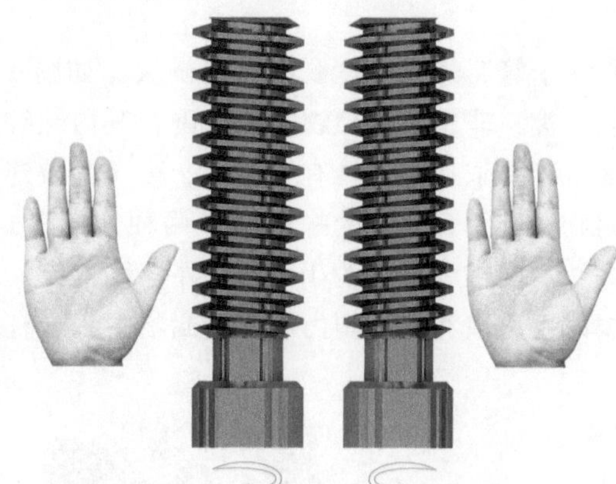

a) 左旋　　b) 右旋

图 1-8　螺纹按螺旋线方向分类

3. 按螺旋线的线数分类及其应用

根据螺旋线的线数，可将螺纹分为单线螺纹、双线螺纹和多线螺纹，如图 1-9 所示。

单线螺纹：沿一条螺旋线形成的螺纹，多用于螺纹连接

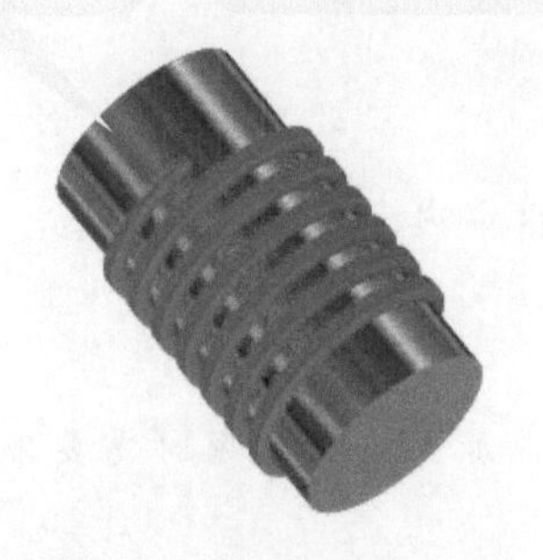

多线(双线)螺纹：沿两条或两条以上在轴向等距分布的螺旋线形成的螺纹，多用于螺旋传动

图 1-9　螺纹按螺旋线的线数分类

4. 按螺旋线形成的表面分类

根据螺旋线形成的表面位置不同，分为内螺纹和外螺纹，如图 1-10 所示。

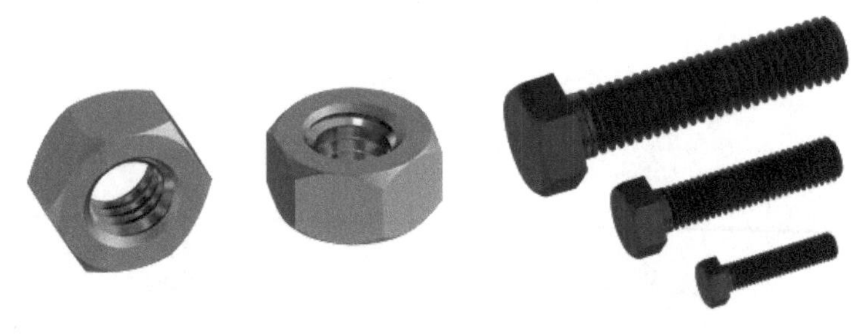

a) 内螺纹　　b) 外螺纹

图 1-10　螺纹按螺旋线形成的表面分类

三、管螺纹

用于管路连接的螺纹称为管螺纹，如图 1-11 所示。管螺纹分为非密封管螺纹和密封管螺纹两类。非密封管螺纹的螺纹副，其内螺纹和外螺纹都是圆柱螺纹，连接本身不具备密封性能，若要求连接后具有密封性，可压紧被连接件螺纹副外的密封面，也可在密封面间添加密封物。密封管螺纹的螺纹副有两种连接形式：用圆锥内螺纹与圆锥外螺纹连接；用圆柱内螺纹与圆锥（锥度为 1：16）外螺纹连接。这两种密封方式本身都具有一定的密封能力，必要时也可以在螺纹副内添加密封物，以保证连接的密封性。

图 1-11　管螺纹

第 2 节　普通螺纹的主要参数

普通螺纹的主要参数

学习目标

能够理解并牢记普通螺纹的参数意义及区分内、外螺纹的代号。

知识导入

本章第 1 节介绍了许多种螺纹，而螺纹在加工以及选用时需要依据哪些尺寸？螺纹的这些尺寸称为螺纹的参数。

学习内容

下面以普通螺纹为例说明螺纹的主要参数，见表 1-1。

表 1-1 普通螺纹的主要参数

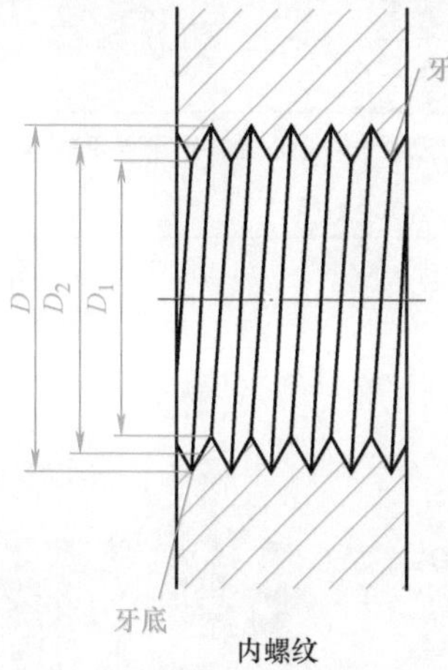

内螺纹 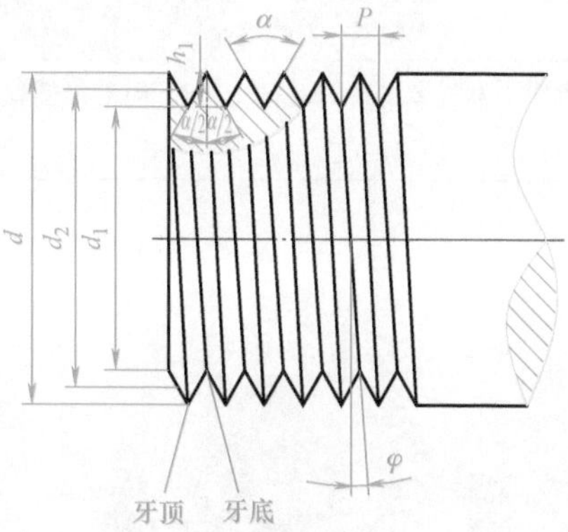　　外螺纹

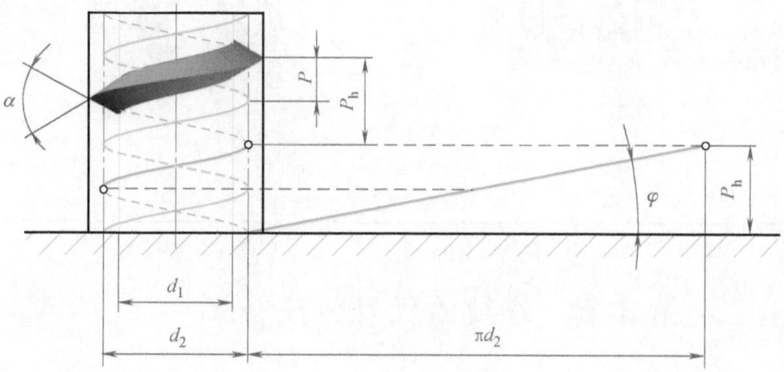

螺旋线展开

主要参数	代号		定 义
	内螺纹	外螺纹	
螺纹大径（公称直径）	D	d	螺纹大径是指与外螺纹牙顶或内螺纹牙底相切的假想圆柱面的直径。一般定为螺纹的公称直径
螺纹中径	D_2	d_2	螺纹中径是指一个假想圆柱的直径，该圆柱的素线通过牙型上的沟槽和凸起宽度相等的地方。该假想圆柱称为中径圆柱
螺纹小径	D_1	d_1	螺纹小径是指与外螺纹牙底或内螺纹牙顶相切的假想圆柱面的直径
升角	φ		升角又称导程角，普通螺纹的升角是指在中径圆柱上，螺旋线的切线与垂直于螺纹轴线平面间的夹角
牙型角	α		牙型角是指在螺纹牙型上，两相邻牙侧间的夹角 普通螺纹的牙型角 $\alpha=60°$。牙型半角是牙型角的一半，用代号 $\alpha/2$ 表示
牙侧角	β		牙侧角是指在螺纹牙型上，一个牙侧与垂直于螺纹轴线平面间的夹角
牙型高度	h_1		在螺纹牙型上，牙顶到牙底在垂直于螺纹轴线方向上的距离
螺距	P		螺距是指相邻两牙在中径线上对应两点间的轴向距离
导程	P_h		导程是指同一条螺旋线上，位置相同、相邻的两对应点间的轴向距离

（续）

主要参数	代号		定　义
	内螺纹	外螺纹	
导程 P_h、螺距 P 和线数 Z 的关系：$P_h=ZP$。即单线螺纹的导程就等于螺距；多线螺纹的导程等于螺纹线数与螺距的乘积			

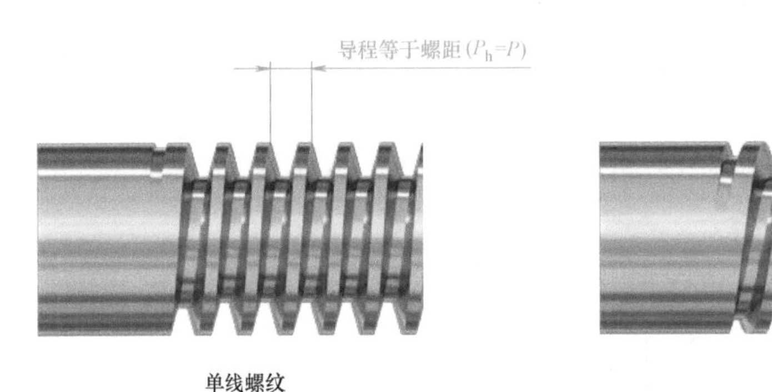

单线螺纹　　　　双线螺纹

第3节　螺纹的代号标注

螺纹的代号

学习目标

能够正确地标记螺纹并根据螺纹的标记正确地选择和使用螺纹。

知识导入

螺纹的种类很多，且螺纹已经标准化。在日常生产及生活中，我们应该如何选用螺纹呢？

学习内容

常用螺纹的代号标注见表 1-2～表 1-4。

表 1-2　普通螺纹的代号标注

螺纹类别		特征代号	螺纹标注示例	内、外螺纹配合标注示例
普通螺纹	粗牙	M	M 12 - 7g6g - L - LH M：粗牙普通螺纹 12：公称直径 7g6g：外螺纹中径和顶径公差带代号 L：长旋合长度 LH：左旋	M12 - 6H / 6g - LH 6H：内螺纹中径和顶径公差带代号 6g：外螺纹中径和顶径公差带代号

（续）

螺纹类别		特征代号	螺纹标注示例	内、外螺纹配合标注示例
普通螺纹	细牙	M	M 12 × 1 - 7H - L M：细牙普通螺纹 12：公称直径 1：螺距 7H：内螺纹中径和顶径公差带代号 L：长旋合长度	M12 × 1 - 6H / 6g 6H：内螺纹中径和顶径公差带代号 6g：外螺纹中径和顶径公差带代号

注：1. 普通螺纹的完整标记由螺纹特征代号、尺寸代号、公差带代号及其他有必要做进一步说明的个别信息组成。普通螺纹的特征代号用 M 表示。

2. 普通螺纹同一公称直径可以有多种螺距，其中螺距最大的为粗牙普通螺纹，其余的为细牙普通螺纹。细牙普通螺纹的每一个公称直径对应着数个螺距，因此必须标出螺距值，而粗牙普通螺纹不标螺距值。

3. 公差带代号中，前者为中径公差带代号，后者为顶径公差带代号，两者一致时，则只标注一个公差带代号。内螺纹用大写字母，外螺纹用小写字母。

4. 内、外螺纹配合的公差带代号中，前者为内螺纹公差带代号，后者为外螺纹公差带代号，中间用“/”分开。

5. 旋合长度有长旋合长度 L、中等旋合长度 N 和短旋合长度 S 三种，中等旋合长度 N 不标注。旋合长度是指两个配合螺纹的有效螺纹相互接触的轴向长度，所对应的具体数值可在公称直径和螺距有关标准中查到。

6. 右旋螺纹不标注旋向代号，左旋螺纹则应在螺纹标记的最后标注代号“LH”。

表 1-3　梯形螺纹的代号标注

螺纹类别	特征代号	螺纹标注示例	内、外螺纹配合标注示例
梯形螺纹	Tr	Tr 24×10 （P5） LH-7H Tr：梯形螺纹 24：公称直径 10：导程 （P5）：螺距 LH：左旋 7H：中径公差带代号	Tr24 × 5LH-7H / 7e 7H：内螺纹公差带代号 7e：外螺纹公差带代号

注：1. 梯形螺纹的完整标记由螺纹特征代号、尺寸代号、公差带代号和旋合长度代号组成。梯形螺纹的特征代号用 Tr 表示。

2. 单线螺纹只标注螺距，多线螺纹同时标注螺距和导程。

3. 右旋螺纹不标注旋向代号，左旋螺纹用 LH 表示。

4. 旋合长度有长旋合长度 L 和中等旋合长度 N 两种，中等旋合长度 N 不标注。旋合长度的具体数值可根据公称直径和螺距在有关标准中查到。

5. 公差带代号中，螺纹只标注中径公差带代号。内螺纹用大写字母，外螺纹用小写字母。

6. 内、外螺纹配合的公差带代号中，前者为内螺纹公差带代号，后者为外螺纹公差带代号，中间用“/”分开。

例如：

公称直径为 40mm，导程为 14mm、螺距为 7mm、左旋、中径公差带代号为 7e，中等旋合长度的梯形螺纹的标记为：

Tr40×14（P7）LH-7e

对于单线螺纹，公称直径后面直接标螺距数值即可。如公称直径为 40mm，螺距为 7mm、单线、右旋、中径公差带代号为 7e，中等旋合长度的梯形螺纹的标注为：

Tr40×7-7e

表 1-4　管螺纹的代号标注

螺纹类别		特征代号	螺纹标注示例	内、外螺纹配合标注示例
管螺纹	55°非密封管螺纹	G	G 1 A - LH G—非密封管螺纹；1—尺寸代号；A—外螺纹公差等级代号；LH—左旋	G1 A-LH
	55°密封管螺纹	Rc	Rc 2 LH Rc—圆锥内螺纹；2—尺寸代号；LH—左旋	Rp/R12-LH Rc/R2 2
		Rp	Rp 2 Rp—圆柱内螺纹；2—尺寸代号	
		R1、R2	R1/R2 2 LH R1/R2—圆锥外螺纹；2—尺寸代号；LH—左旋	

注：1. 管螺纹分为55°密封管螺纹、55°非密封管螺纹、60°密封管螺纹。本表只介绍前两种管螺纹。

2. 55°非密封管螺纹的标记由螺纹特征代号（G）、尺寸代号和公差等级代号（对外螺纹分 A、B 两级，对内螺纹不标记）组成。表示螺纹副时，仅需标注外螺纹的标记代号。

3. 55°密封管螺纹的标记由螺纹特征代号和尺寸代号组成，分圆柱内螺纹与圆锥外螺纹、圆锥内螺纹与圆锥外螺纹两种，特征代号分别为 Rp 与 R1、Rc 与 R2；表示螺纹副时，特征代号分别为 Rp/R1、Rc/R2。

知道螺纹的主要参数是哪几个，螺距、线数和导程之间的关系，以及螺纹代号标注中应该注意的问题。

第 4 节　螺旋传动的应用形式

普通螺旋传动的应用形式

学习目标

1. 了解普通螺旋传动的类型及应用实例。
2. 了解普通螺旋传动的特点。
3. 能够正确判定普通螺旋传动的直线移动方向。
4. 能够准确计算普通螺旋传动直线移动的移动距离及移动速度。

5. 理解差动螺旋传动的原理。

6. 能够正确判定差动螺旋传动中螺杆与活动螺母的移动方向。

7. 能够正确进行差动螺旋传动的相关计算。

知识导入

本章第 1 节中提到的物体多采用螺旋传动，例如，理发店门口的旋转灯、红酒开瓶器等。在实际生产生活中也有很多设备采用的是螺旋传动原理传递动力，螺旋传动的形式也有很多种，下面就介绍其相关内容。

学习内容

螺旋传动是一种空间运动机构，是面接触的低副机构，螺杆与螺母间组成螺旋副。

螺旋传动是利用螺旋副来传递运动和动力的一种机械传动，可以方便地把主动件的回转运动转变为从动件的直线运动。

螺旋传动具有结构简单，工作连续、平稳，承载能力强，传动精度高等优点，广泛应用于各种机械和仪器中。但螺旋传动摩擦大，传动效率低，易磨损。

常用螺旋传动有普通螺旋传动、差动螺旋传动和滚珠螺旋传动等。

一、普通螺旋传动

普通螺旋传动是指由螺杆和螺母组成的简单螺旋副实现的传动。

1. 普通螺旋传动的应用形式（表 1-5）

表 1-5　普通螺旋传动的应用形式

应用形式	应用实例	工作过程
螺母固定不动，螺杆回转并做直线运动	如台虎钳、螺旋压力机、千分尺、活扳手 台虎钳	当螺杆按图示方向相对螺母做回转运动时，螺杆连同活动钳口向右做直线运动，与固定钳口实现对工件的夹紧；当螺杆反向回转时，活动钳口随螺杆左移，松开工件

（续）

应用形式	应用实例	工作过程
螺杆固定不动，螺母回转并做直线运动	如螺旋千斤顶、插齿机刀架 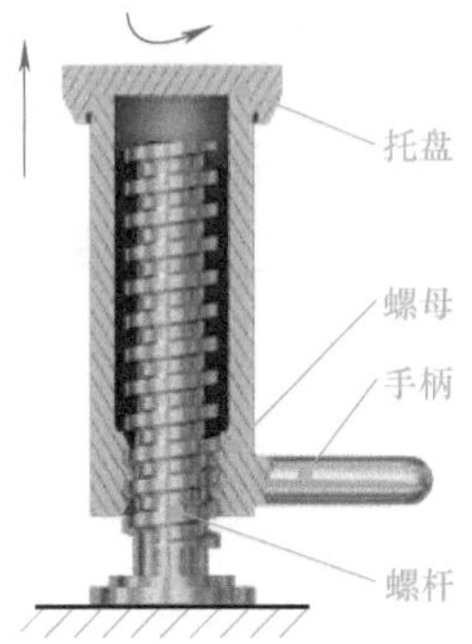 托盘 螺母 手柄 螺杆 螺旋千斤顶	螺杆固定于底座，转动手柄使螺母回转，并做上升或下降的直线移动，从而举起或放下托盘
螺杆原位回转，螺母做直线移动	如车床横刀架、机床溜板箱、竹蜻蜓 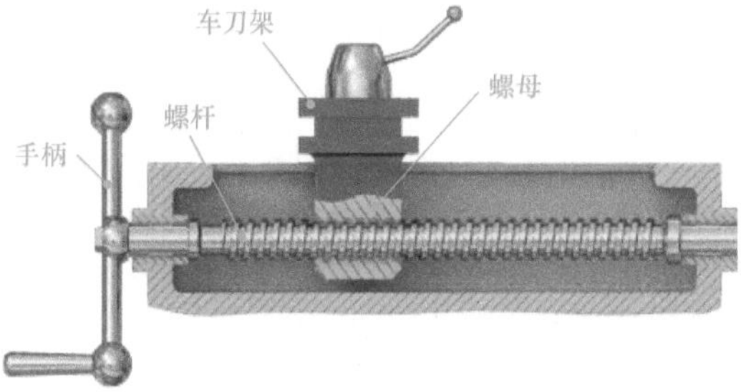 车刀架 螺母 螺杆 手柄 车床横刀架	转动手柄时，与手柄固定连接在一起的螺杆（丝杠）使螺母带动车刀架做横向往复运动，从而在切削工件时实现进刀和退刀
螺母原位回转，螺杆做直线移动	如应力试验机上的观察镜螺旋调整装置 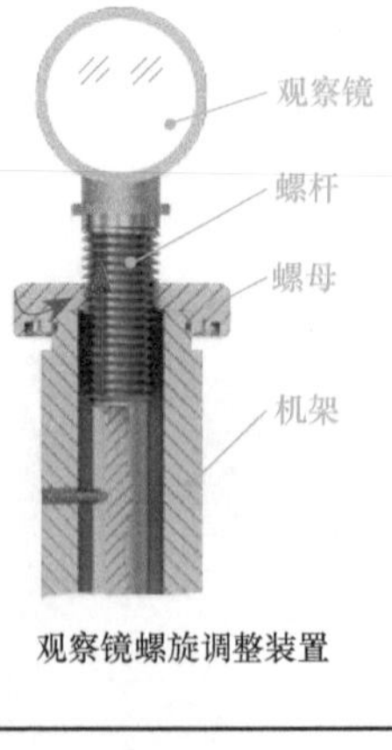 观察镜 螺杆 螺母 机架 观察镜螺旋调整装置	螺杆和螺母为左旋螺纹。当螺母按图示方向做回转运动时，螺杆带动观察镜向上移动；螺母反向回转时，螺杆连同观察镜向下移动，从而实现对观察镜的上下调整

2. 普通螺旋传动中构件移动方向的判断

普通螺旋传动中，从动件做直线运动的方向不仅与螺纹的回转方向有关，还与螺纹的旋向有关，判断方法见表 1-6。

3. 普通螺旋传动移距（移速）的计算

普通螺旋传动中，螺杆或螺母的移动距离与螺纹的导程有关。螺杆（螺母）相对于螺母（螺杆）每回转一周，螺杆（螺母）就移动一个导程的距离。因此，螺杆（螺母）移动距离 L 等于回转周数 N 与导程 P_h 的乘积。即

$$L=NP_h$$

式中 L——螺杆（或螺母）的移动距离（mm）；

N——回转周数；

P_h——螺纹导程（mm）。

$$v=nP_h$$

式中 v——螺杆（或螺母）的移动速度（mm/min）；

n——转速（r/min）。

表 1-6 普通螺旋传动螺杆（螺母）移动方向的判断

应用形式	应用实例	移动方向的判断
螺母（螺杆）不动，螺杆（螺母）回转并移动	活动钳口 固定钳口 螺杆 螺母 台虎钳的螺旋传动	判断螺旋传动中，转动和移动的构件为同一构件。右旋螺纹用右手，左旋螺纹用左手。手握空拳，四指指向与螺杆（或螺母）的回转方向相同，大拇指竖直，则大拇指的指向就是主动件螺杆（或从动件螺母）的移动方向
螺杆（螺母）回转，螺母（螺杆）移动	床鞍 丝杠 开合螺母 车床床鞍的螺旋传动	判断螺旋传动中，转动和移动的构件不是同一构件。右旋螺纹用右手，左旋螺纹用左手。手握空拳，四指指向与主动件螺杆（或螺母）的回转方向相同，大拇指竖直，则大拇指的相反方向即为主动件螺母（或从动件螺杆）的移动方向

例 1-1 如图 1-12 所示，普通螺旋传动中，已知左旋双线螺杆的螺距为 6mm，若螺杆按图示方向回转 3 周，螺母移动了多少距离？方向如何？

解： 普通螺旋传动螺母移动距离为

$$L=NP_h=NPZ=3\times6\text{mm}\times2=36\text{mm}$$

螺母移动方向按表 1-6 进行判断：此题是螺杆回转，螺母移动。左旋螺纹用左手确定方向，四指指向与螺杆回转方向相同，大拇指指向的相反方向为螺母的移动方向。因此，螺母移动的方向向右。

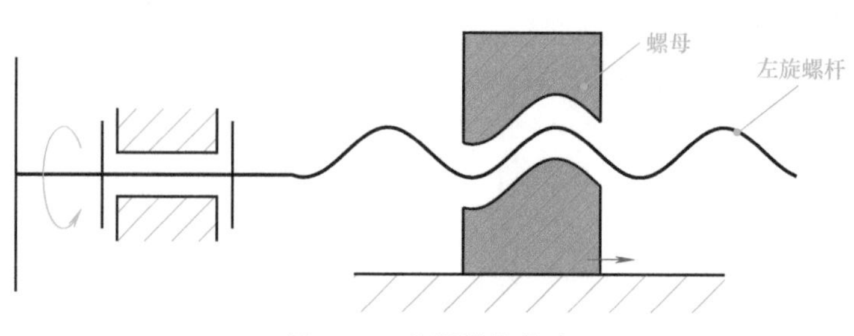

图 1-12　普通螺旋传动

二、差动螺旋传动

差动螺旋传动是指由在同一螺杆上具有两个不同导程（或旋向）的螺旋副组成的传动。

1. 差动螺旋传动原理

如图 1-13 所示，螺杆右端的螺纹与机架组成一段螺旋副 1，螺杆左端的螺纹与活动螺母组成一段螺旋副 2；机架上为不能移动的固定螺母。转动螺杆右端的手轮，活动螺母不能回转而只能沿机架的导向槽移动。

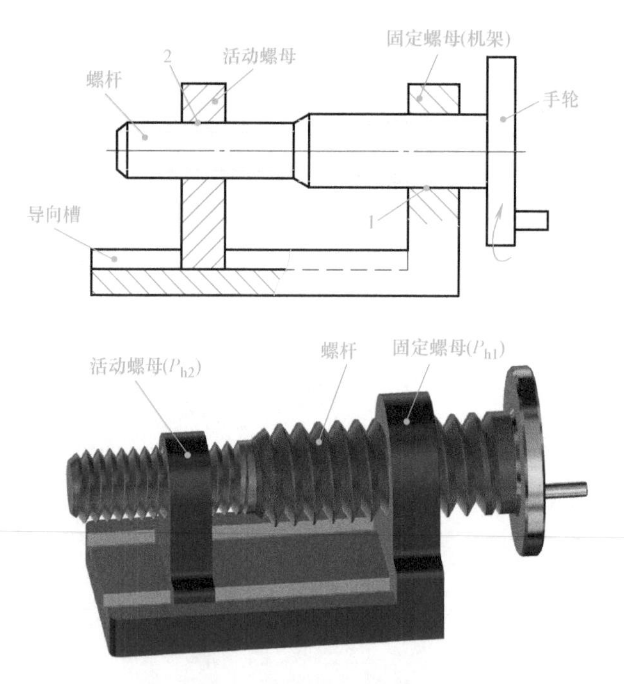

图 1-13　差动螺旋传动

若固定螺母和活动螺母的旋向同为右旋，当按图 1-13 所示方向回转螺杆时，螺杆相对固定螺母向左移动，而活动螺母相对螺杆向右移动，这样活动螺母相对机架实现差动移动，螺杆每转一转，活动螺母的实际移动距离为两段螺纹导程之差。如果固定螺母的螺纹旋向仍为右旋，而活动螺母的螺纹旋向为左旋，则当按图 1-13 所示方向回转螺杆时，螺杆相对固定螺母左移，活动螺母相对螺杆亦左移，螺杆每转一周，活动螺母实际移动距离为两段螺纹的导程之和。

2. 差动螺旋传动螺母移动距离的计算及方向判断

根据两段螺旋副旋向的不同，差动螺旋传动有螺旋副旋向相同和旋向相反两种应用形式，两种形式螺母的移动距离计算及方向判定见表 1-7。

表 1-7 差动螺旋传动螺母移动距离的计算及方向判定

	两段螺旋副旋向相同	两段螺旋副旋向相反
图例	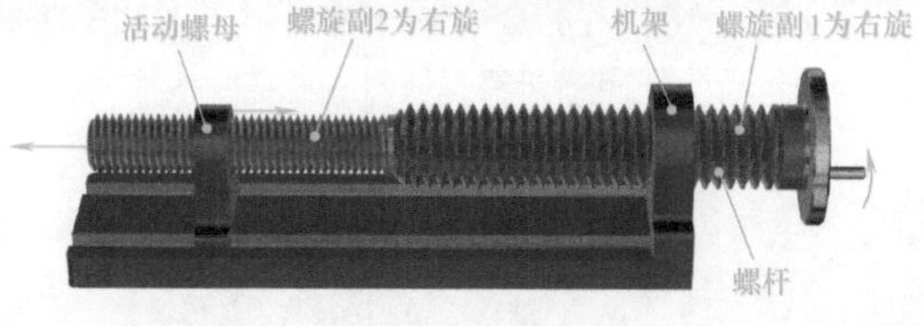	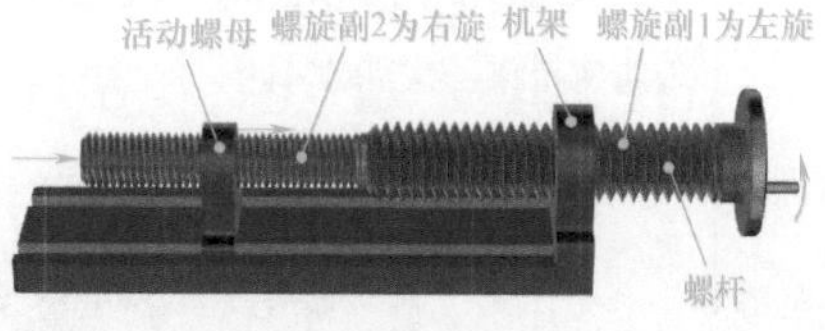
移动距离公式	$L=N(P_{h1}-P_{h2})$ 式中 L——活动螺母实际移动距离(mm); N——螺杆回转周数(r); P_{h1}——固定螺母导程(mm); P_{h2}——活动螺母导程(mm)	$L=N(P_{h1}+P_{h2})$ 式中 L——活动螺母实际移动距离(mm); N——螺杆回转周数(r); P_{h1}——固定螺母导程(mm); P_{h2}——活动螺母导程(mm)
移动方向的判定方法	差动螺旋传动中活动螺母移动方向的判定，按以下步骤进行： 1)确定螺杆的移动方向(其判定方法与普通螺旋传动相同) 2)判定活动螺母的实际移动方向。根据移动距离公式的计算结果判定： ①当计算结果 $L>0$ 时，活动螺母的实际移动方向与螺杆的移动方向相同 ②当计算结果 $L<0$ 时，活动螺母的实际移动方向与螺杆的移动方向相反	
例题	图示差动螺旋传动，该固定螺母的导程 $P_{h1}=1.5$mm，活动螺母的导程 $P_{h2}=2$mm，1、2 两段螺旋副的旋向均为右旋。当螺杆回转 0.5r 时，求活动螺母的移动距离。活动螺母的移动方向如何	图示差动螺旋传动，该固定螺母的导程 $P_{h1}=1.5$mm，活动螺母的导程 $P_{h2}=2$mm，螺旋副左旋，螺旋副 2 为右旋。当螺杆回转 0.5r 时，求活动螺母的移动距离。活动螺母的移动方向如何
计算移动距离 L	因为两螺旋副旋向相同，螺杆回转了 0.5r，因此，活动螺母的移动距离为 $L=N(P_{h1}-P_{h2})=0.5\times(1.5-2)\text{mm}=-0.25\text{mm}$	由于两螺旋副旋向相反，螺杆回转了 0.5r，因此，活动螺母的移动距离为 $L=N(P_{h1}+P_{h2})=0.5\times(1.5+2)\text{mm}=1.75\text{mm}$
判定活动螺母的移动方向	1)判定螺杆的移动方向：两段螺旋副均为右旋，用右手判断。右手握空拳，四指的指向与螺杆的回转方向相同，大拇指指向左，其螺杆向左移动 2)因为 $L=-0.25\text{mm}<0$，故活动螺母的移动方向与螺杆移动方向相反，即活动螺母向右移动 0.25mm	1)判定螺杆的移动方向：机架上的螺母为左旋，用左手判断。左手握空拳，四指的指向与螺杆的回转方向相同，大拇指指向右，其螺杆向右移动 2)由于为 $L=1.75\text{mm}>0$，故活动螺母的移动方向与螺杆移动方向相同，即活动螺母也向右移动 1.75mm

（续）

	两段螺旋副旋向相同	两段螺旋副旋向相反
结论	当差动螺旋传动的两段螺旋副旋向相同时，活动螺母的移动距离减小	当差动螺旋传动的两段螺旋副旋向相反时，活动螺母的移动距离增大
应用	可以方便地实现微量调节，主要用于测微器、计算器、分度机等精密机床、仪器和工具中 微调镗刀头	可以产生很大的位移，可以用于需快速移动和调整两构件相对位置的装置中，如连接车辆用的复式螺旋传动 铣床快速夹紧装置

通过表 1-7 分析可知，差动螺旋传动是由两段螺旋副组成的，使活动螺母和螺杆产生差动（即不一致）的螺旋传动。

例 1-2 如图 1-14 所示，该螺旋传动中，通过螺杆的转动，可使被调整螺母产生左、右微量调节。设螺旋副 A 的导程 P_{hA} 为 1.5mm，右旋。要求调整螺杆按图示方向转动一周，被调整螺母向左移动 0.15mm，求螺旋副 B 的导程 P_{hB} 并确定其旋向。

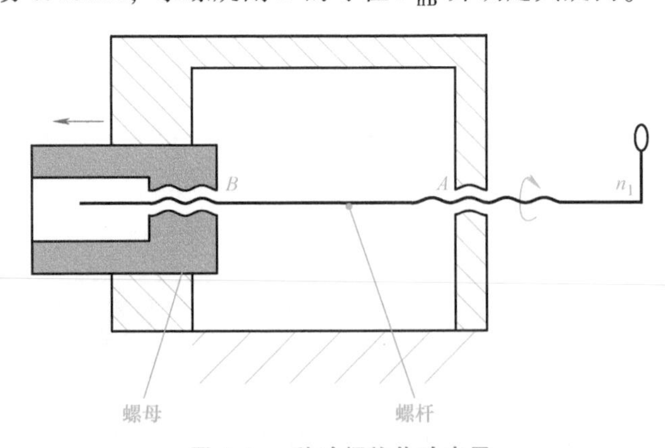

图 1-14 差动螺旋传动应用

分析： 该螺旋传动为差动螺旋传动，通过活动螺母产生极小的位移，实现微量调节。因此，螺杆上两螺纹（固定螺母与活动螺母）的旋向相同。螺旋副 B 的旋向也是右旋。

解：

$$L=N(P_{hA}-P_{hB})$$

$$0.15\text{mm}=1\times(1.5\text{mm}-P_{hB})$$

$$P_{hB}=1.35\text{mm}$$

根据上面螺旋传动方向的判定方法，可以确定螺旋副 B 的旋向为右旋，被调整螺母向左移动，符合题目的要求。

三、滚珠螺旋传动

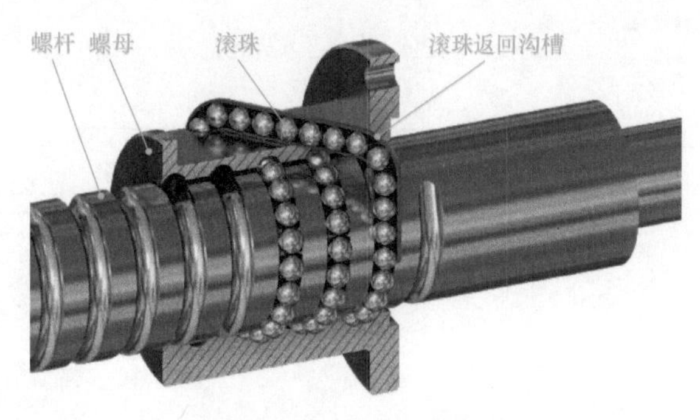

图 1-15　滚珠螺旋传动

在普通螺旋传动中，由于螺杆与螺母牙侧表面之间的相对运动产生的摩擦是滑动摩擦，因此，传动阻力大，摩擦损失严重，效率低。为了改善螺旋传动的功能，经常采用滚珠螺旋传动技术，用滚动摩擦代替滑动摩擦。滚珠螺旋传动由滚珠、螺杆、螺母及滚珠循环装置组成，如图 1-15 所示。当螺杆或螺母转动时，滚动体在螺杆与螺母间的螺纹滚道内滚动，使螺杆和螺母间为滚动摩擦，从而提高传动精度和传动效率。

滚珠螺旋传动具有滚动摩擦阻力小、摩擦损失小、传动效率高、传动时运动平稳、动作灵敏等优点。但其结构复杂，外形尺寸较大，制造技术要求高，因此成本也较高。目前，滚珠螺旋传动主要应用于精密传动的数控机床（滚珠丝杠传动），以及自动控制装置、升降机构、精密测量仪器、车辆转向机构等对传动精度要求较高的场合。

本章小结

1. 常用螺纹的类型、特点及应用。
2. 普通螺纹的主要参数。
3. 常用螺纹的螺纹标记。
4. 螺旋传动的工作原理、特点和应用形式。
5. 普通螺旋传动和差动螺旋传动的移动距离计算及移动件移动方向的判定。
6. 滚珠螺旋传动的应用特点。

本章习题

1. 简述左旋螺纹和右旋螺纹的判别方法。
2. 简述螺距 P、导程 P_h 和螺纹线数 Z 的关系。
3. 解释下列螺纹代号的含义。

（1）M30×1.5-5g6g-s　　（2）Tr40×14(P7)-8e-L

（3）M12-6H　　（4）M36×1.5-6H/6g-LH

4. 什么是螺旋传动？常用的螺旋传动有哪几种？
5. 如何判定普通螺旋传动中螺杆或螺母的移动方向？如何计算移动距离？
6. 如图 1-16 所示，螺杆可在机架的支承内转动，a 处为左旋螺纹，b 处为右旋螺纹，两处螺纹均为单线，螺距 $P_a = P_b = 4\text{mm}$，左旋滑动螺母和右旋滑动螺母不能回转，只能沿机架的导轨移动。求当螺杆按图示方向回转 1.5 周时，左旋滑动螺母和右旋滑动螺母相对移动的距离，并在图上画出两螺母的移动方向。
7. 在差动螺旋传动中，怎样计算活动螺母的移动距离？如何判定活动螺母的移动方向？
8. 在图 1-17 所示的微调机构中，已知 $P_{h1} = 2\text{mm}$，$P_{h2} = 1.5\text{mm}$，两螺旋副均为右旋。

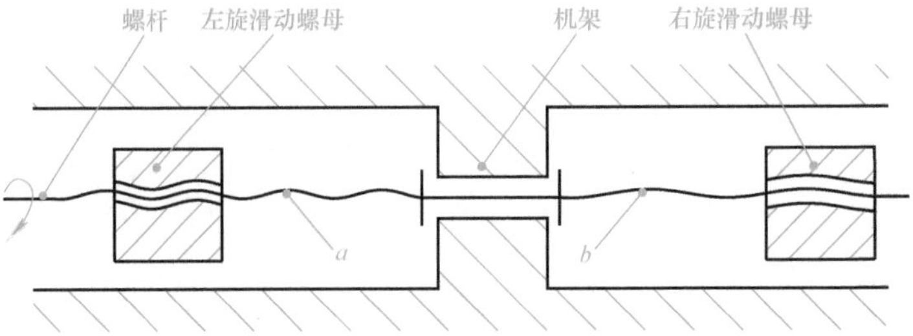

螺杆
左旋滑动螺母
机架
右旋滑动螺母
a
b

图 1-16 差动螺旋传动

当手轮按图示方向回转 90°时，螺杆的移动距离为多少？移动方向如何？如果手轮刻线圆周分度为 100 等份，手轮回转 1 格，螺杆移动多少距离？

P_{h1}
P_{h2}
手轮
螺杆
移动螺杆
机架

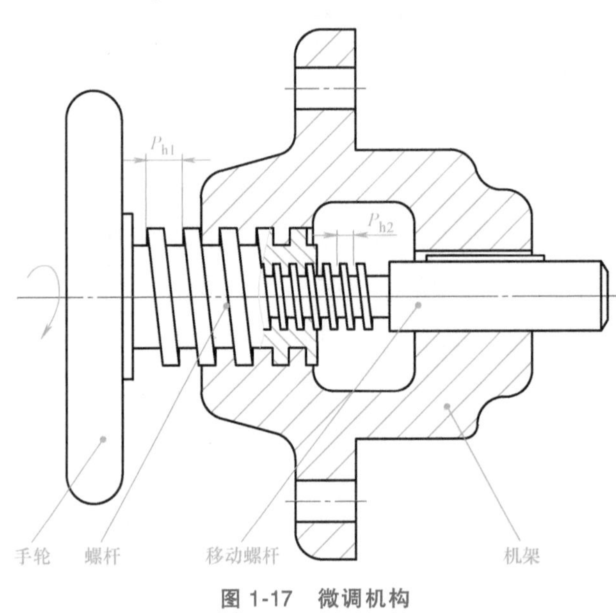

图 1-17 微调机构

第2章 带传动

带传动是机械传动中重要的传动形式之一。随着工业技术水平的不断提高，带传动的形式逐渐增多，应用领域也得到广泛发展，在家用电器、汽车工业、办公机械以及各种新型机械装备中都得到了越来越广泛的应用。带传动应用实例如图 2-1 所示。

a) 跑步机　　b) 手扶拖拉机

图 2-1　带传动应用实例

第 1 节　带传动的组成、原理和类型

学习目标

1. 能够熟知带传动的组成。
2. 能够掌握带传动的传动原理并正确计算带传动的传动比。

知识导入

在日常生活中我们经常会看到用带传动的装置，如缝纫机、跑步机等，还有一些机器中也用到带传动，如手扶拖拉机、抽水机、磨床等。

学习内容

一、带传动的组成和原理

1. 带传动的组成

带传动一般由固连在主动轴上的带轮（主动轮）、固连在从动轴上的带轮（从动轮）和紧套在两轮上的挠性带组成，如图 2-2 所示。

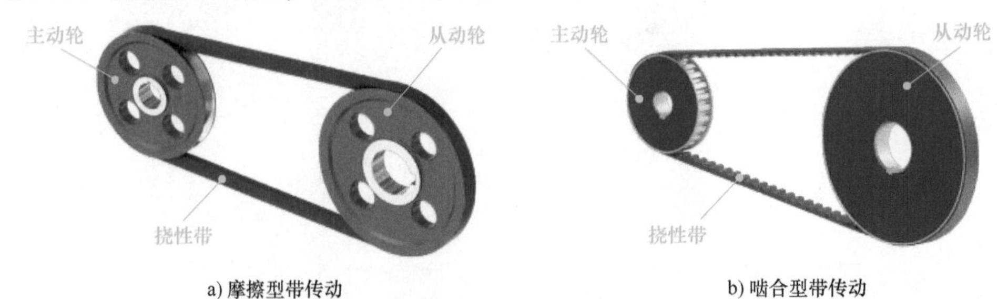

a) 摩擦型带传动　　b) 啮合型带传动

图 2-2　带传动的组成

2. 带传动的工作原理

带传动是以张紧在至少两个轮上的带作为中间挠性件，依靠带与带轮接触面间产生的摩擦力（啮合力）来传递运动与力的一种机械传动。目前，大多数带传动都是依靠摩擦力来传递运动和动力的，主动轮通过摩擦力将运动和力传递给带，带又通过摩擦力将运动和力传递给从动轮，从而实现带传动的正常工作。摩擦力的大小不仅与带和带轮接触面的摩擦系数有关，还与接触面间的正压力有关。因此，带与带轮之间应有一定的张紧程度，以保证足够的摩擦力。

如图 2-3 所示，静止时，两边带上的拉力相等；传动时，由于传递载荷的关系，两边带上的拉力会有一定的差值。拉力大的一边称为紧边（主动边），拉力小的一边称为松边（从动边）。

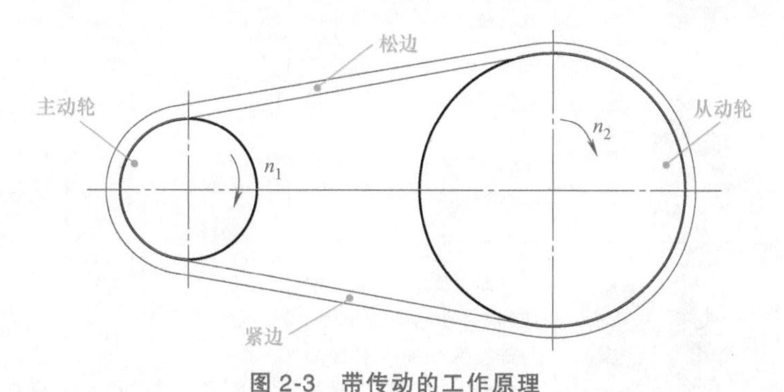

图 2-3 带传动的工作原理

啮合型带传动依靠带内侧的齿和带轮的啮合来传递运动和动力。

3. 带传动的传动比 i

带传动机构中瞬时输入角速度与输出角速度的比值称为机构的传动比。带传动的传动比是主动轮转速 n_1 与从动轮转速 n_2 之比，通常用 i_{12} 表示。即

$$i_{12}=\frac{n_1}{n_2}$$

式中 n_1、n_2——主动轮与从动轮的转速（r/min）。

从传动比公式中可以得出：当 $0<i<1$ 时，机械传动为增速传动（从动轮转速大于主动轮转速）；当 $i=1$ 时，机械传动为等速传动（从动轮转速等于主动轮转速）；当 $i>1$ 时，机械传动为减速传动（从动轮转速小于主动轮转速）。

机械中常用的是减速传动。

传动比的角标符号的含义要清楚，i_{12} 与 i_{21} 的含义是不同的，在计算中不能混淆。

i_{12}：1 为主动轮，2 为从动轮，表示轮 1 与轮 2 的转速比。

i_{21}：2 为主动轮，1 为从动轮，表示轮 2 与轮 1 的转速比。

二、带传动的类型

根据工作原理不同，带传动分为摩擦型带传动（图 2-2a）和啮合型带传动（图 2-2b），其特点与应用见表 2-1。

表 2-1　带传动的类型、特点与应用

类型			图示	特点		应用
摩擦型带传动	平带			截面形状为矩形，结构简单，带轮制造方便，工作面为内表面；平带质轻且挠性好	传动过载时存在打滑现象，传动比不准确	常用于高速、中心距较大、平行轴的交叉传动与相错轴的半交叉传动
	V带	普通V带		截面形状为梯形，工作面为两侧面，承载能力大，是平带的 3 倍，使用寿命较长		传动能力强，结构更紧凑，一般机械常用 V 带传动
		窄V带		顶面呈弧形，两侧呈凹形，带弯曲后侧面变直，与槽轮两侧面能更好地贴合，增大摩擦力，提高传动能力		用于高速、大功率且结构要求紧凑的机械传动
	多楔带			在平带基体上有若干纵向楔形凸起，兼有平带和 V 带的优点且弥补其不足		用于结构紧凑的大功率传动
	圆带			截面为圆形，结构简单，制造方便，抗拉强度高，耐磨损、耐腐蚀，使用温度范围广，易安装，使用寿命长		常用于包装机、印刷机、纺织机等机器中
啮合型带传动	同步带			传动比准确，传动平稳，传动精度高，结构较复杂		常用于数控机床、纺织机械等传动精度要求较高的场合

在常用的机械传动中，绝大多数带传动属于摩擦型带传动。

应用实例 多级平带传动（图 2-4）。

图 2-4 多级平带传动

第 2 节 V 带传动

学习目标

V 带及带轮介绍

1. 熟知 V 带及带轮的组成及结构。
2. 能够掌握 V 带传动的主要参数，并能够正确选择 V 带带轮。
3. 能够正确计算 V 带传动的传动比、小带轮的包角、两带轮中心距。
4. 熟知普通 V 带的标记与应用特点。
5. 了解 V 带的安装、维护与 V 带传动的张紧装置。

学习内容

一、V 带及带轮

V 带传动是指由一条或数条 V 带和 V 带带轮组成的摩擦型带传动。

1. V 带

（1）外形 V 带是一种无接头的环形带，其横截面为等腰梯形，工作面是与轮槽相接触的两侧面，带与轮槽底面不接触。

（2）分类 按结构不同可以分为帘布芯结构和绳芯结构两种，如图 2-5 所示。

（3）组成 由包布、顶胶、抗拉体和底胶四部分组成。

（4）特点 帘布芯结构的 V 带制造简单，抗拉强度高，价格低，应用广；绳芯结构的 V 带柔韧性好，适用于转速较高的场合。

V 带动画

2. V 带带轮

V 带带轮的常用结构有实心式、腹板式、孔板式和轮辐式四种，如图 2-6 所示。

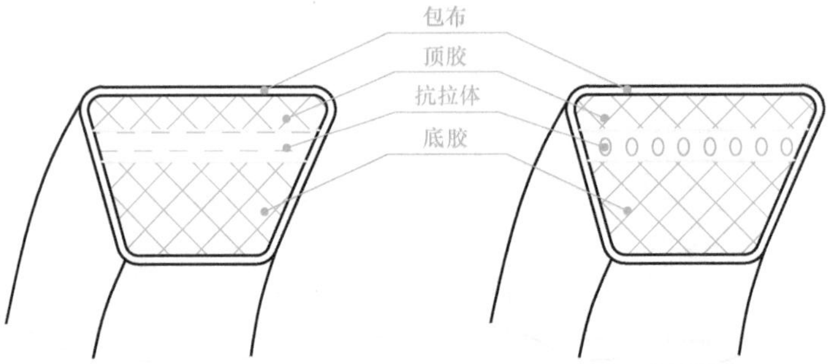

包布
顶胶
抗拉体
底胶

a) 帘布芯结构　　b) 绳芯结构

图 2-5　V 带的结构与分类

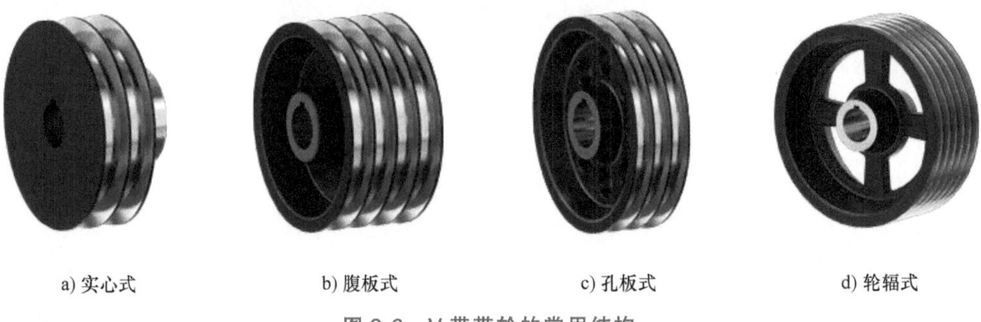

a) 实心式　　b) 腹板式　　c) 孔板式　　d) 轮辐式

图 2-6　V 带带轮的常用结构

实心式：当带轮直径 $d \leqslant (2.5 \sim 3)\ d_s$（带轮轴孔直径）时采用。

腹板式：当带轮直径 $d \leqslant 300$mm 时采用。

孔板式：当带轮直径 $d \leqslant 300$mm 时采用。

轮辐式：当带轮直径 $d \geqslant 300$mm 时采用。

材料：灰铸铁，常用 HT150、HT200。转速高时用铸钢；低速、小功率时用铸铝合金或塑料等。

二、V 带传动的主要参数

V 带传动的类型主要有普通 V 带传动和窄 V 带传动，其中以普通 V 带传动的应用更为广泛。

1. 普通 V 带的横截面尺寸

普通 V 带是指楔角 α 为 40°（带的两侧面所夹的锐角），相对高度（h/b_p）为 0.7 的 V 带。其横截面如图 2-7 所示。

顶宽 b：V 带横截面中梯形轮廓的最大宽度。

节宽 b_p：V 带绕带轮弯曲时，长度和宽度不变的层面称为中性层，中性层的宽度称为节宽。

高度 h：梯形轮廓的高度。

相对高度 h/b_p：带的高度与节宽之比。

普通 V 带已经标准化，按横截面尺寸由小到大分别为 Y、Z、A、B、C、D、E 七种型号，如图 2-8 所示。在相同的条件下，横截面越大，传递的功率越大。

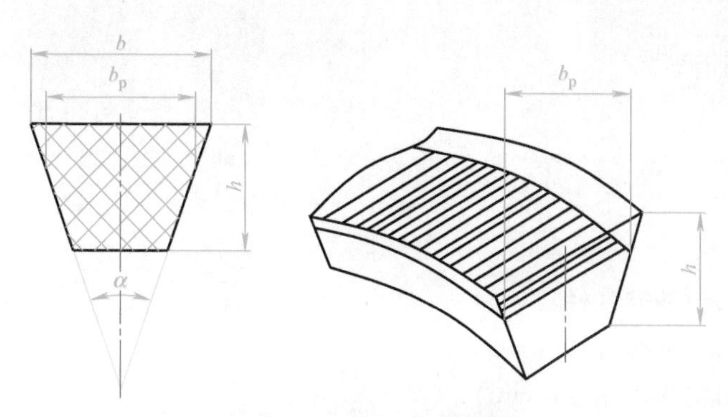

图 2-7 普通 V 带横截面

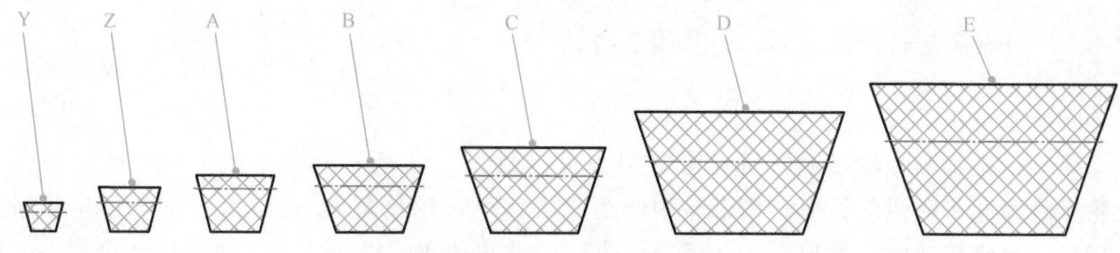

图 2-8 普通 V 带横截面尺寸

2. V 带带轮轮槽角的选取

普通 V 带的楔角 α 都是 40°，但安装在带轮上后，V 带弯曲会使楔角 α 变小。为了保证带传动工作时带和带轮槽工作面接触良好，V 带带轮的轮槽角 φ 比 40°要适当减小，一般取 32°、34°、36°或 38°。小带轮上 V 带变形严重，对应轮槽角小些，大带轮的轮槽角则可以大些，如图 2-9 所示。

3. V 带带轮的基准直径 d_d

V 带带轮的基准直径 d_d 是指带轮上与所配用 V 带的节宽 b_p 相对应处的直径，如图 2-10 所示。

带轮的基准直径 d_d 是带传动的主要设计计算参数之一，d_d 的数值已经标准化，按国家标准选用标准系列值。在带传动中，带轮基准直径越小，传动时带在带轮上的弯曲变形越严重，V 带的弯曲应力越大，从而会降低带的使用寿命。为了延长传动带的使用寿命，国家标准对各种型号的普通 V 带带轮都规定了最小基准直径。

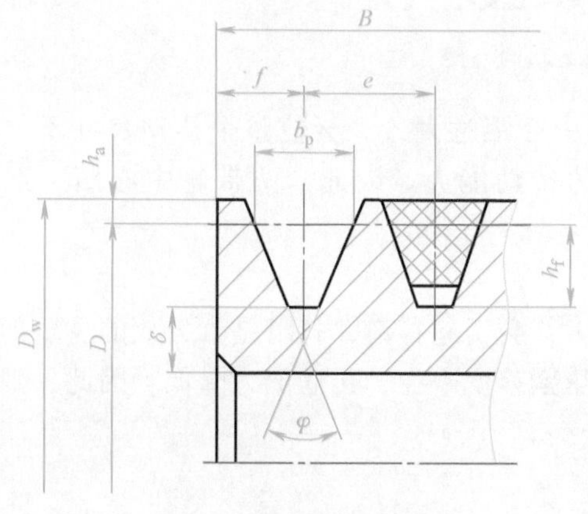

图 2-9 普通 V 带带轮

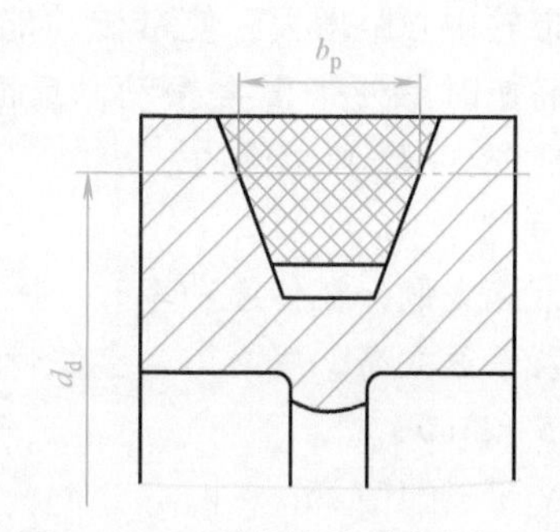

图 2-10 V 带带轮的基准直径 d_d

4. V带传动的传动比i

根据带传动的传动比公式，对于V带传动，如果不考虑带与带轮间打滑因素的影响，其传动比计算公式可用主、从动轮的基准直径来表示，即

$$i_{12}=\frac{n_1}{n_2}=\frac{d_{d2}}{d_{d1}}$$

式中 d_{d1}——主动轮基准直径（mm）；

d_{d2}——从动轮基准直径（mm）；

n_1——主动轮的转速（r/min）；

n_2——从动轮的转速（r/min）。

通常V带传动比$i\leq7$，常用2~7。

5. 小带轮的包角α_1

包角是指带与带轮接触弧所对应的圆心角，如图2-11所示。包角的大小反映了带与带轮轮缘表面间接触弧的长短。两带轮中心距越大，小带轮包角α_1也越大，带与带轮接触弧也越长，带能传递的功率也越大；反之，带能传递的功率就越小。为了使带传动可靠，一般要求小带轮包角$\alpha_1\geq120°$。

小带轮包角的计算公式为

$$\alpha_1\approx180°-\frac{(d_{d2}-d_{d1})}{a}\times57.3°$$

6. 中心距a

中心距是指两带轮传动中心之间的距离，如图2-11所示。

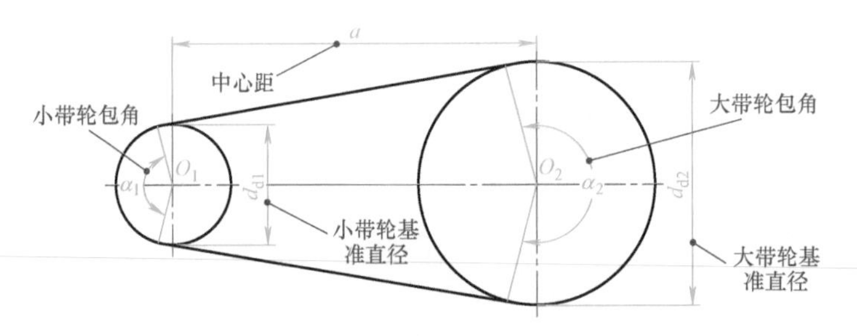

图2-11 带轮的包角和中心距

两带轮中心距增大，使带传动能力提高；但中心距过大，又会使整个传动尺寸不够紧凑，在高速时易使带发生振动，反而降低了带的传动能力。因此，两带轮中心距一般在$(0.7\sim2)(d_{d1}+d_{d2})$范围内。

7. 带速v

若带速太低，在传递功率时，所需圆周力增大，会引起打滑，打滑是带失效的主要形式之一；若带速太高，离心力又会使带与带轮间的压紧程度减少，传动能力降低。因此，带速一般取5~25m/s。

8. V带的根数Z

V带的根数会影响带的传动能力，根数多，传递功率大，但受力会不均匀，因此通常带

的根数应小于7。

三、普通V带的标记与应用特点

1. 普通V带的标记

中性层是指V带绕带轮弯曲时，其长度和宽度均保持不变的层面。

基准长度 L_d 是指在规定的张紧力下，沿V带中性层量得的周长，又称为公称长度。它主要用于带传动的几何尺寸计算和V带的标记，其长度已标准化。

普通V带的标记由型号、基准长度和标准编号三部分组成，标记示例：

A	1400	GB/T 11544—2012
型号	基准长度(mm)	标准编号

例如，A型、基准长度为1400mm的普通V带，其标记为：A-1400　GB/T 11544—2012。

又如，SPA型、基准长度为1250mm的窄V带，其标记为：SPA-1250　GB/T 12730—2018。

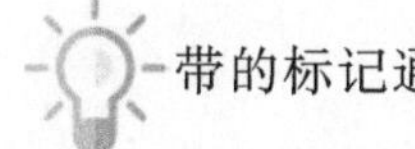
带的标记通常压印在带的外表面上，以便选用识别。

2. 普通V带传动的应用特点

(1) 优点

1) 结构简单，制造安装精度要求不高，使用维护方便，适用于两轴中心距较大的场合。

2) 传动平稳，噪声低，有缓冲吸振作用。

3) 在过载时，传动带在带轮上打滑，可以防止薄弱零件的损坏，起安全保护作用。

(2) 缺点

1) 不能保证准确的传动比。

2) 外廓尺寸大，传动效率低。

3) 带对轴有很大的压轴力。

4) 带的寿命较短。

5) 不适用于高温、易燃及有腐蚀介质的场合。

四、V带传动的安装与维护及张紧装置

1. V带传动的安装与维护

1) 安装V带时，应缩小中心距后将带套入，再慢慢调整中心距使带达到合适的张紧程度，用大拇指能将带按下15mm左右，带的张紧程度就达到合适状态，如图2-12所示。

2) 安装V带轮时，两带轮轴线要相互平行，两带轮轮槽对称平面应重合，其偏角误差应小于20′，如图2-13所示。

3) V带在轮槽内要有正确的位置。如图2-14所示，V带顶面应与带轮外缘表面平齐或略高一些，底面与槽底面间应有一定间隙，以保证V带和轮槽的工作面之间可充分接触。若高出轮槽顶面过多，则工作面的实际接触面积减小，使传动能力降低；若低于轮槽顶面过多，V带底面将与轮槽底面接触，会使V带传动因两侧工作面接触不良而导致摩擦力锐减

甚至丧失。

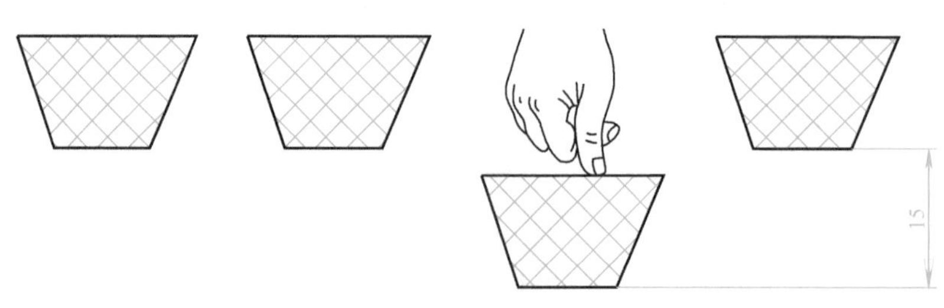

图 2-12　V 带的张紧程度

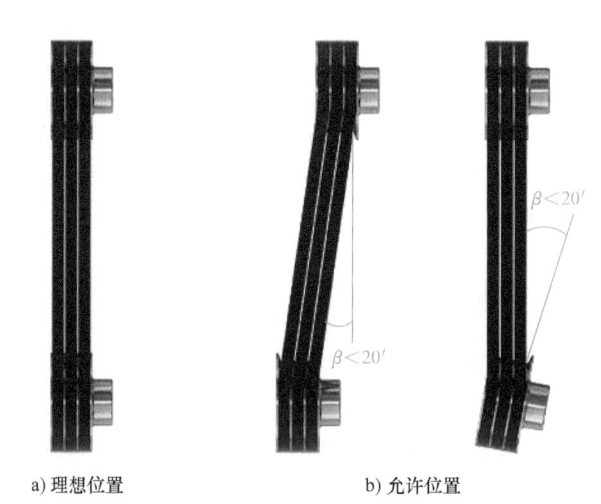

a) 理想位置　　b) 允许位置

图 2-13　V 带轮安装位置

a) 正确位置　　b) 错误位置　　c) 错误位置

图 2-14　V 带在轮槽中的安装位置

4）V 带在使用过程中应定期检查并及时调整。若发现一组带中个别 V 带有疲劳撕裂（裂纹）等现象，应及时更换所有 V 带。不同带型、不同新旧的 V 带不能同组使用。

5）为了保证安全生产和 V 带清洁，应加 V 带传动防护罩，这样可以避免 V 带因接触酸、碱、油等有腐蚀作用的介质及日光暴晒而过早老化，如图 2-15 所示。

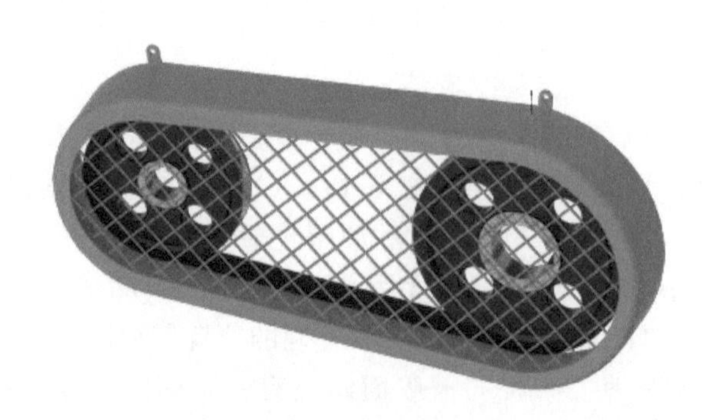

图 2-15　V 带传动防护罩

2. V带传动的张紧装置

在安装带传动装置时，带是以一定的拉力紧套在带轮上的，但经过一段时间运转后，会因为塑性变形和磨损而松弛，影响正常工作。因此，需要定期检查与重新张紧，以恢复和保持必需的张紧力，保证带传动具有足够的传动能力。

V带传动常用的张紧方法见表2-2。

表2-2　V带传动常用的张紧方法

<table>
<tr><th>张紧方法</th><th colspan="2">图例</th><th>应用</th></tr>
<tr><td rowspan="3">调整中心距</td><td rowspan="2">定期张紧装置</td><td>滑道式</td><td>适用于两轴线水平或接近水平的传动</td></tr>
<tr><td>摆架式</td><td>适用于两轴线相对安装支架垂直或接近垂直的传动</td></tr>
<tr><td>自动张紧装置</td><td></td><td>将装有带轮的电动机安装在浮动的摆架上，利用电动机的自重，使带轮绕固定轴摆动，以自动保持张紧力</td></tr>
</table>

（续）

张紧方法	图例		应用
采用张紧轮	张紧轮		当两带轮的中心距不能调整（定中心距）时，可采用张紧轮定期将带张紧。张紧轮应安装在松边内侧且靠近大带轮处（在带传动工作时，进入主动轮一侧的带为紧边，另一侧的带则为松边），目的是不使小带轮的包角减小。张紧轮的轮槽尺寸与带轮相同

3. 带传动的失效形式

（1）打滑 带传动在工作时，从紧边到松边，传动带所受的拉力是变化的，因此带的弹性变形也是变化的。带传动中因带的弹性变形变化而引起的带与带轮间的局部相对滑动，称为弹性滑动。

弹性滑动和打滑是两个截然不同的概念，打滑是由于过载引起的全面滑动，是可以利用调节中心距、调整张紧装置、减载的方式避免的，而弹性滑动是不可以避免的。打滑虽然会让传动失效，但能保护带传动其他零部件不受损害，并说明带传动的有效拉力也达到最大（临界）值。由于带在大轮上的包角总是大于在小轮上的包角，因此，打滑总是首先在小带轮上发生。

弹性滑动产生的原因有两个：①带是弹性体；②带传动时，紧边和松边存在压力差。

弹性滑动的负面影响包括造成传动比不准确、传动效率较低、使带温升高、加速带的磨损等。

弹性滑动与打滑的区别：

现象 弹性滑动发生在绕出带轮前带与轮的部分接触长度上。

打滑发生在带与轮的全部接触长度上。

原因 弹性滑动：带两边的拉力差，带的弹性。打滑：过载。

结论 弹性滑动不可避免。打滑可以避免。

（2）带的疲劳破坏 带的任一横截面上的应力将随着带的运转而循环变化。当应力循环达到一定次数，即运行一定时间后，带在局部出现疲劳裂纹脱层，随之出现疏松状态甚至断裂，从而发生疲劳损坏，丧失传动能力。带的疲劳破坏形式包括裂纹、脱层、松散和断裂。

应用实例 台钻V带的五级调速（图2-16）。

图2-16 台钻V带的五级调速

台钻的调速方法是使V带与不同直径的带轮间进行连接。

第3节 同步带传动简介

同步带动画

学习目标

1. 了解同步带传动的特点。
2. 了解同步带传动的应用。

学习内容

前面讲到的带传动都是靠带与带轮接触弧上的摩擦力来传递运动和动力的，但本节所介绍的同步带并不是靠摩擦力来传递运动和力的。

一、同步带传动的组成与工作原理

1. 同步带传动的组成

同步带传动一般是由同步带带轮和紧套在两轮上的同步带组成的，如图2-17所示。同步带内周有等距的横向齿轮。

2. 同步带传动的工作原理

同步带是一种啮合传动，依靠带内周的等距横向齿与带轮相应齿槽间的啮合力来传递运动和力，兼有带传动和齿轮传动的特点。

由于同步带传动是依靠同步带齿与同步带轮齿之间的啮合实现传动的，两者无相对滑动，从而使圆周速度同步，故称为同步带传动。与摩擦型带传动相比，同步带传动的特点见表2-3。

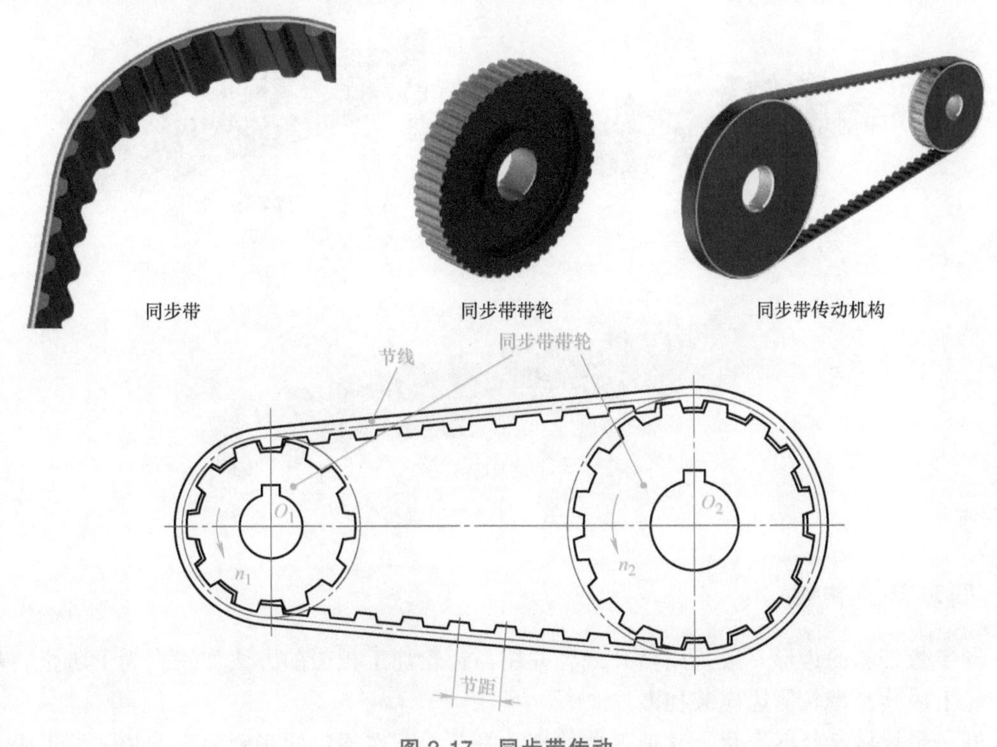

图2-17 同步带传动

表 2-3 同步带传动的特点

优点	适用范围	缺点
带与带轮无相对滑动，能保证准确的传动比	可实现定传动比传动	安装时对中心距要求严格，制造要求高，价格较贵
传动平稳，冲击小	适用于精密传动	
传递功率范围大，最高可达 200kW	适用于大至几百千瓦、小至几瓦的传动，主要应用于传动比要求准确的中、小功率传动	
允许的线速度范围大，最高速度可达 80m/s	适用于高速传动	
无须润滑，省油且无污染	适用于许多行业，特别是食品行业	
传动机构比较简单，维修方便，运转费用低	—	

二、同步带传动的类型

同步带有单面带（单面有齿）和双面带（双面有齿）两种类型。双面带又分为对称齿型（DI）和交错齿型（DII）两类，如图 2-18 所示。同步带齿有梯形齿和弧形齿两种。同步带型号分为最轻型 MXL、超轻型 XXL、特轻型 XL、轻型 L、重型 H、特重型 XH、超重型 XXH 七种。梯形齿同步带传动已有最新国家标准 GB/T 11616—2013 和 GB/T 11361—2018 可供参考。

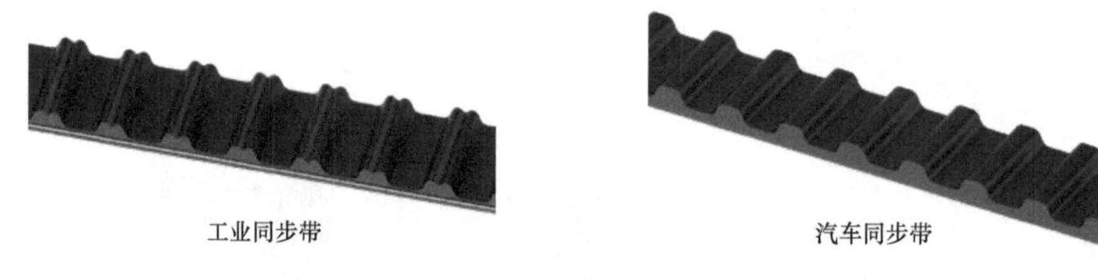

a) 单面带

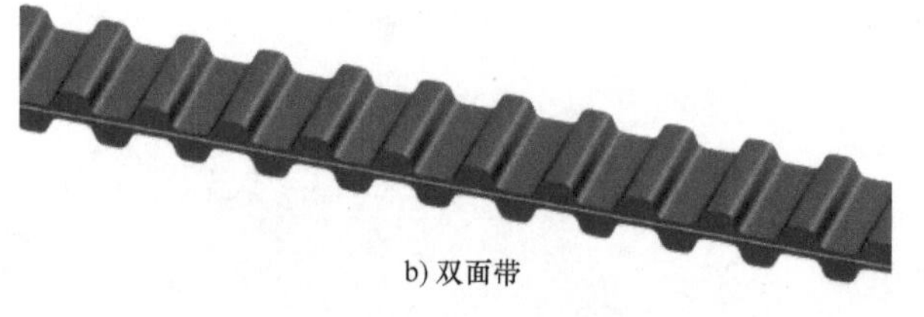

b) 双面带

图 2-18 同步带的类型

三、同步带的参数

同步带带轮的齿形一般采用渐开线，并用与齿轮加工相似的方法加工。为了防止同步带从带轮上脱落，带轮侧边应装挡圈。

同步带规格已经标准化，其最基本的参数是节距。在规定的张紧力下，相邻两齿中心线的直线距离称为节距，用 P_b 表示，如图 2-19 所示。当同步带垂直于其底边弯曲时，在带中保持原长度不变的任意一条周线称为节线，节线长用 L_p 表示。

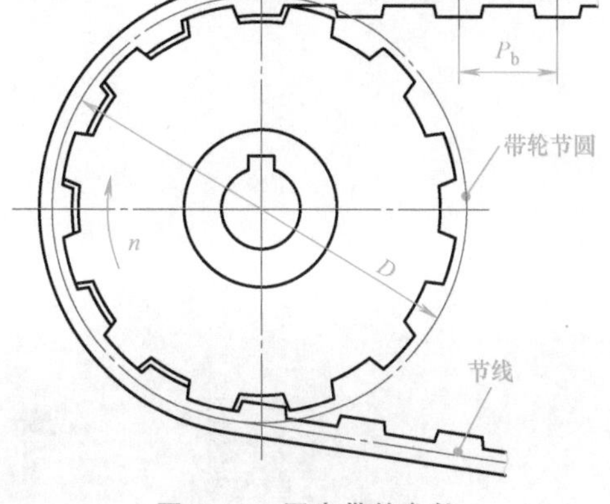

图 2-19 同步带的参数

四、同步带传动的应用

同步带传动应用越来越广泛，不断进入传统的齿轮传动、链传动、摩擦型带传动的应用领域。同步带传动主要用于要求传动比准确的中、小功率传动中，如仪表、计算机、录音机、数控机床、汽车等。

1. 在精密机械设备上的应用

同步带传动因为具有精确同步传递运动的特点，所以被广泛用于精密传动的各种设备上，如录音机等各种办公自动化机械。

2. 在轻工业机械设备上的应用

同步带传动因为具有节能、无润滑油污染、噪声小等优点，所以在轻工业机械中得到了广泛使用，如纺织机械中大量采用了同步带。此外医疗机械也以同步带传动取代了原有的齿轮传动、链传动及 V 带传动。

3. 在具有特殊要求的机械中的应用

在一些要求强度高、工作可靠、耐磨性和耐蚀性较好的场合下，经常使用同步带传动，如汽车、摩托车发动机以及工业机器人上的传动。

本章小结

1. 带传动的组成、工作原理。
2. 普通 V 带的结构、主要参数。
3. 普通 V 带传动的标记及应用特点。
4. 普通 V 带传动的失效形式。
5. 带传动的安装维护及常用张紧装置。
6. 同步带传动的一般概念。

本章习题

1. 带传动的工作原理是以张紧在至少两个轮上的带作为______，靠带与带轮接触面间产生的______来传递运动和动力的。

2. V 带传动的张紧方法有哪些？

3. 简述普通 V 带传动的标记及应用特点。

4. 带的失效形式有哪些？打滑与弹性滑动的区别是什么？

第3章　链传动

从共享单车（图 3-1a）到电动自行车（图 3-1b）、摩托车，从两轮车到三轮车（图 3-1c），都离不开链传动。

a) 共享单车

b) 电动自行车

c) 三轮车

图 3-1　交通工具中的链传动

除了日常生活中常用的自行车之外，链传动还应用于轻工业、石油化工、矿山、农业、运输起重、机床等机械传动中，如图 3-2 所示。

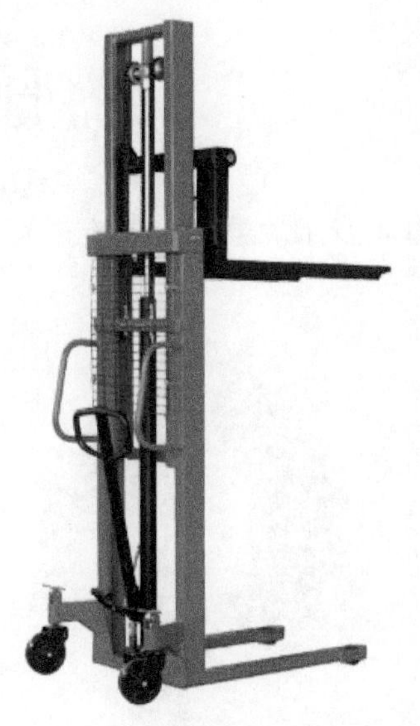

a) 手动堆高车

b) 小区地上车库

图 3-2　链传动的应用

第 1 节　链传动概述

学习目标

1. 掌握链传动的组成，能够正确计算链传动的传动比。
2. 了解链传动的应用特点。

知识导入

自行车的链条我们都很熟悉，在骑行过程中有时会遇到链条过松的情况，我们甚至亲手安装调整过链条，那么链传动与前面学习的带传动有什么区别？链传动又有什么特点呢？如图 3-3 所示，我们可以观察到自行车的链条以及链条链轮的啮合情况。

图 3-3　自行车链条

学习内容

链轮机构动画

一、链传动及其传动比

1. 链传动的组成

链传动由主动链轮、链条和从动链轮组成，如图 3-4 所示。链轮上制有特殊齿形的齿，如图 3-5 所示。

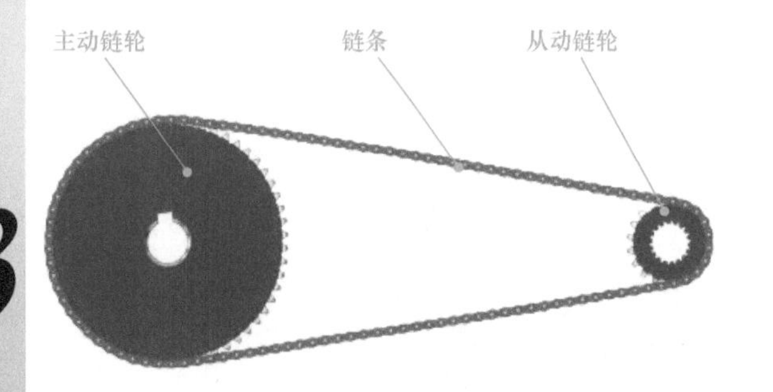

图 3-4　链传动

图 3-5　链轮

2. 工作原理

链传动是通过链轮轮齿与链条的啮合力来传递运动和动力的。

3. 传动比

设主动链轮的齿数为 z_1，从动链轮的齿数为 z_2，主动链轮每转过一个齿，链条移动一个链节，从动链轮被链条带动转过一个齿。当主动链轮的转速为 n_1、从动链轮的转速为 n_2 时，单位时间内主动链轮转过的齿数 z_1n_1 与从动链轮转过的齿数 z_2n_2 相等，即

$$z_1n_1=z_2n_2 \text{ 或 } \frac{n_1}{n_2}=\frac{z_2}{z_1}$$

主动链轮的转速 n_1 与从动链轮的转速 n_2 之比，称为链传动的传动比，表达式为

$$i_{12}=\frac{n_1}{n_2}=\frac{z_2}{z_1}$$

式中 n_1、n_2——主、从动链轮的转速（r/min）；

z_1、z_2——主、从动链轮的齿数。

二、链传动的应用特点

链传动适用于两轴线平行且距离较远、对瞬时传动比无严格要求、工作环境恶劣的场合。链传动的传动比一般为 $i \leqslant 8$，低速传动时传动比 i 可达 10；两轴中心距 $a \leqslant 6\text{m}$，最大中心距可达 15m；传动功率 $P \leqslant 100\text{kW}$；链条速度 $v \leqslant 15\text{m/s}$，高速时可达 20～40m/s。与同属挠性类传动（具有中间挠性件）的带传动相比，链传动具有以下特点：

1. 优点

1）无弹性伸长及打滑现象，链传动能保持准确的平均传动比。

2）传动功率大，张紧力小，作用在轴和轴承上的力小。

3）传动效率高，结构紧凑，传动效率为95%～98%。

4）可用于两轴中心距较大的情况。

5）能在低速、重载和高温条件下工作，也能在尘土飞扬、淋水、淋油等不良环境中工作。

2. 缺点

1）由于链节的多边形运动，所以瞬时传动比是变化的，瞬时链速度不是常数，传动中会产生动载荷和冲击，因此不宜用于要求精密传动的机械上。

2）链条的铰链磨损后会使链条节距变大，导致链条在传动中容易脱落。

3）工作时有噪声。

4）对安装和维护要求较高。

5）无过载保护功能。

三、链传动的布置与张紧

链传动的布置与张紧

1. 链传动的布置

在链传动中，两链轮轴线应保持平行，链轮回转平面在同一平面内，否则会引起脱链或不正常磨损。按两链轮中心线的位置分类，链传动的布置方式有水平布置、倾斜布置和垂直布置三种，如图3-6所示。水平布置和倾斜布置的紧边均位于上方较好。

2. 链传动的张紧

链传动张紧的目的主要是避免链条垂度过大产生啮合不良和链条振动现象，也为了增加链条的包角。

链传动的张紧方式如下：

1）调整中心距。

2）去掉几个链节。

3）采用弹簧、重力自动张紧，以及托架和张紧轮定期张紧，如图3-7所示。

水平布置：两链轮的轴线平行，回转面在同一平面内，紧边在上，松边在下。这样不易引起脱链和磨损，也不会因松边垂度过大而与紧边相碰或使链与链轮轮齿产生干涉

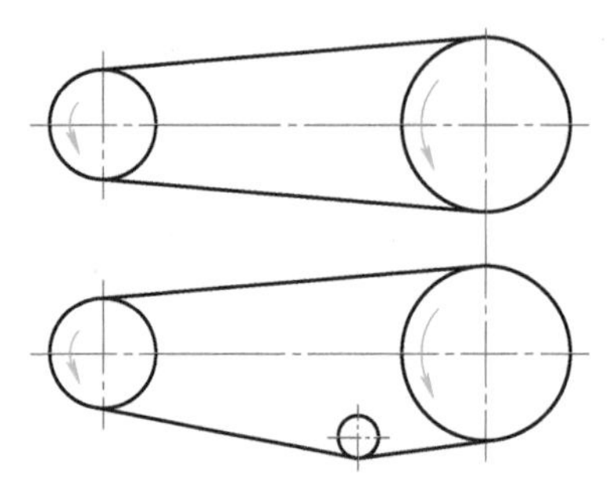

a) 水平布置

倾斜布置：水平布置无法实现时，倾斜布置应使倾斜角 ϕ 应小于45°

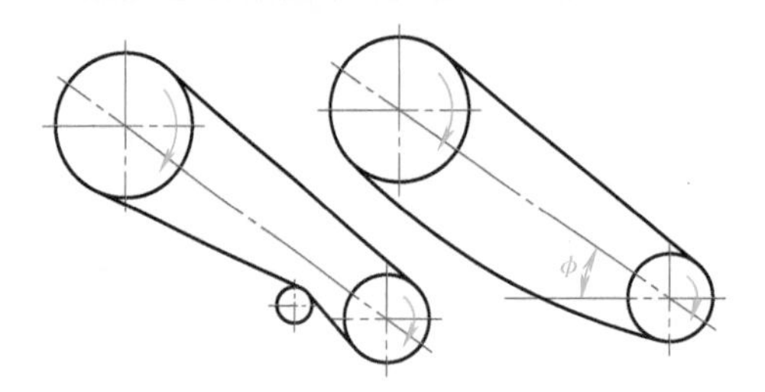

b) 倾斜布置

垂直布置：链条下垂量大，链轮有效啮合齿数少，应让上下两轮错开，或使用张紧轮张紧

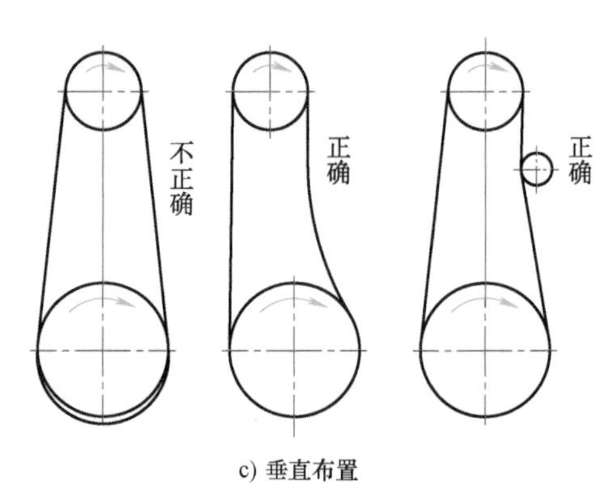

c) 垂直布置

图 3-6　链传动的布置

a) 弹簧自动张紧

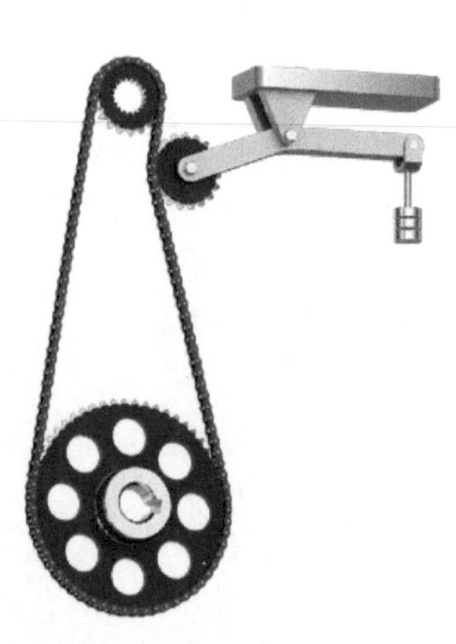

b) 重力自动张紧

图 3-7　链传动的张紧方式

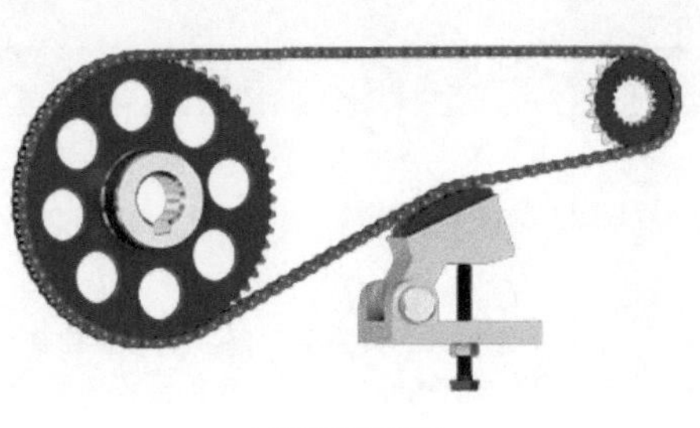

c) 托架定期张紧

d) 张紧轮定期张紧

图 3-7 链传动的张紧方式（续）

第 2 节 链传动的类型

学习目标

1. 了解常用的链传动的类型。
2. 理解滚子链的结构及主要参数。
3. 能够正确地标记滚子链。
4. 了解齿形链。

学习内容

链传动的类型很多，见表 3-1。本节只介绍传动链，传动链种类繁多，最常用的为滚子链和齿形链。

表 3-1 链传动的类型

分类		图例	应用
传动链	滚子链		主要用于一般机械中传递运动和动力，也可用于输送等场合
	齿形链		
输送链			用于输送工件、物品和材料，可直接用于各种机械上，也可以组成链式输送机作为一个单元出现

（续）

分类	图例	应用
起重链		主要用于传递动力，起牵引、悬挂物体的作用，兼做缓慢运动

一、滚子链

1. 滚子链的结构

滚子链由内链板、外链板、销轴、套筒和滚子组成，如图 3-8 所示。销轴和外链板、套筒和内链板都采用过盈配合固定，而销轴与套筒、滚子与套筒之间则为间隙配合，这种配合方式可以保证链节屈伸时，内链板与外链板之间能相对转动。如图 3-7 所示，滚子装在套筒上，可以自由转动，套筒、滚子与销轴之间也可以自由转动。当链条与链轮啮合时，滚子与链轮轮齿相对滚动，两者之间主要是滚动摩擦，减小了链条和链轮轮齿的磨损。

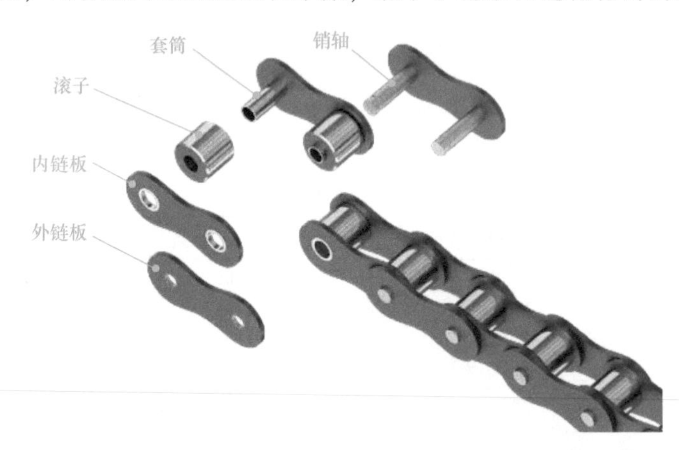

图 3-8　滚子链的结构

2. 滚子链的主要参数

(1) 节距　节距是指链条相邻两销轴中心线之间的距离，以符号 p 表示，如图 3-9 所示。节距是链的主要参数，链的节距越大，承载能力越强，但链传动的结构尺寸也会相应增大，传动的振动、冲击和噪声也越严重。因此，应用时尽可能选用小节距的链，高速、功率大时，可选用小节距的双排链或多排链。

滚子链的承载能力和排数成正比，但排数越多，各排受力越不均匀，所以排数不能过多。一般常用的是双排滚子链（图 3-10）或三排滚子链（图 3-11），四排以上的滚子链很少使用。

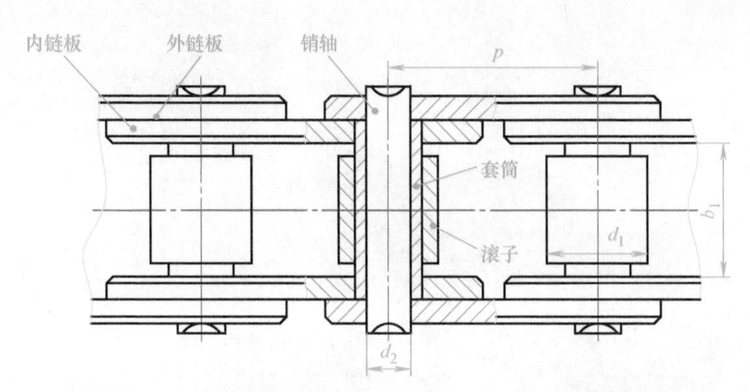

图 3-9　滚子链

图 3-10　双排滚子链

图 3-11　三排滚子链

（2）节数　滚子链的长度用节数来表示，链节数应尽量选取偶数，以便连接时正好使内链板和外链板相接。链接头处可用开口销（图 3-12a）或弹簧夹（图 3-12b）锁定。当链节数为奇数时，链接头需采用过渡链节（图 3-12c）。过渡链节不仅制造复杂，而且抗拉强度较低，因此尽量不采用。

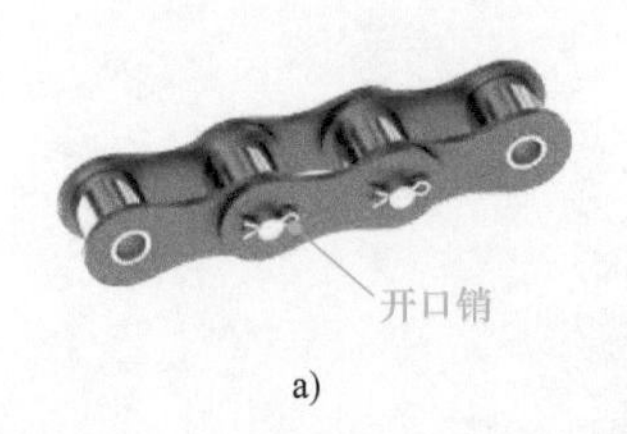

a)

弹簧夹

b)

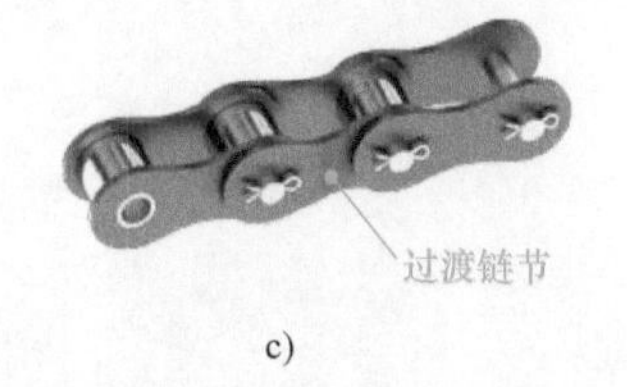

c)

图 3-12　滚子链接头形式

（3）链轮的齿数（图 3-13）　由于链节数常取偶数，为使链条与链轮轮齿磨损均匀，链轮齿数一般应取与链节数互为质数的奇数。

3. 滚子链的标记

滚子链是标准件，其标记为：链号-排数-整链链节数-标准编号。标记示例：

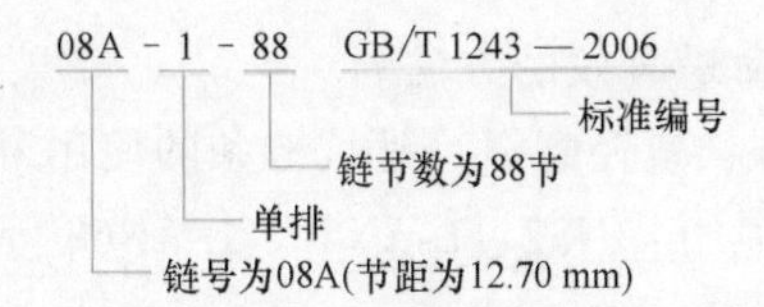

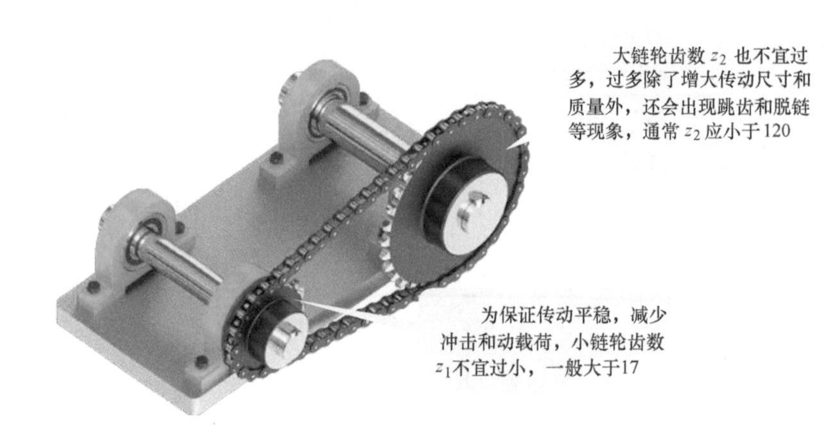

图 3-13 链轮的齿数

二、齿形链简介

齿形链又称无声链，也属于传动链中的一种形式。它由一组带齿的内、外链板左右交错并列铰接而成，如图 3-14 所示。和滚子链相比，齿形链传动平稳性好、传动速度快、噪声较小、承受冲击性能较好，但结构复杂、装拆困难、质量较大、易磨损、成本较高。

a) 外链板　　b) 内链板

图 3-14 齿形链

齿形链标记示例：

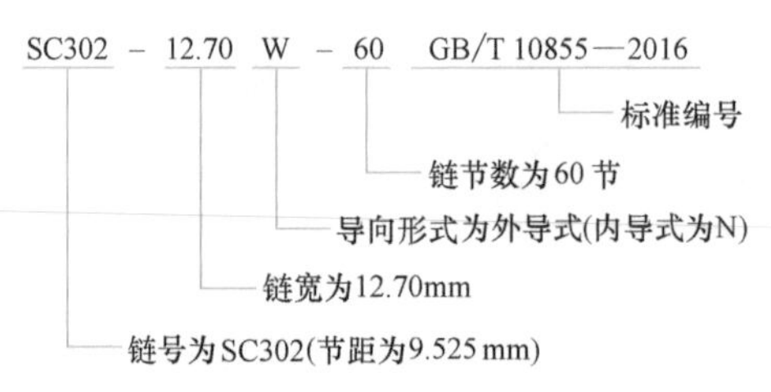

三、链传动的失效及润滑

1. 链传动的失效形式

如图 3-15 所示，链传动的失效形式主要包括链节磨损后伸长、链板的疲劳破坏、套筒和滚子冲击破坏、链条和铰链胶合、轮齿过度磨损、过载拉断。

2. 链传动的润滑

润滑是延长链传动使用寿命最有效的方法。

1）良好的润滑可缓和冲击、减轻磨损、延长链条的使用寿命。

2）润滑油推荐采用牌号为：L-AN32、L-AN46、L-AN68 等全损耗系统用油。

a) 链板开裂　b) 链板静力拉断　c) 链板断裂

d) 链板疲劳断裂　e) 滚子疲劳裂纹　f) 销轴断裂

图 3-15　链传动的失效形式

3）对于开式及重载低速传动，可在润滑油中加入 MoS_2、WS_2 等添加剂。

4）对于不便采用润滑油的场合，允许涂抹润滑脂，但应定期清洗与涂抹。

链传动常用的润滑方式见表 3-2。

表 3-2　链传动常用的润滑方式

润滑方式	简图	润滑方法
人工润滑		用油刷或油壶定期在链条松边内、外链板间隙中注油
滴油润滑		装有简单外壳，用油杯滴油润滑
油池润滑		采用不漏油的外壳使链条从油池中通过

（续）

润滑方式	简图	润滑方法
飞溅润滑		采用不漏油的外壳，在链轮侧边安装甩油盘，飞溅润滑，甩油盘圆周速度 $v \geq 3m/s$。当链条宽度大于 125mm 时，链轮两侧各装一个甩油盘
压力喷油润滑		采用不漏油的外壳，油泵强制供油，喷油管口设在链条啮入处，循环油可起润滑和冷却作用

本章小结

1. 链传动的组成包括主动链轮、从动链轮和链条。
2. 链传动的应用特点。
3. 链传动传动比的计算。
4. 滚子链的结构、标记及润滑形式。
5. 齿形链的应用。

本章习题

1. 简述链传动的组成及传动比的概念。
2. 简述链传动的布置方式及张紧的目的。
3. 链传动的类型有哪些？
4. 链传动的主要失效形式有哪些？

第4章 齿轮传动

a) 外观

b) 拆去后盖

图 4-1　机械手表

随着手机的普及，现代人用手表看时间的频率越来越小了，但手表（图 4-1）仍然存在于人们的生活和工作中。打开机械手表的后盖，我们能清楚地看到其内部分布着一系列的齿轮，手表指针的走动也是靠齿轮啮合进行动力传递来实现的。

齿轮传动是近代机器中传递运动和动力最主要的形式之一。除了在机械式钟表中有齿轮传动，在汽车领域以及在金属切削机床、工程机械、冶金机械等各种机械中都有齿轮传动，如图 4-2 所示。齿轮传动已不仅成为众多机械设备中不可缺少的传动部件，也是机器中所占比例最大的传动形式。

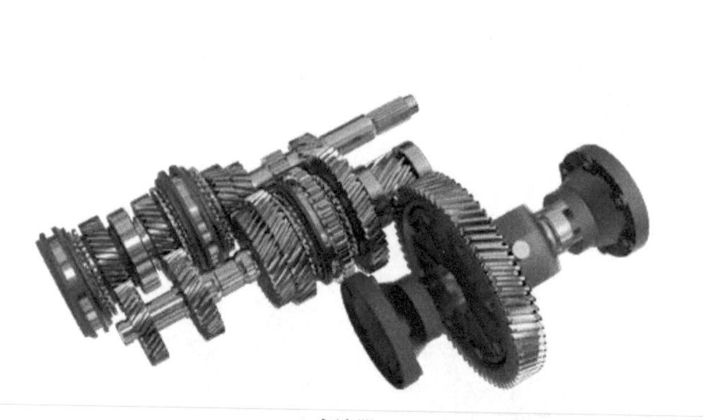
a) 变速器

b) 车床交换齿轮箱

图 4-2　齿轮传动的应用

第 1 节　齿轮传动的类型及应用

学习目标

1. 理解齿轮传动的常用类型。
2. 了解齿轮传动的传动比。
3. 了解齿轮传动的应用特点。

知识导入

一块钟表，它至少有时针和分针，那么是由什么来控制时针和分针的走动，又是如何准确显示时间的呢？

学习内容

齿轮是指轮缘上有齿，能连续啮合，传递运动和动力的机械元件，如图 4-3 所示。

齿轮副是指由一对齿轮的轮齿依次交替接触，从而实现一定规律的相对运动的过程和形态称为啮合，相互啮合的齿轮组成的运动副称为齿轮副。在齿轮副中，两齿轮轴线的相对位置不变，并绕其自身的轴线转动。

齿轮传动——利用齿轮副来传递运动和（或）力的一种机械传动。

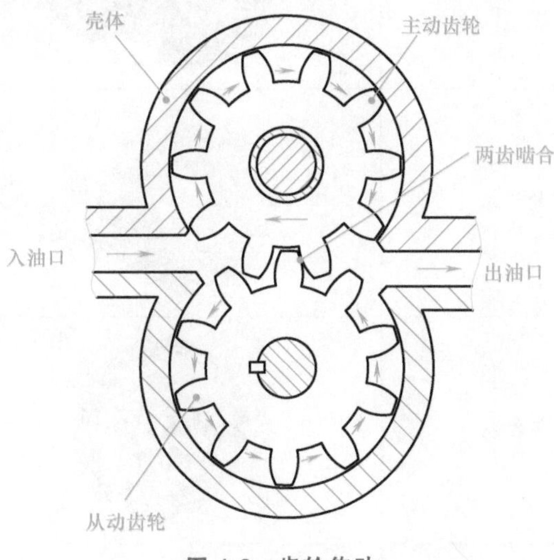

图 4-3 齿轮传动

齿轮传动的常用类型

一、齿轮传动的常用类型

齿轮传动的常用类型见表 4-1。

表 4-1 齿轮传动的常用类型

分类方法		类型	图例	动画
两轴平行	按轮齿方向	直齿圆柱齿轮传动		

（续）

分类方法		类型	图例	动画
两轴平行	按轮齿方向	斜齿圆柱齿轮传动		
		人字齿圆柱齿轮传动		
	按啮合情况	外啮合齿轮传动		同直齿圆柱齿轮传动
		内啮合齿轮传动		
		齿轮齿条传动		
两轴不平行	相交轴齿轮传动	锥齿轮传动		

（续）

分类方法		类型	图例	动画
两轴不平行	交错轴齿轮传动	交错轴斜齿轮传动		
		蜗杆传动		

二、齿轮传动的应用

1. 传动比

在一齿轮副的齿轮传动中，主动齿轮的齿数为 z_1，从动齿轮的齿数为 z_2，主动齿轮每转过一个齿，从动齿轮也转过一个齿。当主动齿轮的转速为 n_1，从动齿轮的转速为 n_2 时，单位时间内主动齿轮转过的齿数 n_1z_1 与从动齿轮转过的齿数 n_2z_2 应相等，即

$$n_1z_1=n_2z_2$$

则齿轮传动的传动比

$$i_{12}=\frac{n_1}{n_2}=\frac{z_2}{z_1} \tag{4-1}$$

式中 n_1、n_2——主、从动齿轮的转速（r/min）；

z_1、z_2——主、从动齿轮的齿数。

式（4-1）说明：齿轮传动的传动比是主动齿轮转速与从动齿轮转速之比，也等于两齿轮齿数的反比。

齿轮副的传动比不宜过大，否则会使结构尺寸过大，不利于制造和安装。通常，圆柱齿轮副的传动比 $i\leqslant8$，锥齿轮副的传动比 $i\leqslant5$。

例 4-1 一对齿轮传动，已知主动齿轮转速 $n_1=960\text{r/min}$，齿数 $z_1=20$，从动齿轮齿数 $z_2=50$，试计算传动比 i 和从动齿轮转速 n_2。

解： 由式（4-1）可得，这对齿轮的传动比

$$i=z_2/z_1=50/20=2.5$$

从动齿轮转速

$$n_2=n_1/i=960\text{r/min}/2.5=384\text{r/min}$$

4 CHAPTER

2. 齿轮传动的应用特点

齿轮传动除传递回转运动外，也可以把回转运动转变为直线往复运动（如齿轮齿条传动）。

（1）优点 与摩擦轮传动、带传动和链传动相比较，齿轮传动具有如下优点：

1）能保证瞬时传动比恒定，传动平稳性好，传递运动准确可靠。

2）传递功率和圆周速度范围较宽，传递功率的范围小至低于 1W（如仪表中的齿轮传动），大至 5×10^4kW（如涡轮发动机的减速器），甚至高达 1×10^5kW；其传动时，圆周速度可达至 300m/s。

3）结构紧凑，工作可靠，寿命长。设计精确、制造精良、润滑维护良好的齿轮传动，可使用数年乃至数十年。

4）传动效率高，可实现较大传动比。

（2）缺点 齿轮传动也存在以下缺点：

1）运转中有振动、冲击和噪声。

2）制造和安装精度要求高。

3）齿轮的齿数为整数，能获得的传动比受到一定的限制，不能实现无级变速。

4）中心距过大将导致齿轮传动机构庞大、笨重，因此不适用于中心距较大的场合。

3. 齿轮传动的基本要求

从传递运动和动力两个方面来考虑，齿轮传动应满足下面两个基本要求：

（1）传动要平稳 在齿轮传动过程中，应保证瞬时传动比恒定不变，以保持传动的平稳性，避免或减小传动中的冲击、振动和噪声。

（2）承载能力要大 要求齿轮的结构尺寸小、体积小、质量小，而承受载荷的能力强，即强度高、耐磨性好、使用寿命长。

第 2 节 渐开线齿廓

学习目标

1. 理解渐开线的形成及性质。
2. 了解渐开线齿廓啮合的特点。

渐开线的形成及性质

知识导入

齿轮的类型很多，构成齿轮齿廓的形状也很多，其中常用的为渐开线齿廓。

学习内容

一、渐开线的形成及性质

在某平面上，如图 4-4 所示，设半径为 r_b 的圆上有一条直线 L 与其相切，当直线 L 沿圆周做纯滚动时，直线上任意一点 K 的轨迹称为该圆的渐开线。该圆称为基圆，r_b 称为基圆半径，直线 L 称为发生线。

以同一个基圆上产生的两条反向渐开线为齿廓的齿轮就是渐开线齿轮，如图 4-5 所示。

渐开线齿廓具有以下性质：

1）发生线在基圆上滚过的线段长度 NK，等于基圆上被滚过的圆弧长 $\overset{\frown}{NA}$。

渐开线的形成动画

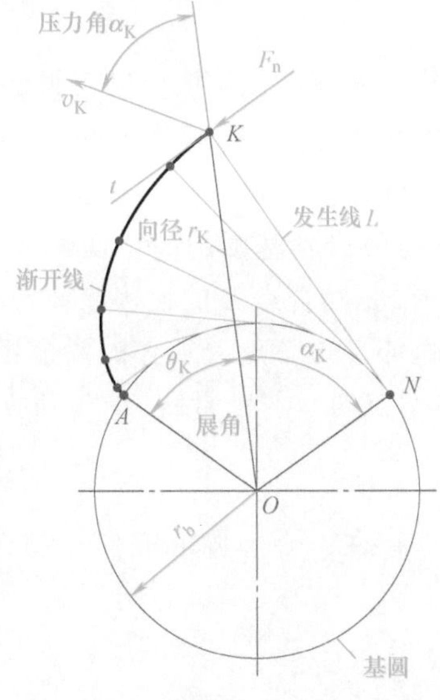

图 4-4 渐开线的形成

图 4-5 渐开线齿轮

2）渐开线上的任意一点 K 的法线必与基圆相切。例如，线段 KN 就是渐开线上 K 点的法线。

3）渐开线的形状取决于基圆的大小，如图 4-6 所示。基圆相同，渐开线的形状完全相同。基圆越小，渐开线越弯曲；基圆越大，渐开线越趋平直。当基圆半径无穷大时，渐开线将变成直线，这种直线形的渐开线就是齿条的齿廓线，即齿轮变成齿条。

4）渐开线上各点的曲率半径不相等。K 点离基圆越远，其曲率半径 NK 就越大，渐开线越趋平直；反之，曲率半径越小，渐开线越弯曲，如图 4-6 所示。

5）渐开线上各点的齿形角（压力角）不等，如图 4-7 所示。

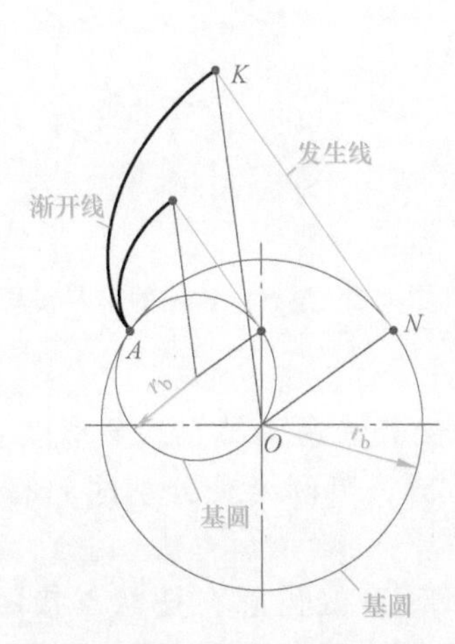

图 4-6 基圆半径不相等的渐开线

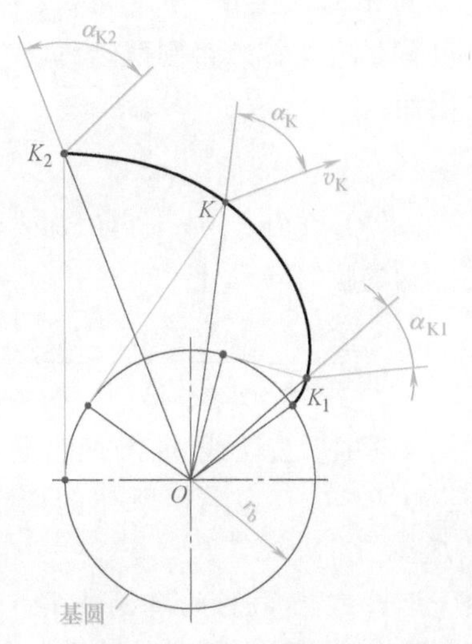

图 4-7 渐开线上各点的齿形角不相等

离基圆越远，齿形角越大，基圆上的齿形角（压力角）为零。齿形角越小，齿轮传动越省力。因此，通常采用基圆附近的一段渐开线作为齿轮的齿廓曲线。

6）渐开线的起始点在基圆上，基圆内无渐开线。

二、渐开线齿廓的啮合特点

图 4-8 所示为一对啮合的渐开线齿轮，N_1N_2 为两齿轮基圆内公切线，它与两齿轮中心的连线 O_1O_2 相交于 P 点。设在某瞬间两齿轮齿廓在 K 点接触，K 点称为啮合点。经过 Δt 时间后，啮合点 K 移到 K'。由上述渐开线的性质第 2 条可知，两轮齿廓不论在什么位置接触（啮合），过啮合点的两轮齿廓的法线（公法线）就是两齿轮基圆的内公切线 N_1N_2。因此，渐开线齿廓的啮合点 K 始终沿着 N_1N_2 移动，即 N_1N_2 是啮合点 K 的轨迹，称为啮合线。啮合线与两轮中心连线的交点 P 称为节点。以 O_1O_2 为圆心，过节点 P 所作的两个相切的圆称为节圆。过 P 点的两节圆的公切线 tt（即 P 点处的运动方向）与啮合线 N_1N_2 所夹的锐角 α'称为啮合角。

节点、节圆和啮合角只有在一对齿轮啮合时才存在，一个齿轮没有节点、节圆和啮合角。

渐开线齿廓啮合时有下列特性：

1. 能保持传动比的恒定

如图 4-9 所示，两渐开线齿廓某一瞬时在 K 点接触，主动齿轮 1 以角速度 ω_1 顺时针转动并推动从动轮 2 以角速度 ω_2 逆时针转动，两轮齿廓上 K 点的速度分别为：$v_{K1}=\omega_1O_1K$ 和 $v_{K2}=\omega_2O_2K$。过 K 点作两齿廓的公法线 nn，与两基圆分别切于 N_1、N_2。两基圆半径分别为 $r_{b1}=O_1N_1=O_1K\cos\alpha_{K1}$，$r_{b2}=O_2N_2=O_2K\cos\alpha_{K2}$。为使两轮连续且平稳地工作，$v_{K1}$ 和 v_{K2} 在公法线 nn 上的速度分量应相等，否则两齿廓将互相压入或分离，因而

$$v_{K1}\cos\alpha_{K1}=v_{K2}\cos\alpha_{K2}$$

即

$$\omega_1\overline{O_1K}\cos\alpha_{K1}=\omega_2\overline{O_2K}\cos\alpha_{K2}$$

故齿轮传动的瞬时转动比

$$i=\frac{\omega_1}{\omega_2}=\frac{O_2K\cos\alpha_{K2}}{\overline{O_1K}\cos\alpha_{K1}}=\frac{r_{b2}}{r_{b1}} \qquad (4\text{-}2)$$

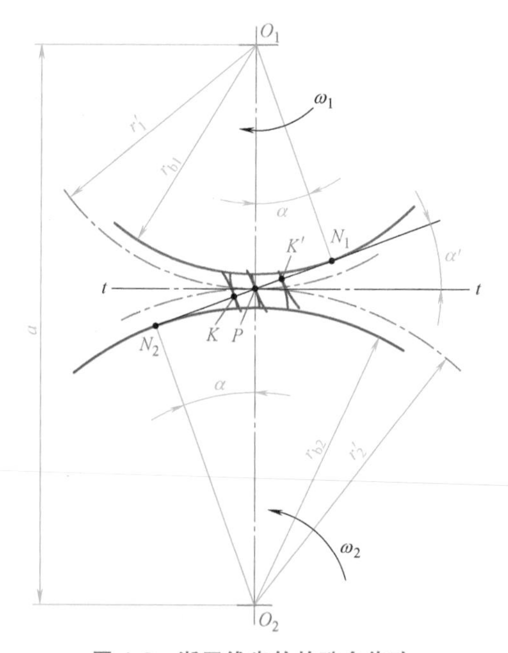

图 4-8 渐开线齿轮的啮合传动

在图 4-9 中，公法线 nn 与两齿轮的连心线 O_1O_2 的交点 P 称为节点。分别以 O_1 和 O_2 为圆心，O_1P、O_2P 为半径所作的两个相切的圆称为节圆，节圆半径分别用 r'和 r'表示，$\triangle O_1N_1P\cong\triangle O_2N_2P$。

由于渐开线齿轮的两基圆半径 r_{b1}、r_{b2} 不变，因此渐开线齿廓在任意点接触时（如图 4-8 中的 K_1 位置），两齿轮的瞬时传动比恒定，且与基圆半径成反比，因此满足齿轮传动

的传动比恒定。

$$i=\frac{\omega_1}{\omega_2}=\frac{r_{b2}}{r_{b1}}=\frac{\overline{O_2N_2}}{\overline{O_1N_1}}=\frac{r_2'}{r_1'}$$

即瞬时传动比与节圆半径也成反比。显然，两节圆的圆周速度相等，因此，在齿轮传动中，两个节圆做纯滚动。

2. 中心距的可分性

两轮中心 O_1、O_2 的距离称为中心距，用 a'表示，可知

$$a'=r_2'+r_1' \tag{4-3}$$

由于制造、安装和轴承磨损等原因会造成齿轮中心距的微小变化，节圆半径也随之改变。但由式（4-2）可知，因为两轮基圆半径不变，所以传动比仍保持不变。这种中心距稍有变化但不改变传动比的性质，称为中心距的可分性。这一性质为齿轮的制造和安装等带来方便。中心距的可分性是渐开线齿轮传动的一个重要优点。

3. 渐开线齿廓间正压力方向恒定不变

如图 4-10 所示，一对渐开线齿轮制造、安装完毕，两基圆同一方向只有一条内公切线 N_1N_2，由渐开线性质 2 可知，无论两渐开线齿廓在何位置接触，过接触点 K 所作的公法线均与两基圆内公切线相重合。若不计齿廓间摩擦力的影响，则齿廓间传递的压力总是沿着公法线 N_1N_2 方向。因此，渐开线齿廓间正压力方向恒定不变，它可使传动平稳，这是渐开线齿轮传动的又一个优点。

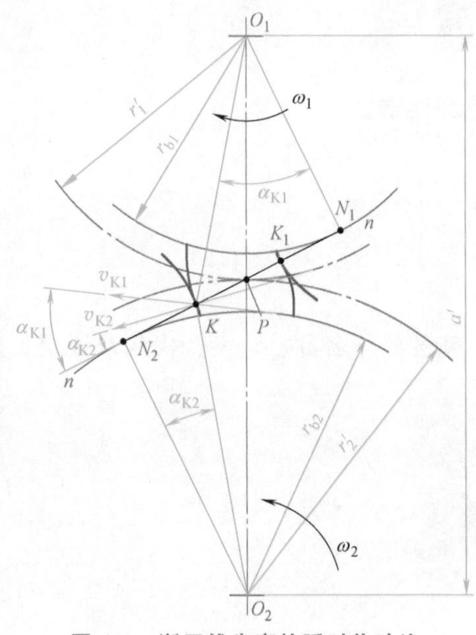

图 4-9 渐开线齿廓的瞬时传动比

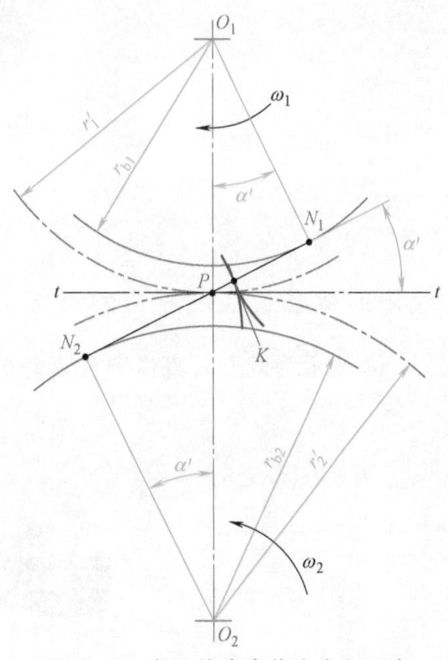

图 4-10 渐开线齿廓传力方向不变

三、渐开线齿廓啮合基本定律

齿轮传动要满足瞬时传动比保持不变，则两轮的齿廓不论在何处接触，过接触点的公法线必须与两轮的连心线交于固定的一点。

第 3 节　渐开线标准直齿圆柱齿轮的基本参数和几何尺寸计算

学习目标

渐开线标准直齿圆柱齿轮的主要参数

1. 熟记渐开线标准直齿圆柱齿轮各部分的名称。
2. 掌握渐开线标准直齿圆柱齿轮基本参数。
3. 能够利用公式对外啮合标准直齿圆柱齿轮进行几何尺寸计算。
4. 了解内啮合直齿圆柱齿轮的特点。
5. 掌握标准直齿圆柱齿轮的正确啮合条件及连续传动条件。

知识导入

齿轮和螺纹一样，已经标准化，每种齿轮都有专属的基本参数。如图 4-11 所示，本节将学习渐开线标准直齿圆柱齿轮的基本参数和几何尺寸计算。

图 4-11　渐开线标准直齿圆柱齿轮

学习内容

一、渐开线标准直齿圆柱齿轮各部分的名称

图 4-12 所示为渐开线直齿圆柱齿轮的一部分，其各部分名称、定义、代号及说明见表 4-2。

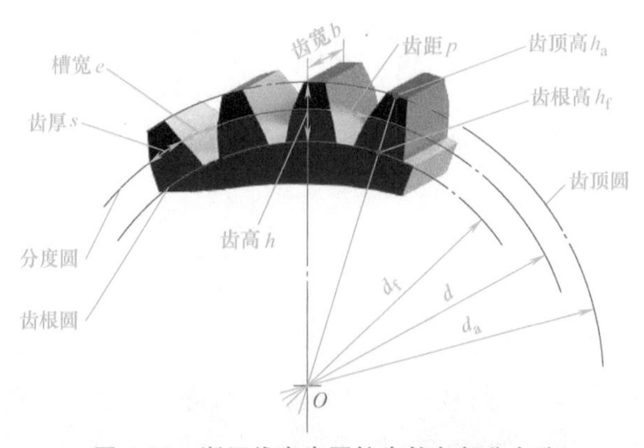

图 4-12　渐开线直齿圆柱齿轮各部分名称

表 4-2 标准直齿圆柱齿轮各部分名称

名称	定义	代号及说明
端平面	在圆柱齿轮两端，垂直于齿轮轴线的平面	—
齿顶圆	齿顶圆柱面被垂直于其轴线的平面所截的截线	齿顶圆直径用 d_a 表示
齿根圆	齿根圆柱面被垂直于其轴线的平面所截的截线	齿根圆直径用 d_f 表示
分度圆	分度圆柱面与垂直于其轴线的一个平面的交线	分度圆直径用 d 表示
齿厚	在端平面(垂直于齿轮轴线的平面)上，一个齿的两侧端面齿廓之间的分度圆弧长	齿厚用 s 表示
齿槽	齿轮上相邻两轮齿之间的空间	—
槽宽	在端平面上，一个齿槽的两侧齿廓之间的分度圆弧长	槽宽用 e 表示
齿距	在任意给定的方向上规定的两个相邻的同侧齿廓相同间隔的尺寸	齿距用 p 表示，即 $p=s+e$
齿宽	齿轮的有齿部位沿分度圆柱面素线方向量得的宽度	齿宽用 b 表示
齿顶高	齿顶圆与分度圆之间的径向距离	齿顶高用 h_a 表示
齿根高	齿根圆与分度圆之间的径向距离	齿根高用 h_f 表示
齿高	齿顶圆与齿根圆之间的径向距离	齿高用 h 表示

二、渐开线标准直齿圆柱齿轮的主要参数

1. 标准齿轮的齿形角 α

齿形角是指在端平面上，过端面齿廓上任意点 K 的径向直线与齿廓在该点处的切线所夹的锐角，用 α 表示。如图 4-13 所示，K 点的齿形角为 α_K。渐开线齿廓上各点的齿形角不相等，K 点离基圆越远，齿形角越大，基圆上的齿形角 $\alpha=0°$。

分度圆压力角是指在齿轮传动中，齿廓曲线在分度圆上某点处的速度方向与曲线在该点处的法线方向（即力的作用线方向）之间所夹锐角，称为分度圆压力角。从几何关系上看，压力角与齿形角相等，也用 α 表示。K 点的压力角为 α_K。

分度圆上齿形角大小对轮齿形状有影响，如图 4-14 所示。当分度圆半径 r 不变时，分度圆上的齿形角减小，则轮齿的齿顶变宽，齿根变窄，承载能力降低；若分度圆上的齿形角增大，则轮齿的齿顶变窄，齿根变宽，承载能力增大，但传动费力。综合考虑传动性能和承载能力，我国标准规定渐开线圆柱齿轮分度圆上的齿形角 $\alpha=20°$，也就是说，采用渐开线上齿形角为 20°左右的一段作为轮齿的齿廓曲线，而不是任意段的渐开线。

渐开线圆柱齿轮分度圆上齿形角 α 的大小可表示为

$$\cos\alpha=\frac{r_b}{r} \tag{4-4}$$

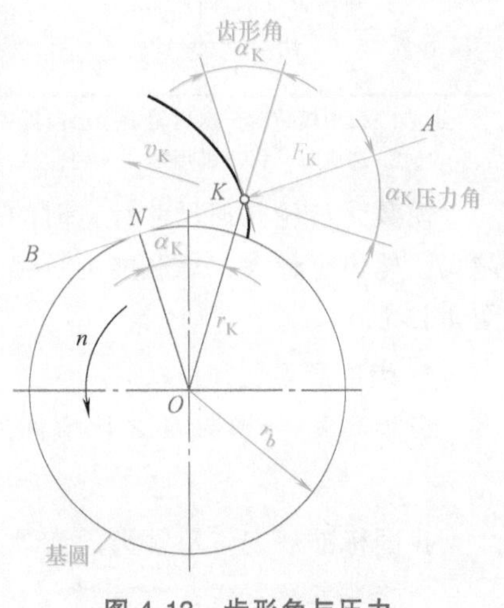

图 4-13 齿形角与压力角的关系

4 CHAPTER

式中　α——分度圆上的齿形角（°）；

　　r_b——基圆半径（mm）；

　　r——分度圆半径（mm）。

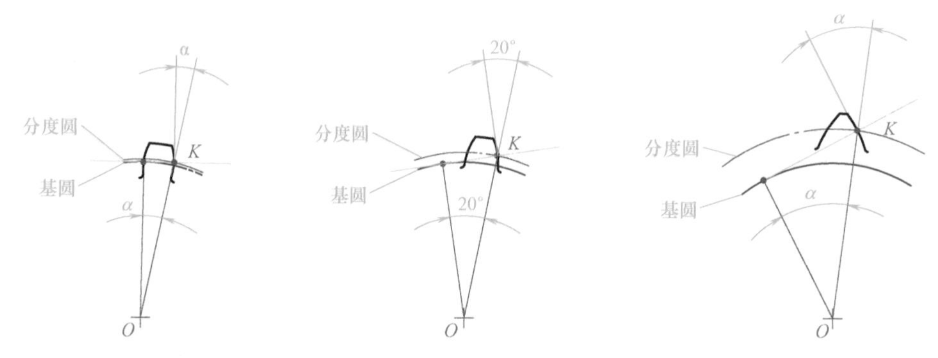

图 4-14　分度圆上齿形角大小对轮齿形状的影响

2. 齿数 z

一个齿轮的轮齿总数称为该齿轮的齿数，用 z 表示。当齿轮的模数一定时，齿数越多，齿轮的几何尺寸越大，轮齿渐开线的曲率半径也越大，齿廓曲线越趋平直。

3. 模数 m

因为分度圆周长 $\pi d=zp$，则分度圆直径为 $d=zp/\pi$。由于 π 为一无理数，为了计算和制造上的方便，人为地把 p/π 规定为有理数，即齿距 p 除以圆周率 π 所得的商称为模数，用 m 表示，即

$$m=p/\pi \tag{4-5}$$

为了便于齿轮的设计和制造，模数已经标准化，标准模数系列见表 4-3。

表 4-3　标准模数系列（GB/T 1357—2008）　　（单位：mm）

系列Ⅰ	1.25	1.5	2	2.5	3	4	5	6	8	10	12
	16	20	25	32	40	50					
系列Ⅱ	1.125	1.375		1.75	2.25	2.75		3.5		4.5	5.5
	(6.5)	7	9	11	14	18	22	28	36	45	

注：1. 表中模数对于斜齿轮是指法向模数。

2. 选取时，优先采用第一系列，括号内的模数尽可能不用。

模数是齿轮几何尺寸计算时的一个基本参数。齿数相等的齿轮，模数越大，齿轮尺寸就越大，轮齿也越大，承载能力越强；分度圆直径相等的齿轮，模数越大，承载能力越强，如图 4-15 所示。

4. 齿顶高系数 h_a^*

齿顶高 h_a 与模数 m 之比值称为齿顶高系数，用 h_a^* 表示，即

$$h_a=h_a^* m \tag{4-6}$$

我国标准规定：正常齿的齿顶高系数 $h_a^*=1$。

5. 顶隙系数 c^*

当一对齿轮啮合时，为使一个齿轮的齿顶面不与另一个齿轮的齿槽底面相抵触，轮齿的

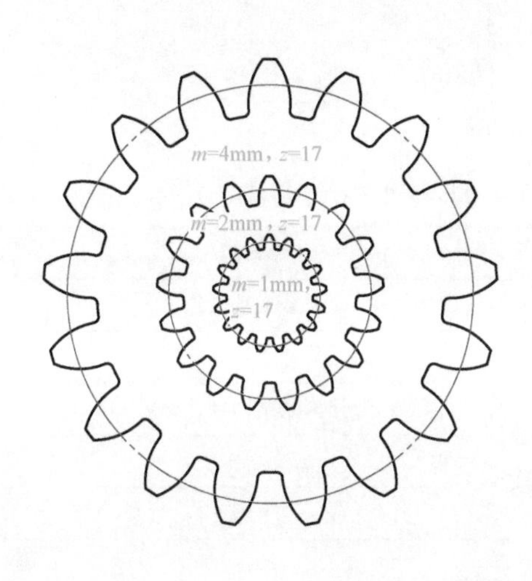

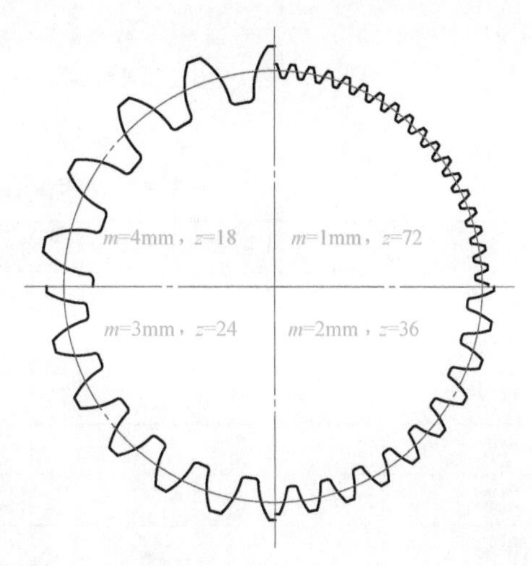

图 4-15 模数大小和齿轮尺寸大小的比较

齿根高 h_f 应大于齿顶高 h_a，即应留有一定的径向间隙。一个齿轮的齿根圆柱面与配对齿轮的齿顶圆柱面之间在连心线上的距离称为顶隙。顶隙在齿轮的齿根圆柱面与配对齿轮的齿顶圆柱面的连心线上度量，用 c 表示，如图 4-16 所示。

顶隙 c 与模数 m 之比称为顶系系数，用 c^* 表示，即

$$c=c^* m \tag{4-7}$$

所以，齿根高

$$h_f=(h_a^*+c^*)m \tag{4-8}$$

我国标准规定：正常齿的顶隙系数 $c^*=0.25$。

顶隙还可以储存润滑油，有利于齿面的润滑，补偿在制造和安装中造成的齿轮中心距的误差以及齿轮变形等。

标准齿轮

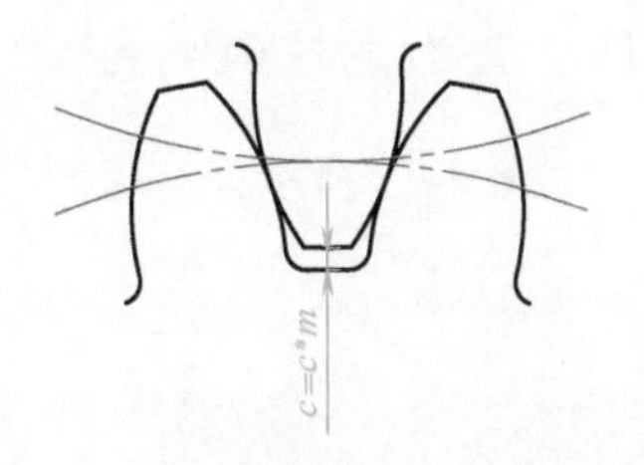

图 4-16 一对齿轮啮合时的顶隙

具有以下特征的齿轮称为标准齿轮：

1）具有标准模数和标准齿形角。

2）分度圆上的齿厚和槽宽相等，即 $s=e=\pi m/2$。

3）具有标准齿顶高系数 h_a^* 和顶隙系数 c^*。

不具备上述特征的齿轮称为非标准齿轮。

三、外啮合标准直齿圆柱齿轮的几何尺寸计算

标准直齿圆柱齿轮各部分的尺寸与模数有一定关系，计算公式见表 4-4。

例 4-2 已知一对标准直齿圆柱齿轮传动，其传动比 $i_{12}=3$，主动齿轮转速 $n_1=600\text{r/min}$，中心距 $a=168\text{mm}$，模数 $m=4\text{mm}$，试求从动齿轮的转速 n_2' 齿轮齿数 z_1 和 z_2 各是多少？

外啮合标准直齿圆柱齿轮的几何尺寸计算

解：

$$i_{12}=n_1/n_2=z_2/z_1$$

$$n_2=n_1/i_{12}=600\text{r/min}/3=200\text{r/min}$$

4 CHAPTER

$$i_{12}=z_2/z_1=3$$
$$a=m(z_1+z_2)/2=168\text{mm}$$
$$z_1=21,\ z_2=63$$

表 4-4　外啮合标准直齿圆柱齿轮的几何尺寸计算公式

名称	代号	计算公式
齿形角	α	标准齿轮为 20°
齿数	z	通过传动比计算确定
模数	m	通过计算或结构设计确定
齿厚	s	$s=p/2=\pi m/2$
槽宽	e	$e=p/2=\pi m/2$
齿距	p	$p=\pi m$
基圆齿距	p_b	$p_b=p\cos\alpha=\pi m\cos\alpha$
齿顶高	h_a	$h_a=h_a^* m=m$
齿根高	h_f	$h_f=(h_a^*+c^*)m=1.25m$
齿高	h	$h=h_a+h_f=2.25m$
分度圆直径	d	$d=mz$
齿顶圆直径	d_a	$d_a=d+2h_a=m(z+2)$
齿根圆直径	d_f	$d_f=d-h_f=m(z-2.5)$
基圆直径	d_b	$d_b=d\cos\alpha$
标准中心距	a	$a=(d_1+d_2)/2=m(z_1+z_2)/2$

注：正常齿制，$h_a^*=1$，$c^*=0.25$；短齿制，$h_a^*=0.8$，$c^*=0.3$。

四、直齿圆柱内啮合齿轮简介

图 4-17 所示为直齿圆柱内啮合齿轮的一部分，它与外啮合齿轮相比有以下不同点：

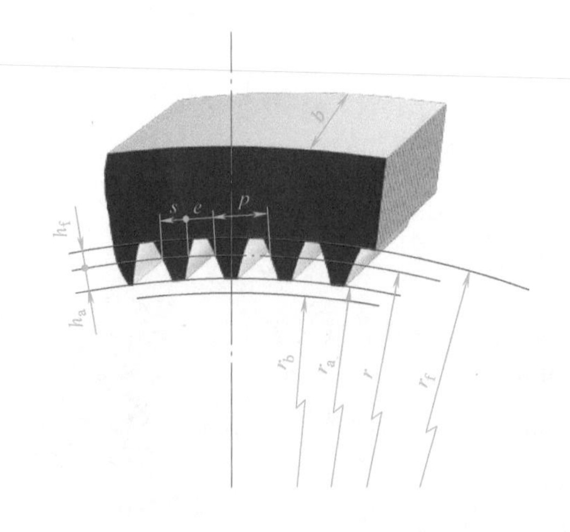

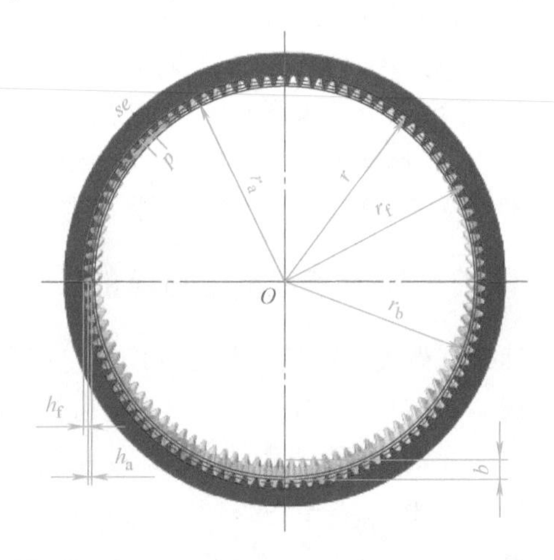

图 4-17　直齿圆柱内齿轮各部分的尺寸

1）内齿轮的齿顶圆小于分度圆，齿根圆大于分度圆。

2）内齿轮的齿廓是内凹的，齿厚和槽宽分别对应于外齿轮的槽宽和齿厚。

3）为使内齿轮齿顶的齿廓全部为渐开线，其齿顶圆必须大于基圆。

当要求齿轮传动轴平行，回转方向一致，且传动结构紧凑时，可采用内啮合齿轮传动，如图 4-18 所示。

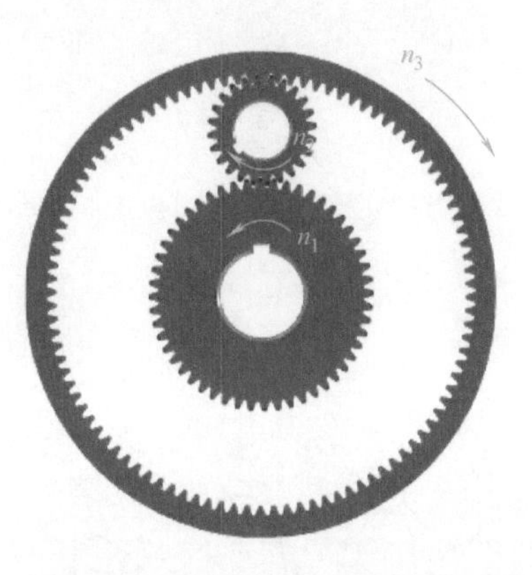

图 4-18　直齿圆柱内啮合齿轮传动

五、渐开线直齿圆柱齿轮传动的正确啮合条件和连续传动条件

1. 正确啮合条件

齿轮副的正确啮合条件也称为齿轮副的配对条件。一对渐开线直齿圆柱齿轮正确啮合时，如图 4-19 所示，齿廓的啮合点必定在啮合线上，并且各对轮齿都可能同时啮合，其相邻两齿同向齿廓在啮合线上的长度（法向齿距 p_n）必须相等，否则，就会出现两轮齿廓分离或重叠的情况。如前所述，齿轮的法向齿距 p_n 等于其基圆齿距 p_b，即

$$p_{b1} = \pi m_1 \cos\alpha_1 , \qquad p_{b2} = \pi m_2 \cos\alpha_2$$

为使两轮基圆齿距相等，联立上面两式有

$$\pi m_1 \cos\alpha_1 = \pi m_2 \cos\alpha_2$$

由于齿轮副的模数 m 和压力角 α 都是标准值，故有

$$m_1 = m_2 , \qquad \alpha_1 = \alpha_2 = \alpha$$

直齿圆柱齿轮正确啮合的条件是两齿轮的模数和压力角分别相等。

2. 连续传动条件

要使齿轮连续传动，必须保证在前一对轮齿啮合点尚未移到 B_1 点脱离啮合前，第二对轮齿能及时到达 B_2 点进入啮合，如图 4-20 所示。显然两齿轮连续传动的条件为：$\overline{B_1B_2} > p_b$。

通常把实际啮合线长度与基圆齿距的比称为重合度，以 ε 表示，即

$$\varepsilon = \frac{\overline{B_1B_2}}{p_b}$$

理论上，$\varepsilon = 1$ 就能保证连续传动，但由于齿轮的制造和安装误差以及传动中轮齿的变形等因素，必须使 $\varepsilon > 1$。重合度的大小，表明同时参与啮合的齿对数的多少，其值大则传动平稳，每对轮齿承受的载荷也小，相对地提高了齿轮的承载能力。

单个齿轮有固定的分度圆和分度圆压力角，而无节圆和啮合角，只有一对齿轮啮合时，才有节圆和啮合角。

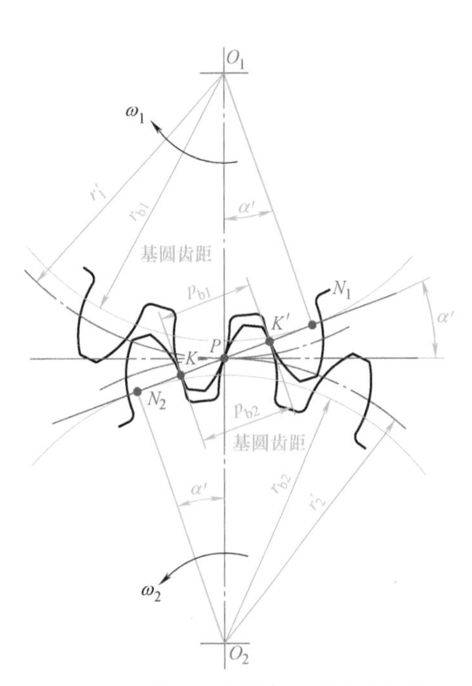

图 4-19 渐开线齿轮的正确啮合条件

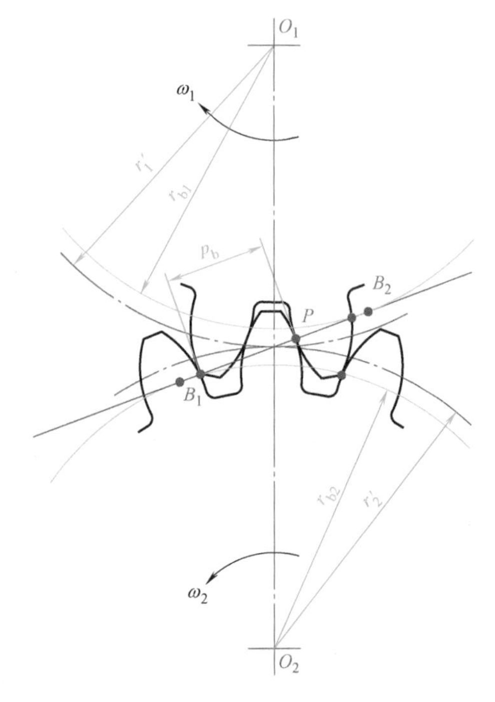

图 4-20 渐开线齿轮的连续传动条件

第 4 节 其他齿轮传动简介

学习目标

了解斜齿圆柱齿轮和直齿锥齿轮的应用特点。

知识导入

齿轮的种类很多，本节将介绍部分其他齿轮的特点和应用情况。

学习内容

一、斜齿圆柱齿轮及其传动

1. 圆柱齿轮齿廓曲面的形成

（1）直齿圆柱齿轮齿廓曲面的形成　当发生线在基圆上做纯滚动时，发生线上任意一点所形成的轨迹称为渐开线。如图 4-21 所示，当发生面沿基圆柱做纯滚动时，发生面上的一条与基圆柱母线平行的直线 KK 在空间所走过的轨迹即为直齿圆柱齿轮齿廓曲面，简称渐开面。

（2）斜齿圆柱齿轮齿廓曲面的形成　如图 4-22 所示，当发生面沿基圆柱做纯滚动时，其上与母线成一倾斜角 β_b 的斜直线 KK 在空间所走过的轨迹为渐开线螺旋面，该螺旋面即

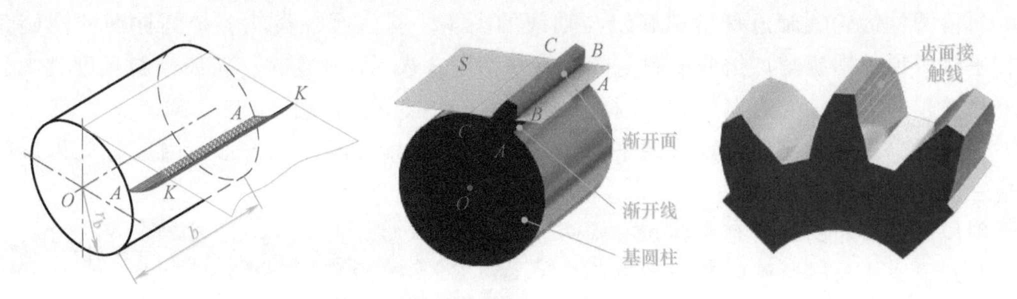

图 4-21　直齿圆柱齿轮齿廓曲面的形成

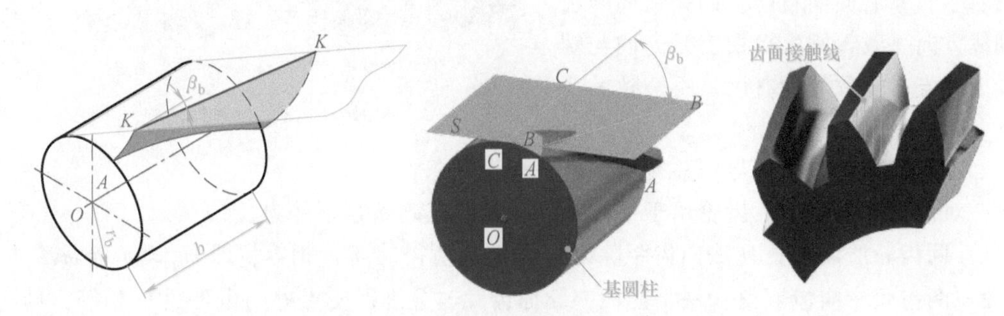

图 4-22　斜齿圆柱齿轮齿廓曲面的形成

为斜齿圆柱齿轮齿廓曲面，β_b 称为基圆柱上的螺旋角。

2. 斜齿圆柱齿轮传动的啮合特点

1）两轮齿由一端面进入啮合，接触线先由短变长，再由长变短，到另一端面脱离啮合，重合度大，承载能力高，可用于大功率传动。

2）轮齿上的载荷逐渐增加，又逐渐卸掉，承载和卸载平稳，冲击、振动和噪声小，使用寿命长。

3）由于轮齿倾斜，传动时会产生一个轴向力。

4）斜齿轮在高速、大功率传动中应用十分广泛。

3. 标准斜齿圆柱齿轮几何尺寸的计算

由于斜齿圆柱齿轮的轮齿齿面是螺旋面，需要讨论其端面和法面两种情形。

端面是指垂直于齿轮轴线的平面，用 t 作标记；法面是指与轮齿齿线垂直的平面，用 n 作标记，如图 4-23 所示。

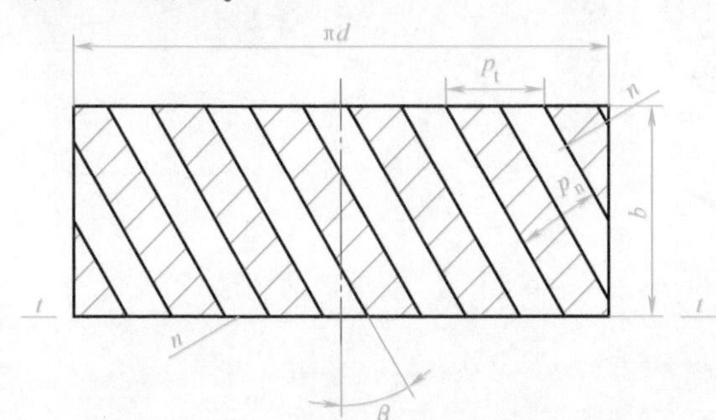

法面内的模数m_n采用标准模数，齿形角采用标准齿形角，齿顶高等于模数，全齿高等于2.25m的斜齿圆柱齿轮称为标准斜齿圆柱齿轮，简称标准斜齿轮

图 4-23　斜齿轮端面和法面的关系

斜齿圆柱齿轮螺旋角是指螺旋线与轴线的夹角。斜齿圆柱齿轮各个圆柱面的螺旋角不同，平时所说的螺旋角均指分度圆上的螺旋角，用β表示。β越大，轮齿倾斜程度越大，传动平稳性越好，但轴向力也越大，因此一般取$\beta=8°\sim30°$，常用$\beta=8°\sim15°$。

斜齿轮只在垂直于齿轮轴线的平面（端平面）内具有渐开线齿形，因此有关齿形的尺寸应在端平面内进行计算。

斜齿圆柱齿轮的旋向有左旋和右旋两种，其判定方法与螺纹旋向的判别方法相同，即采用右手定则。如图 4-24 所示，伸出右手，掌心面向自己，四指指向与齿轮轴线方向一致，则大拇指上升方向与螺旋线上升方向一致的为右旋，不一致的为左旋。

左旋　　右旋

图 4-24　斜齿轮旋向的判断

4. 斜齿圆柱齿轮用于平行轴传动时的正确啮合条件

一对外啮合斜齿圆柱齿轮用于平行轴传动时的正确啮合条件为：

1）两齿轮法向模数（法向齿距除以圆周率π所得的商）相等，即$m_{n_1}=m_{n_2}=m$。

2）两齿轮法向齿形角（法平面内，端面齿廓与分度圆交点处的齿形角）相等，即$\alpha_{n_1}=\alpha_{n_2}=\alpha$。

3）两齿轮螺旋角相等、旋向相反，即$\beta_1=-\beta_2$。

二、直齿锥齿轮及其传动

1. 直齿锥齿轮

直齿锥齿轮轮齿分布在圆锥面上，有直齿、斜齿和曲线齿三种，其中直齿锥齿轮应用最广，如图 4-25 所示。

直齿锥齿轮用于相交轴齿轮传动和交错轴齿轮传动，两轴间的交角可以任意，在实际应用中多采用两轴互相垂直的传动形式。

由于锥齿轮的轮齿分布在圆锥面上，因此轮齿的尺寸沿着齿宽方向变化，大端轮齿的尺寸大，小端轮齿的尺寸小。为了便于测量，并使测量时的相对误差缩小，规定以大端的参数作为标准参数。

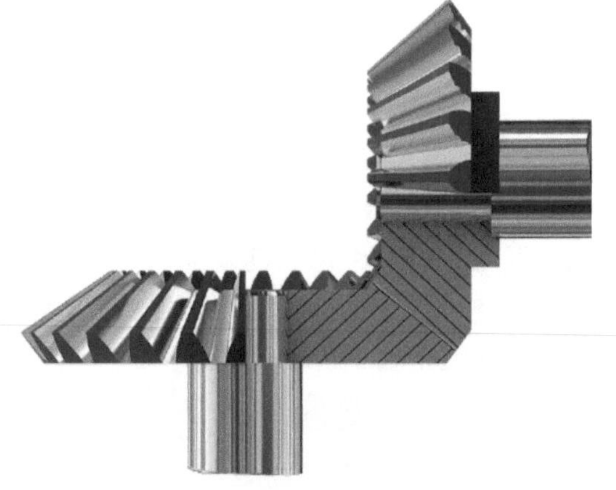

图 4-25　直齿锥齿轮传动

2. 直齿锥齿轮的正确啮合条件

1）两齿轮的大端端面模数相等，即$m_{t1}=m_{t2}=m$。

2）两齿轮的大端齿形角相等，即$\alpha_1=\alpha_2=\alpha$。

三、齿轮齿条传动

齿轮齿条传动是齿轮传动的一种特殊组合方式，齿条就像一个被拉直了舒展开来的圆柱齿轮，如图 4-26 所示。

a) 斜齿条

b) 直齿条

图 4-26 齿轮齿条传动

1. 齿条

当齿轮的圆心位于无穷远处时，其上各圆的直径趋向于无穷大，齿轮上的基圆、分度圆、齿顶圆等各圆成为基线、分度线、齿顶线等互相平行的直线，渐开线齿廓也变成直线齿廓，齿轮即演化成为齿条，如图 4-27 所示。如图 4-26 所示，齿条分为直齿条和斜齿条两种。直齿条的齿线是垂直于齿的运动方向的直线；斜齿条的齿线是倾斜于齿的运动方向的直线。

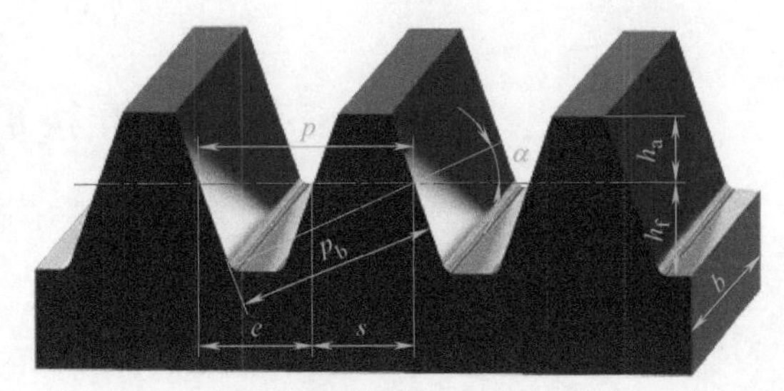

图 4-27 齿条

与齿轮相比，齿条的主要特点为：

1）因为齿条的齿廓是直线，所以齿廓上各点的法线是相互平行的。传动时，齿条做直线运动，齿廓上各点速度的大小及方向均一致。齿廓上各点的齿形角均相等，且等于齿廓直线的倾斜角，均为标准值 $\alpha=20°$。

2）因为齿条上各点的同侧齿廓互相平行，所以不论是在分度线（即基本齿廓的基准线）、齿顶线上，还是与分度线平行的其他直线上，齿距均相等，模数为同一标准值，即 $p=\pi m$。齿条各部分的尺寸计算可按外啮合圆柱齿轮的有关计算公式进行。

齿条的齿顶高：$h_a=m$。

齿条的齿根高：$h_f=1.25m$。

齿条的齿高：$h=2.25m$。

齿条的齿厚：$s=\dfrac{1}{2}p=\dfrac{1}{2}\pi m$。

齿条的槽宽：$e=\dfrac{1}{2}p=\dfrac{1}{2}\pi m$。

2. 齿轮齿条传动

由直齿条（或斜齿条）与直齿（或斜齿）圆柱齿轮组成的运动副称为齿条副。

齿轮齿条传动的主要目的是将齿轮的回转运动变为齿条的往复直线运动，或将齿条的直线往复运动变为齿轮的回转运动，如图 4-28 所示。

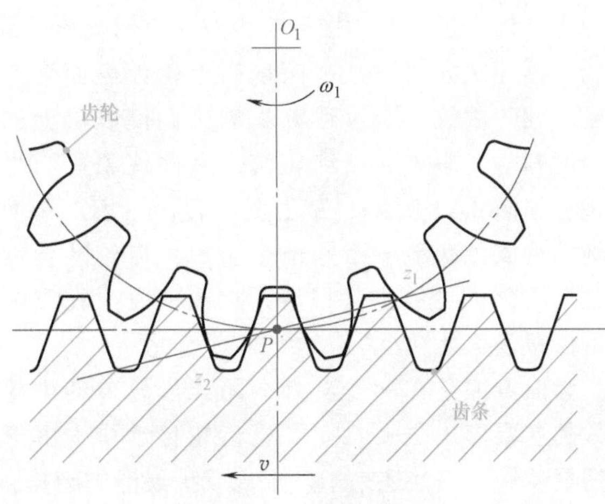

图 4-28 齿轮齿条传动

齿条的移动速度可用下式计算：

$$v=n_1\pi d_1=n_1\pi mz_1$$

式中 v——齿条的移动速度（mm/min）；

n_1——齿轮的转速（r/min）；

d_1——齿轮分度圆直径（mm）；

m——齿轮的模数（mm）；

z_1——齿轮的齿数。

齿轮每回转一周时，齿条移动的距离为

$$L=\pi d_1=\pi mz_1$$

第5节 渐开线齿轮的失效形式

学习目标

了解渐开线齿轮的失效形式、失效原因和预防措施。

知识导入

齿轮在相互啮合的传动过程中，若轮齿发生折断、齿面损坏等现象，则齿轮失去了正常的工作能力，称为齿轮轮齿的失效。齿轮失效的原因及形式有哪些呢？

学习内容

由于齿轮传动的工作条件和应用范围各不相同，导致齿轮失效的原因有很多。常见的齿轮失效形式有齿面点蚀、齿面磨损、齿面胶合、齿面塑性变形和轮齿折断等。

一、齿面点蚀

齿面点蚀是齿面疲劳损伤的现象之一。齿轮在传递动力时，两工作齿面在理论上是线接触，而实际上由于弹性变形的原因，两工作齿面会产生很小的面接触，使表面产生很大的接触应力。传动过程中，接触应力按一定的规律由零变到最大，再由最大变为零，如此循环反复，当循环次数超过某一限度时，轮齿表面会产生细微的疲劳裂纹，裂纹逐渐扩展，会使表层上的小块金属剥落，形成麻点和斑坑，这种现象称为齿面点蚀，如图4-29所示。发生点蚀后，轮齿工作面被损坏，造成传动不平稳并产生噪声，齿轮啮合情况会逐渐恶化而导致齿轮报废。点蚀多发生在靠近节线的齿根表面处。

图4-29 齿面点蚀

齿面点蚀是在润滑良好的闭式齿轮传动中轮齿失效的主要形式之一。在开式齿轮传动中，由于齿面磨损较快，点蚀还来不及出现或扩展即被磨掉，所以一般看不到点蚀现象。

为防止点蚀，设计时应合理选用齿轮参数，选择合适的材料从而提高齿面硬度。减小齿面的表面粗糙度，选用黏度高的润滑油并添加适当的添加剂，也可以提高齿面的抗点蚀能力。

二、齿面磨损

齿轮在传动过程中，轮齿不仅受到载荷的作用，而且接触的两齿面间有相对滑动，使齿面发生磨损，如图 4-30 所示。齿面磨损的速度符合预定的设计期限，则视为正常磨损。正常磨损的齿面很光亮，没有明显的痕迹。在规定的磨损量内，并不影响齿轮的正常工作。但齿面磨损严重时，渐开线齿廓被损坏，使齿侧间隙增大而引起传动不平稳，产生冲击和噪声，甚至会因齿厚过度磨薄而发生轮齿折断。

图 4-30　齿面磨损

产生齿面磨损的主要原因有：

1）齿轮在传动过程中，工作齿面间有相对滑动。

2）齿面不干净，有金属微粒、尘埃、污物等进入齿轮啮合区域，引起磨料性磨损。

3）润滑条件差。

对于开式齿轮传动，润滑条件差，又有硬质颗粒等杂物落入轮齿的工作表面，会加剧齿面磨损，因此齿面磨损是开式齿轮传动的主要失效形式。

减小齿面磨损的主要措施有：提高齿面硬度，减小表面粗糙度值，采用合适的材料组合，改善润滑条件和工作条件（如采用闭式传动）等。

三、齿面胶合

齿轮轮齿在很大压力下，齿面上的润滑油被挤走，两齿面金属直接接触，局部产生瞬时高温，致使两齿面发生黏连。随着齿面的相对滑动，较软轮齿的表层金属会被熔焊在另一轮齿的齿面上形成沟痕，这种现象称为齿面胶合。发生齿面胶合后，齿面被破坏，引起强烈的磨损和发热，使齿轮失效，如图 4-31 所示。

图 4-31　齿面胶合

产生齿面胶合的原因有以下两点：

1）高速重载的闭式齿轮传动中，由于散热不好，导致润滑油油温升高，黏度降低，易于从两齿面接触处被挤出来，使工作齿面间的润滑油膜被破坏。

2）低速重载的齿轮传动中，由于工作齿面间压力很大，润滑油膜不易形成。

齿面胶合有热胶合和冷胶合两种。齿面胶合是闭式齿轮传动的主要失效形式之一，传动中，靠近节线的齿顶表面处相对速度较大，因此胶合常发生在该部位。

防止齿面胶合的方法有：选用特殊的高黏度润滑油或者在油中加入抗胶合的添加剂，两齿轮选择不同材料（亲和力小），提高齿面硬度，减小表面粗糙度，改进冷却条件等措施。

四、轮齿折断

齿轮轮齿在传递动力时，相当于一根悬臂梁。在齿根处受到的弯曲应力最大，且在齿根的过渡圆角处具有较大的应力集中。传递载荷时，轮齿从啮合开始到啮合结束，随着啮合点位置的变化，齿根处的应力从零增到某一最大值，然后逐渐减小为零，在交变载荷的不断作用下，轮齿根部的应力集中处便会产生疲劳裂纹。随着重复次数的增加，裂纹逐渐扩展，直至轮齿折断，这种折断称为疲劳折断。

此外，用脆性较大的材料（如铸铁、淬火钢等）制成的齿轮，常会因为受到短时过载或过大的冲击载荷而引起轮齿的突然折断，这种折断称为过载折断。

轮齿折断（图 4-32）是开式齿轮传动和闭式硬齿面齿轮传动中轮齿失效的主要形式之一。轮齿折断常常是突然发生的，不仅使机器不能正常工作，甚至会造成重大事故，因此应引起特别注意。

图 4-32　轮齿折断

防止轮齿折断的主要措施有：选择适当的模数和齿宽，采用合适的材料及热处理方法，减小齿根应力集中，齿根圆角不宜过小，应有一定的表面粗糙度要求，使齿根危险截面处的弯曲应力最大值不超过许用应力值。

五、齿面塑性变形

若齿轮的齿面较软，轮齿表面硬度不高，在重载情况下，可能使表层金属沿着相对滑动方向发生局部的塑性流动，出现塑性变形。轮齿发生塑性变形后，主动轮齿面会沿节线处形成凹沟，从动轮齿面沿节线处则形成凸棱。如图 4-33 所示，若塑性变形严重时，齿顶边缘处会出现飞边（主动轮上更容易出现）。若整个轮齿发生永久性变形，则齿轮传动丧失工作能力。

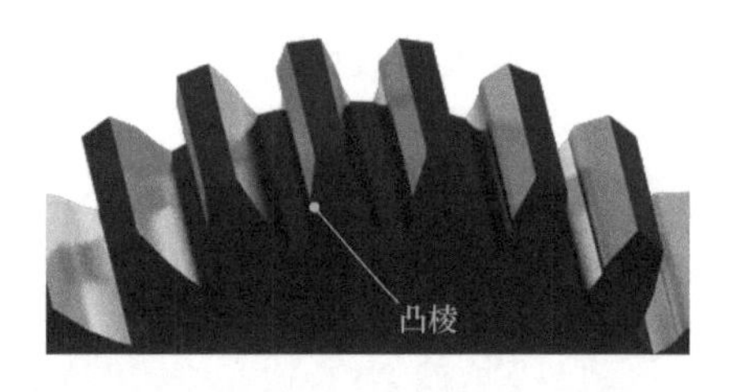

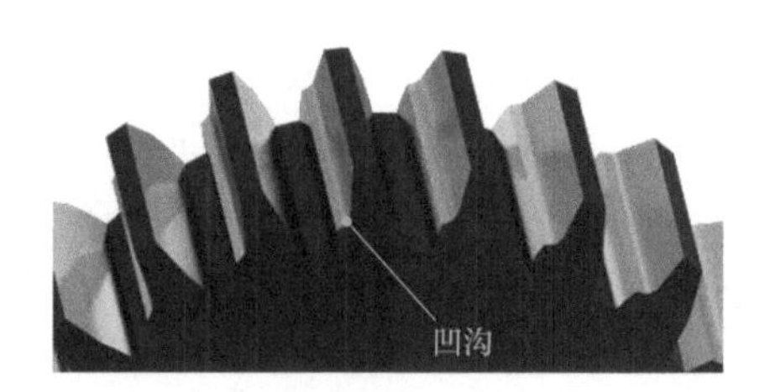

图 4-33　塑性变形

防止塑性变形的主要措施有：提高齿面硬度，选用较高黏度的润滑油，尽量避免频繁起动和过载，都有利于避免齿面塑性变形。

本章小结

1. 齿轮传动的类型及特点。
2. 渐开线的性质及渐开线齿轮的啮合特性。
3. 渐开线标准直齿圆柱齿轮各部分名称、基本参数、几何尺寸计算及正确啮合条件。
4. 斜齿圆柱齿轮、直齿锥齿轮齿形特点及正确啮合条件。
5. 齿轮齿条传动的特点。
6. 齿轮的失效形式、失效原因和预防措施。

本章习题

1. 齿轮传动的失效形式有哪些？引起这些失效的主要原因是什么？

2. 渐开线齿廓啮合具有哪些特性？什么是渐开线标准齿轮的基本参数？它的齿廓形状取决于哪些基本参数？如果两个标准齿轮的有关参数是 $m_1=5\text{mm}$，$z_1=20$，$\alpha_1=20°$，$m_2=4\text{mm}$，$z_2=25$，$\alpha_2=20°$，它们的齿廓形状是否相同？它们能否配对啮合？

3. 标准齿轮的基圆与齿根圆是否可能重合？试分析说明。

4. 什么是齿轮传动的实际啮合线 B_1B_2？如何用作图法确定它的长度？为了保证齿轮副能够连续传动，B_1B_2 应该满足什么条件？

5. 齿条的齿形有什么特点？齿条刀具的齿形有什么特点？

6. 斜齿圆柱齿轮的法向参数与端面参数有什么关系？

7. 什么是斜齿圆柱齿轮的当量齿数？

8. 试说明平行轴斜齿圆柱齿轮、交错轴斜齿圆柱齿轮和直齿锥齿轮传动的正确啮合条件。

9. 需要重新切制一个破损的渐开线标准直齿圆柱齿轮，测得它的齿高 $h\approx8.96\text{mm}$，齿顶圆直径 $d_a\approx211.7\text{mm}$，求该齿轮的模数和齿数。

10. 某传动装置采用一对正常齿制的外啮合直齿圆柱齿轮传动，其中大齿轮已经丢失。测得两轮轴孔中心距 $a=112.5\text{mm}$，小齿轮齿数 $z_1=38$，齿顶圆直径 $d_{a1}=100\text{mm}$。试确定大齿轮的基本参数和尺寸。

11. 某渐开线直齿圆柱齿轮的齿数 $z=24$，齿顶圆直径 $d_a=204.80\text{mm}$，基圆齿距 $p_b=23.617\text{mm}$，分度圆压力角 $\alpha=20°$。试求该齿轮的模数 m、压力角 α、齿顶高系数 h_a^*，顶隙系数 c^* 和齿根圆直径 d_f。

12. 一对相啮合的标准直齿圆柱齿轮，已知齿数 $z_1=24$，$z_2=40$，模数 $m=5\text{mm}$，试计算其分度圆直径 d、齿顶圆直径 d_a、齿根圆直径 d_f、基圆直径 d_b、齿距 p、齿厚 s、齿顶高 h_a、齿根高 h_f、齿高 h 和中心距 a。

13. 已知一标准直齿圆柱齿轮的齿数 $z=40$，齿顶圆直径 $d_a=304\text{mm}$。试计算其分度圆直径 d、齿根圆直径 d_f、齿距 p 以及齿高 h。

第5章 蜗杆传动

蜗杆传动主要用于传递空间垂直交错两轴间的运动和力。蜗杆传动具有传动比大、结构紧凑等优点，广泛应用于机床分度机构、汽车、仪器、起重运输机械、冶金机械及其他机械设备中，如图 5-1 所示。

a) 移动门

b) 观光电梯

图 5-1　蜗杆传动应用实例

第 1 节　蜗杆传动概述

学习目标

1. 了解蜗杆传动的组成及类型。
2. 掌握蜗杆传动回转方向的判定方法。

知识导入

万能分度头是铣床及加工中心的重要附件，用于分度，也可供钳工划线使用。如图 5-2 所示，分度机构主要由分度盘和传动比为 1：40 的蜗杆副等组成。分度盘上有多圈不同等分的定位孔。转动与蜗杆相连的手柄将定位销插入选定的定位孔内即可实现分度。本节将学习蜗杆传动的内容。

图 5-2　万能分度头

学习内容

一、蜗杆传动的组成

蜗杆传动由蜗杆和蜗轮组成，如图 5-3a 所示。通常由蜗杆（主动件）带动蜗轮（从动件）转动，并传递运动和动力，其两轴线在空间一般交错成 90°。蜗杆和蜗轮都是特殊的斜齿轮。图 5-3b 所示为蜗杆减速器。

a) 蜗杆传动的组成

b) 蜗杆减速器

蜗轮蜗杆传动动画

图 5-3 蜗杆传动的组成

1. 蜗杆结构

蜗杆通常与轴合为一体，结构如图 5-4 所示。

图 5-4 蜗杆结构

2. 蜗轮结构

蜗轮常采用组合结构，连接方式有铸造连接、过盈配合连接和螺栓连接，结构分别如图 5-5 所示。

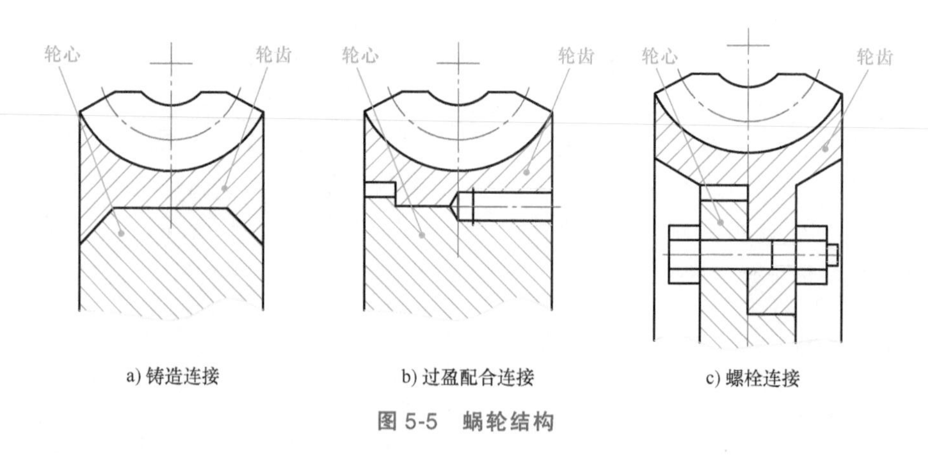

a) 铸造连接　b) 过盈配合连接　c) 螺栓连接

图 5-5 蜗轮结构

3. 蜗杆副

由蜗杆及其配对的蜗轮组成的交错轴齿轮副称为蜗杆副。蜗杆与蜗轮的轴线在空间互相垂直交错成 90°。

二、蜗杆的分类

蜗杆的分类及特点见表 5-1。

表 5-1　蜗杆的分类及特点

分类		图例	动画	特点
按蜗杆形状不同分类	圆柱蜗杆传动	 阿基米德蜗杆(ZA 蜗杆)		由凸弧形的刀具加工,承载能力高出普通圆柱齿轮的 0.5~1.5 倍,传动效率达 95%以上
		 渐开线蜗杆(ZI 蜗杆)		
		 法向直廓蜗杆(ZN 蜗杆)		
	环面蜗杆传动			啮合的齿对数多,承载能力是普通圆柱齿轮的 2~4 倍,传动效率达 85%~90%
	锥蜗杆传动			结构紧凑,工艺性好。传动比为 10~60,承载能力高,传动效率高

5 CHAPTER

（续）

分类		图例	动画	特点
按蜗杆螺旋线方向不同分类	右旋蜗杆			
	左旋蜗杆			
按蜗杆头数不同分类	单头蜗杆			
	多头蜗杆			

阿基米德蜗杆是种常用的蜗杆形式，其在轴向剖面内的齿廓为斜直线，在法向剖面内的齿廓为曲线，端面齿廓为阿基米德螺旋线，故称为阿基米德蜗杆，如图 5-5 所示。阿基米德蜗杆适用于蜗杆头数较少的蜗杆和低速轻载的传动。

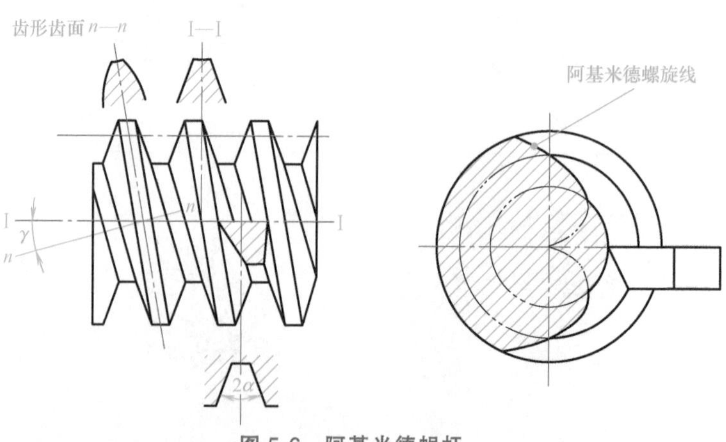

图 5-6　阿基米德蜗杆

三、蜗轮回转方向的判定

在蜗杆传动中，蜗轮、蜗杆齿的旋向应是一致的，即同为左旋或右旋。蜗轮回转方向的判定取决于蜗杆的旋向和回转方向，可用左（右）手定则来判定，见表 5-2。

表 5-2　蜗轮、蜗杆的旋向及蜗轮回转方向的判定方法

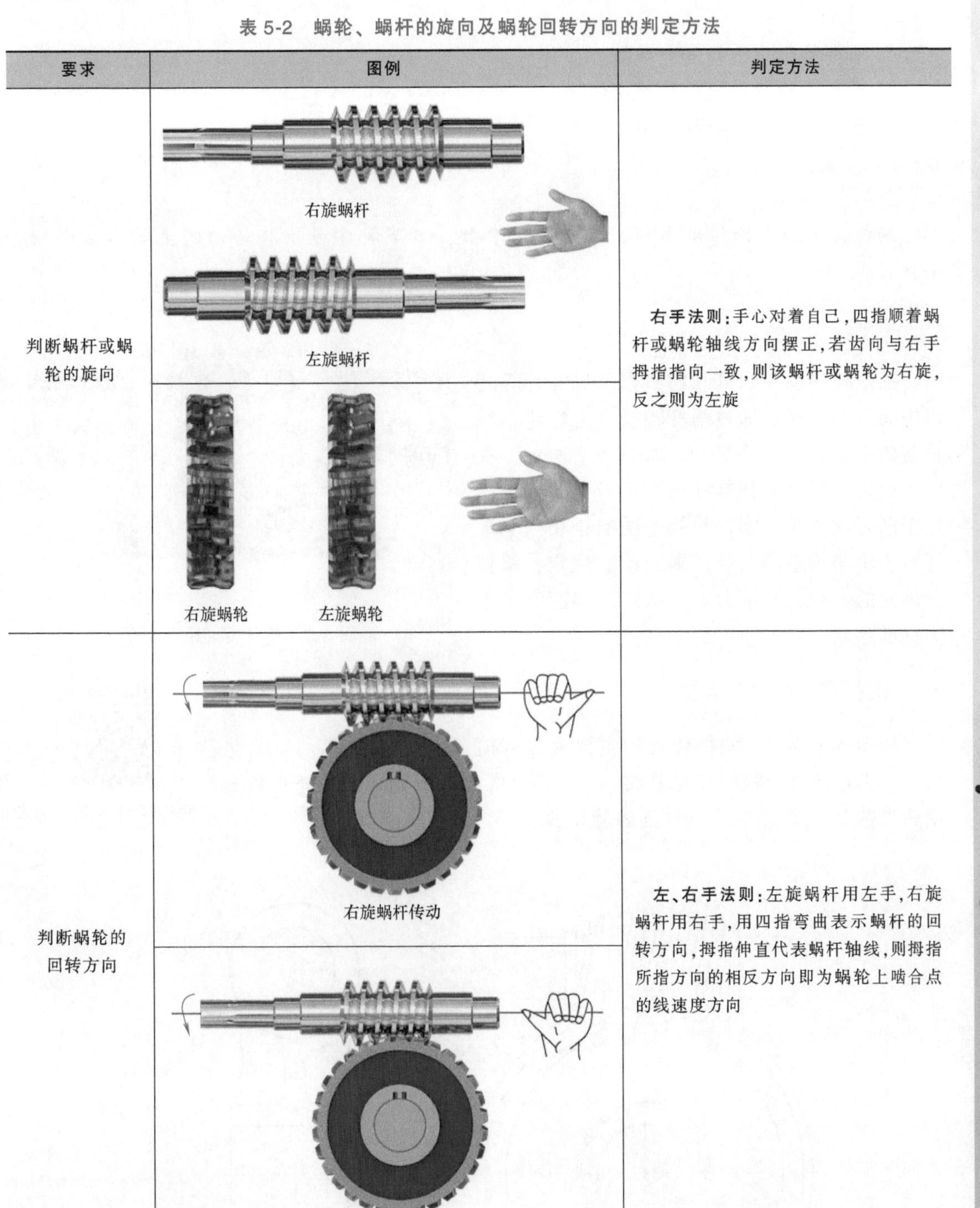

要求	图例	判定方法
判断蜗杆或蜗轮的旋向	右旋蜗杆 左旋蜗杆 右旋蜗轮　左旋蜗轮	**右手法则**：手心对着自己，四指顺着蜗杆或蜗轮轴线方向摆正，若齿向与右手拇指指向一致，则该蜗杆或蜗轮为右旋，反之则为左旋
判断蜗轮的回转方向	右旋蜗杆传动 左旋蜗杆传动	**左、右手法则**：左旋蜗杆用左手，右旋蜗杆用右手，用四指弯曲表示蜗杆的回转方向，拇指伸直代表蜗杆轴线，则拇指所指方向的相反方向即为蜗轮上啮合点的线速度方向

第 2 节　蜗杆传动的主要参数和啮合条件

学习目标

1. 理解蜗杆传动的主要参数。
2. 掌握蜗杆传动的正确啮合条件。
3. 掌握蜗杆传动的传动比。

知识导入

蜗杆传动和齿轮传动类似，也有几何参数，本节将学习蜗杆传动的主要参数和啮合条件。

学习内容

在蜗杆传动中，其几何参数及尺寸计算均以中间平面为准。通过蜗杆轴线并与蜗轮轴线垂直的平面称为中间平面，如图 5-7 所示。在此平面内，阿基米德蜗杆相当于齿条，蜗轮相当于渐开线齿轮，蜗杆与蜗轮的啮合相当于渐开线齿轮与齿条的啮合。国家标准规定，蜗杆以轴向的参数为标准参数，蜗轮以端面的参数为标准参数。

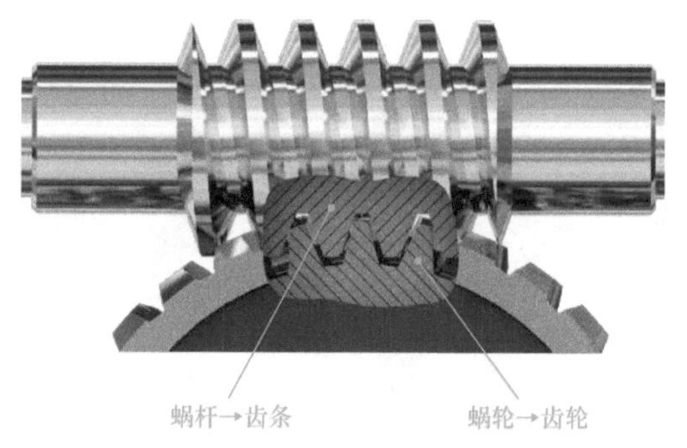

图 5-7　蜗杆传动中间平面

一、蜗杆传动的主要参数

蜗杆传动的主要参数

如图 5-8 所示，蜗杆传动的主要参数有模数 m、齿形角 α、蜗杆直径系数 q、蜗杆分度圆导程角 γ、蜗杆头数 z_1、蜗轮齿数 z_2 与蜗轮分度圆柱面螺旋角 β_2。

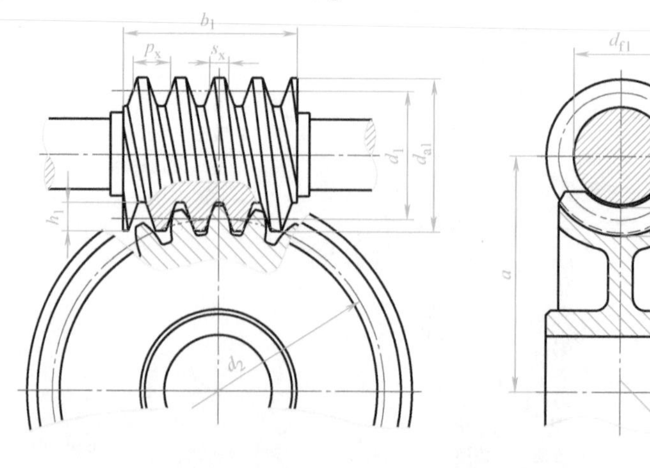

图 5-8　蜗杆传动的基本参数

1. 模数 m 、齿形角 α

蜗杆的轴向模数 m_{x1} 和蜗轮的端面模数 m_{t2} 相等，且为标准值。

$$m_{x1}=m_{t2}=m$$

蜗杆模数已标准化。蜗杆标准模数见表 5-3。

表 5-3 蜗杆标准模数 （单位：mm）

第一系列	0.1、0.12、0.16、0.2、0.25、0.3、0.4、0.5、0.6、0.8、1、1.25、1.6、2、2.5、3.15、4、5、6.3、8、10、12.5、16、20、25、31.5、40
第二系列	0.7、0.9、1.5、3、3.5、4.5、5.5、6、7、12、14

注：摘自 GB/T 10088—2018，优先采用第一系列。

蜗杆的轴向齿形角 α_{x1} 和蜗轮的端面齿形角 α_{t2} 相等，且为标准值。即

$$\alpha_{x1}=\alpha_{t2}=\alpha=20°$$

2. 蜗杆分度圆直径 d_1 和蜗杆直径系数 q

为了保证蜗杆传动的正确性，切制蜗轮的滚刀，其分度圆直径、模数和其他参数必须与该蜗轮相配的蜗杆一致，齿形角与相配的蜗杆相同。蜗杆分度圆直径 d_1 不仅与模数 m 有关，而且还与头数 z_1 和导程角 γ 有关。因此，即使模数 m 相同，也会有很多直径不同的蜗杆，对于同一尺寸的蜗杆必须有一把对应的蜗轮滚刀，即对同一模数、不同直径的蜗杆，必须配相应数量的滚刀，这就要求配备的滚刀数量很多，显然成本很高。在生产中，为了使刀具标准化，限制滚刀数量，对一定模数 m 的蜗杆的分度圆直径 d_1 做了规定，即 d_1 已经标准化。蜗杆直径系数 $q=d_1/m$。

3. 蜗杆分度圆导程角 γ

蜗杆分度圆导程角 γ 指蜗杆分度圆柱螺旋线的切线与端平面之间的锐角。

图 5-9 所示为一个头数 $z_1=3$ 的右旋蜗杆分度圆柱面及展开图。z_1p_x 为螺旋线的导程，p_x 为轴向齿距，蜗杆分度圆导程角 γ 为

$$\tan\gamma=p_xz_1/\pi d_1=z_1m/d_1$$

4. 蜗杆头数 z_1 和蜗轮齿数 z_2

蜗杆头数 z_1： 根据蜗杆传动的传动比和传动效率来选定，一般推荐选用 $z_1=1$、2、4、6。

蜗杆头数少，则蜗杆传动的传动比大，容易自锁，传动效率较低；蜗杆头数越多，效率越高，但加工也越困难。

蜗轮齿数 z_2： 根据 z_1 和传动比 i 来确定，一般推荐 $z_2=29\sim80$。

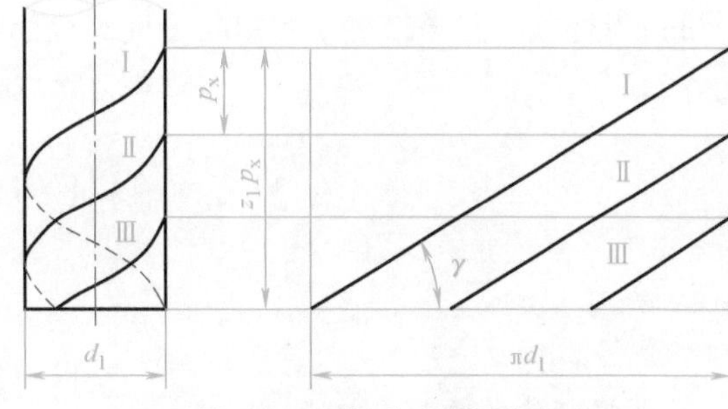

图 5-9 蜗杆分度圆导程角

二、蜗杆传动的传动比

$$i_{12}=\frac{n_1}{n_2}=\frac{z_2}{z_1}$$

因为蜗杆的头数一般在 1~4 的范围内选取，因此在单级传动中，蜗杆传动具有较大的

5 CHAPTER

传动比。在分度机构中，一般采用单头蜗杆；传递动力时，常取 $z_1=2\sim3$；当传递较大功率时，为提高效率，可取 $z_1=4$。

为了避免根切，蜗轮的最少齿数 $z_{2\min}$ 应满足：当 $z_1=1$ 时，$z_{2\min}=18$；当 $z_1>1$ 时，$z_{2\min}=27$。

三、蜗杆传动几何尺寸的计算

表 5-4 列出了蜗杆传动中主要几何尺寸的计算公式。

表 5-4　蜗杆传动几何尺寸的计算

名称	计算公式	
	蜗杆	蜗轮
分度圆直径	$d_1=mq$	$d_2=mz_2$
齿顶高	$h_a=m$	$h_a=m$
齿根高	$h_f=1.2m$	$h_f=1.2m$
蜗杆齿顶圆直径 d_{a1} 蜗轮喉圆直径 d_{a2}	$d_{a1}=m(q+2)$	$d_{a2}=m(z_2+2)$
齿根圆直径	$d_{f1}=m(q-2.4)$	$d_{f2}=m(z_2-2.4)$
蜗杆轴向齿距 p_{X1} 蜗轮端面齿距 p_{t2}	$p_{X1}=p_{t2}=p=\pi m$	
径向间隙	$c=0.20m$	
中心距	$a=0.5(d_1+d_2)=0.5m(q+z_2)$	
顶隙	$c=0.2m$	

四、蜗杆传动的正确啮合条件

要组成一对正确啮合的蜗杆与蜗轮，应满足一定的条件。蜗杆传动的正确啮合条件为：

1）在中间平面内，蜗杆的轴向模数 m_{x1} 和蜗轮的端面模数 m_{t2} 相等，即

$$m_{x1}=m_{t2}$$

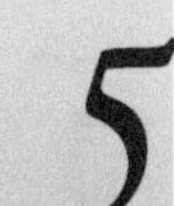

2）在中间平面内，蜗杆的轴向齿形角 α_{x1} 和蜗轮的端面齿形角 α_{t2} 相等，即

$$\alpha_{x1}=\alpha_{t2}$$

3）蜗杆分度圆导程角 γ 和蜗轮分度圆柱面螺旋角 β_2 相等，且旋向一致，即

$$\gamma=\beta_2$$

第 3 节　蜗杆传动的应用特点

学习目标

了解蜗杆传动的应用特点。

学习内容

一、蜗杆传动的特点

1. 传动比大

蜗杆传动与齿轮传动都能够保证准确的传动比，而且可以获得很大的传动比。蜗杆传动

中，蜗杆的头数 $z_1=1\sim4$，在蜗轮齿数较少的情况下，单级传动就能获得较大的传动比。用于动力传动的蜗杆副，通常传动比 $i=10\sim30$；一般传动时，$i=8\sim80$；用于分度机构时可达 $i=600\sim1000$。这样大的传动比，若用齿轮传动，则需要采用多级传动才能获得。因此，在传动比较大时，蜗杆传动具有结构紧凑的特点。

2. 传动平稳，噪声小

因为蜗杆的齿为连续不断的螺旋面，传动时与蜗轮齿间的啮合是逐渐进入和退出的，蜗轮的齿基本上是沿螺旋面滑动的，而且同时啮合的齿数较多，因此，蜗杆传动与齿轮传动相比更平稳，没有冲击且噪声小。

3. 容易实现自锁

和螺旋传动一样，当蜗杆的导程角小于啮合面的当量摩擦角时，蜗杆传动便具有自锁性能。此时只能由蜗杆带动蜗轮，而不能由蜗轮带动蜗杆。这一特性在起重机械设备中能起到安全保险的作用。如图 5-10 所示，单头蜗杆的导程角较小，一般 $\gamma<5°$，大多具有自锁性，而多头蜗杆随头数增多，导程角也增大，不一定具有自锁能力。

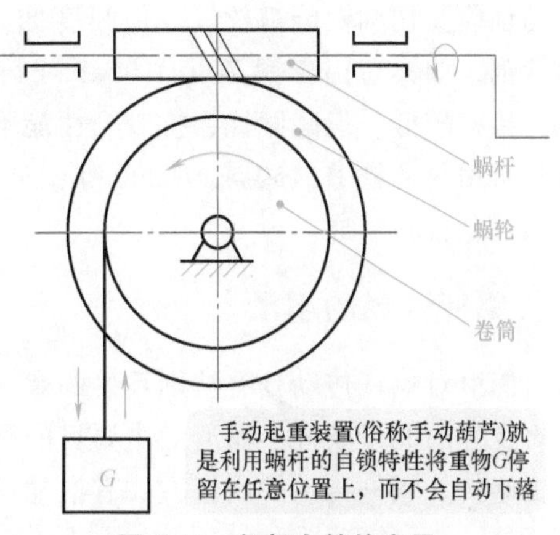

图 5-10　蜗杆自锁的应用

4. 承载能力大

蜗杆传动中，蜗轮的分度圆柱面的素线由直线改为弧线，使蜗杆与蜗轮的啮合呈线接触，同时进入啮合的齿数较多，因此与点接触的交错轴斜齿轮传动相比，承载能力大。

5. 传动效率低

蜗杆传动时，啮合区相对滑动速度很大，摩擦损失较大，因此传动效率较齿轮传动低。一般蜗杆传动的效率 $\eta=0.7\sim0.8$，具有自锁性传动时效率 $\eta=0.4\sim0.5$，故不适用于传递大功率和长期连续工作。为了提高蜗杆传动效率，减少摩擦，蜗轮常用贵重的减摩材料（如青铜）制造，成本较高。

二、蜗杆传动的失效形式

蜗杆传动时，齿面间存在较大的滑动速度，易发热，因此蜗杆传动常见的失效形式及产生原因为：

1）齿面点蚀——蜗轮材料强度低，如铸造锡青铜。

2）齿面胶合——蜗轮材料强度低，如铸造铝青铜或铸铁。

3）齿面磨损——开式传动或润滑油不清洁。

4）轮齿折断——蜗轮齿数过多或受强烈冲击载荷。

蜗杆的齿呈连续螺旋状，而且蜗杆的材料强度比蜗轮高，因此失效通常发生在蜗轮轮齿上。对于大多数蜗杆传动，其承载能力主要取决于接触强度。

三、蜗轮材料的选择

蜗杆传动的主要失效形式有齿面胶合、齿面点蚀、齿面磨损和轮齿折断等，因此，蜗杆蜗轮的材料不仅要有足够的强度，而且要有良好的减摩性、耐磨性和抗胶合的能力。

蜗杆一般采用碳素钢或合金钢制造，要求齿面光洁并且有较高的硬度。对于高速重载传动，蜗杆常用 15Cr、20Cr、20CrMnTi 钢等，经渗碳淬火，表面硬度达到 56～62HRC，并经磨削。对中速中载传动，蜗杆材料可用 45、40Cr、35SiMn 钢等，经表面淬火，表面硬度达到 45～55HRC，也需磨削。低速不重要的传动，蜗杆材料可采用 45 钢调质处理，硬度为 220～270HBW。

蜗轮材料可参考滑动速度 v_s 来选择，常采用青铜与铸铁，在 v_s>5～25m/s 的连续工作的重要传动中，蜗轮材料常用铸造锡青铜 ZCuSn10P1 等，这些材料的减摩性、耐磨性和抗胶合的性能及切削性能都较好，但强度低，价格高。在 v_s≤5m/s 的传动中，蜗轮材料可用无锡青铜，如铸造铝青铜 ZCuAl10Fe3 或铸造锰黄铜 ZCuZn38Mn2Pb2 等，这类材料的强度较高，价格较低，但减摩性、抗胶合性能不如铸造锡青铜。在 v_s<2m/s 的不重要传动中，蜗轮材料可用灰铸铁 HT150 或 HT200 等，也可用球墨铸铁 QT600-3、QT700-2 等，还可由尼龙或增强尼龙材料制成。

四、蜗杆传动的润滑

润滑对蜗杆传动具有特别重要的意义。蜗杆传动摩擦产生的热量较大，因此工作时必须要有良好的润滑条件，润滑的主要目的是减摩与散热，以提高蜗杆传动的效率，防止胶合及减少磨损。蜗杆传动的润滑方式有油池润滑和喷油润滑。

五、蜗杆传动的散热

蜗杆传动由于摩擦大，传动效率低，因此工作时发热量较大。在闭式传动中，如果不能及时散热，将因油温不断升高而使润滑油稀释，从而加剧摩擦，甚至发生胶合现象。因此对于连续工作的闭式蜗杆传动，需要及时散热以将温度控制在允许范围内。

为提高散热能力，可考虑采用如下措施：

1）在箱体外壁增加散热片。

2）在蜗杆轴端安装风扇进行人工通风冷却（图 5-11a）。

3）在箱体油池内安装蛇形冷却水管（图 5-11b）。

4）采用压力喷油循环润滑冷却（图 5-11c）。

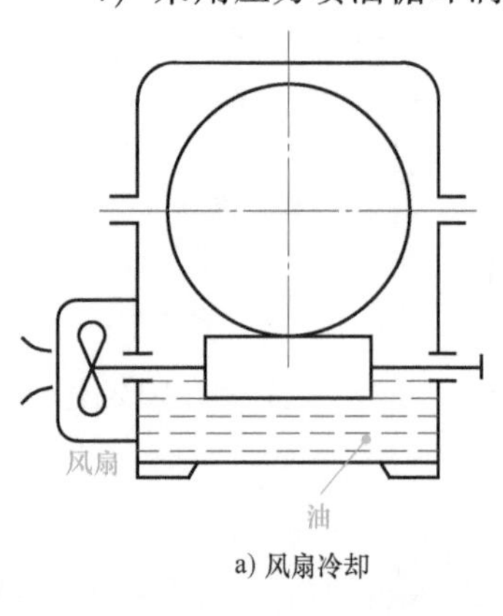

a) 风扇冷却

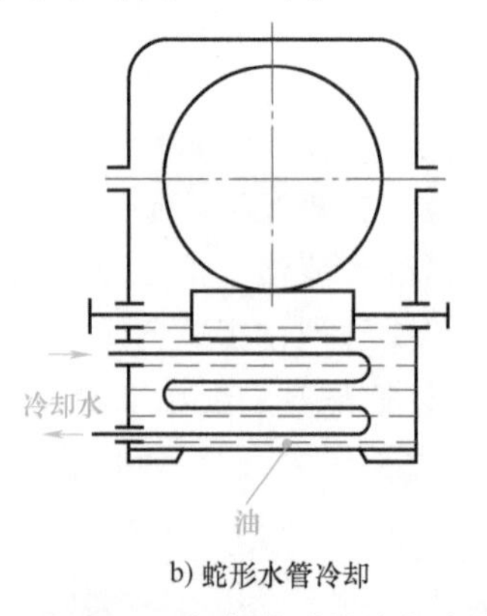

b) 蛇形水管冷却

冷却器
过滤器
液压泵
油

c) 压力喷油循环润滑冷却

图 5-11　蜗杆传动的冷却方式

本章小结

1. 蜗杆传动的组成：蜗杆（主动件）和蜗轮（从动件）。

2. 蜗杆传动的类型和应用特点。

3. 蜗轮回转方向的判定方法。

4. 蜗杆传动的主要参数：模数 m、齿形角 α、蜗杆直径系数 q、蜗杆分度圆导程角 γ、蜗杆头数 z_1、蜗轮齿数 z_2 及蜗轮分度圆柱面螺旋角 β_2。

5. 蜗杆传动的正确啮合条件。

6. 蜗杆传动润滑及散热方式。

本章习题

1. 简述蜗杆传动的类型及应用特点。

2. 如图 5-12 所示，判定蜗杆传动的方向。

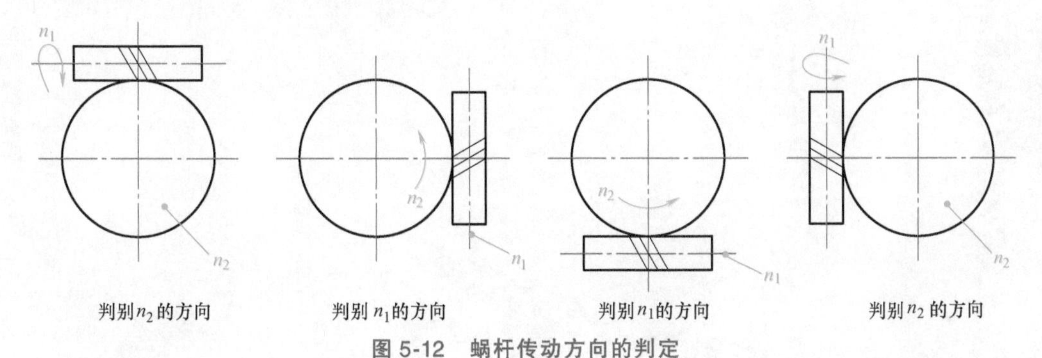

图 5-12　蜗杆传动方向的判定

3. 计算题。

图 5-13 中的蜗杆、蜗轮，是否任意找一对就能啮合呢？

为了保证蜗杆传动正确啮合，对尺寸和参数有什么要求？若已知蜗杆的部分参数，如$z_1=2$，$d_1=80$mm，$q=10$，$m=8$mm，$i=20$，那么其他尺寸如何计算？

图 5-13　蜗杆传动

4. 简述蜗杆传动的正确啮合条件。

5. 蜗杆传动的中间平面指的是什么？蜗杆以什么模数作为标准模数？

6. 蜗杆传动的失效形式有哪些？

第6章 轮 系

我们在第 4 章讨论了各种齿轮的啮合传动，这些齿轮传动都是由一对齿轮组成的，它们的速度和回转方向都是固定的，是齿轮传动中最简单的形式。但在实际使用过程中，并不是只需要机器有一种转速或只向一个方向运动，因此依靠一对齿轮传动是远远不够的，而需要多对（或多级）齿轮传动来满足人们对机器预期的功用要求和工作目的。为此，我们使用了多对齿轮啮合传动组成的轮系。轮系应用实例如图 6-1 所示。

a) 变速器

b) 车床交换齿轮箱

图 6-1　轮系的应用实例

第 1 节　轮系的分类及应用特点

轮系的分类

学习目标

1. 理解轮系的组成及分类。
2. 理解轮系的应用特点。

知识导入

英国大本钟（图 6-2）于 1859 年建成，它的著名之处在于它能准确报时，而这离不开轮系传动的精确性。

图 6-2　英国大本钟

学习内容

一、轮系的概念

由两个互相啮合的齿轮所组成的齿轮机构是齿轮传动中最简单的形式。在机械传动中，为了获得较大的传动比，有时需要将主动轴的一种转速变换为从动轴的多种转速，或需要改变从动轴的回转方向，往往采用一系列相互啮合的齿轮，将主动轴和从动轴连接起来组成传动。这种由一系列互相啮合的齿轮所组成的传动系统称为轮系。

二、轮系的分类

1. 轮系的分类

轮系的形式有很多，按照轮系传动时各齿轮的几何轴线在空间的相对位置关系是否固定分为定轴轮系、周转轮系和复合轮系三大类，见表 6-1。

表 6-1　轮系的分类

类别	运动结构简图	动画
定轴轮系	当轮系运转时,各齿轮的几何轴线位置相对于机架都是固定不变的,又称为普通轮系  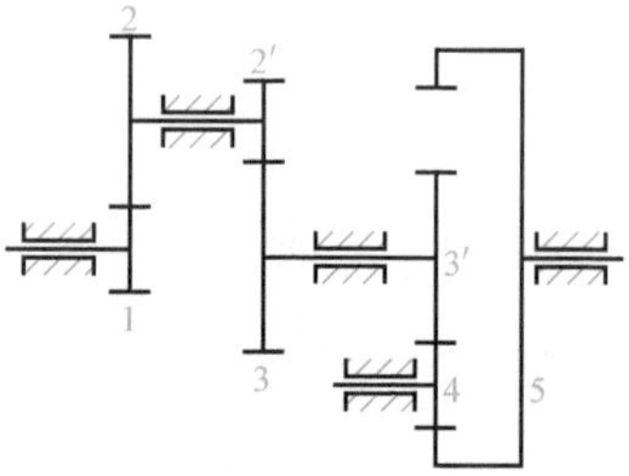	
周转轮系	当轮系运转时,轮系中至少有一个齿轮的几何轴线相对于机架的位置是不固定的,而是绕另一个齿轮的几何轴线回转 行星轮系:有一个太阳轮的转速为零,只具有一个自由度的周转轮系 差动轮系:太阳轮的转速都不为零,具有两个或两个以上自由度的周转轮系 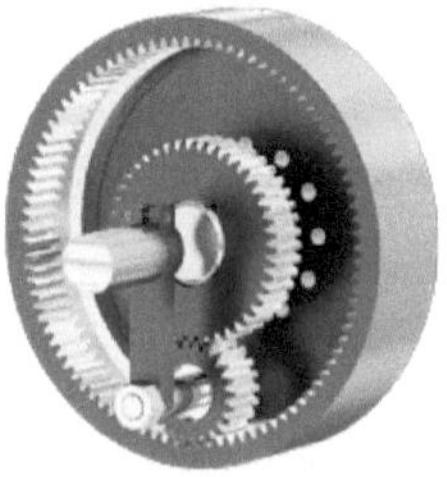 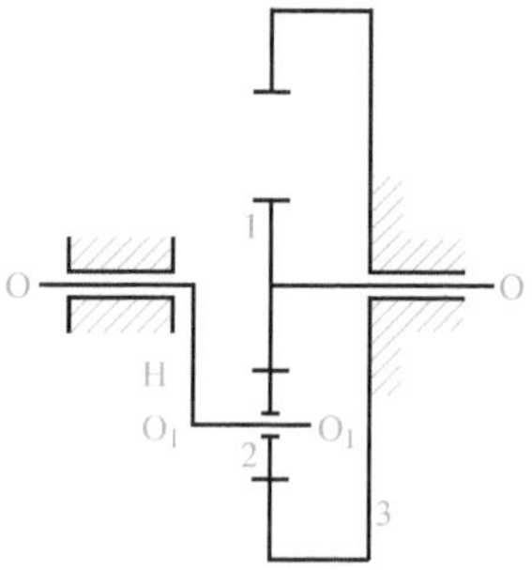	
复合轮系	在轮系中,既有定轴轮系又有周转轮系  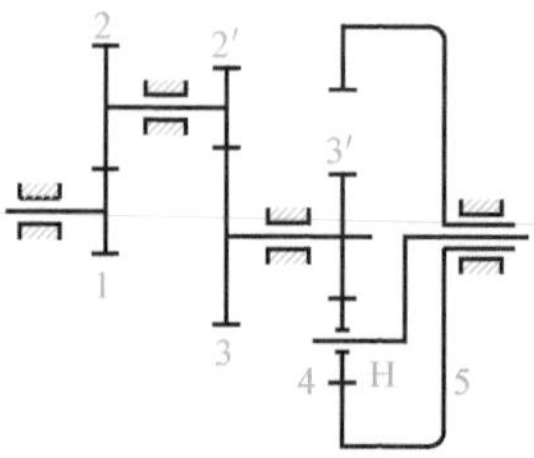 定轴轮系+周转轮系	
	 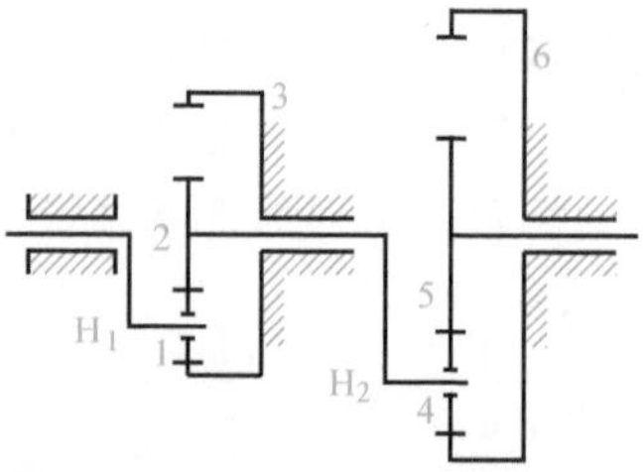 周转轮系+周转轮系	

2. 齿轮在轴上的固定方式

齿轮在轴上的固定方式有三种，见表 6-2。

表 6-2　齿轮在轴上的固定方式

齿轮与轴之间的关系	结构简图	
齿轮与轴之间固定(齿轮与轴固定为一体,齿轮与轴一同转动,齿轮不能沿轴向移动)	单一齿轮与轴固定	双联齿轮与轴固定
齿轮与轴之间空套(齿轮与轴空套,齿轮与轴各自转动,互不影响)	单一齿轮与轴空套	双联齿轮与轴空套
齿轮与轴之间滑移(齿轮与轴周向固定,齿轮与轴一同转动,但齿轮可沿轴向滑移)	单一齿轮与轴进行轴向滑移	双联齿轮与轴进行轴向滑移

三、轮系的应用特点

（1）可以获得很大的传动比　很多机械要求有很大的传动比，此时机床中的电动机转速很高，而主轴的转速要求很低才能满足切削要求。若仅用一对齿轮传动，则两个齿轮的齿数差一定很大，从而导致小齿轮磨损加剧，又因大齿轮齿数太多，使齿轮传动结构尺寸增大。一对齿轮的传动比一般为 3~5，最大也不超过 8，无法满足所要求的大的传动比，若采用轮系传动，就可以达到很大的传动比，满足低速工作的要求，如图 6-3 所示。

图 6-3　较大传动比

（2）可以做较远距离的传动　当两轴中心距较远时，若仅用一对齿轮传动，势必将齿轮做得很大，结构不合理，导致传动机构庞大。若采用轮系传动，则结构紧凑、合理，可缩小传动装置的空间，节约材料，如图 6-4 所示。

较大传动比动画

图 6-4 远距离传动

(3) 可以方便地实现变速的要求 在金属切削机床、汽车等机械设备中，经过轮系传动，可以使输出轴获得多级转速，以满足不同工作的需求。

如图 6-5 所示，齿轮 1、2 是双联滑移齿轮，可以在轴 Ⅰ 上滑移。当齿轮 1 和齿轮 3 啮合时，轴 Ⅱ 获得一种转速；当滑移齿轮右移，使齿轮 2 和齿轮 4 啮合时，轴 Ⅱ 获得另一种转速（齿轮 1、3 和齿轮 2、4 传动比不同）

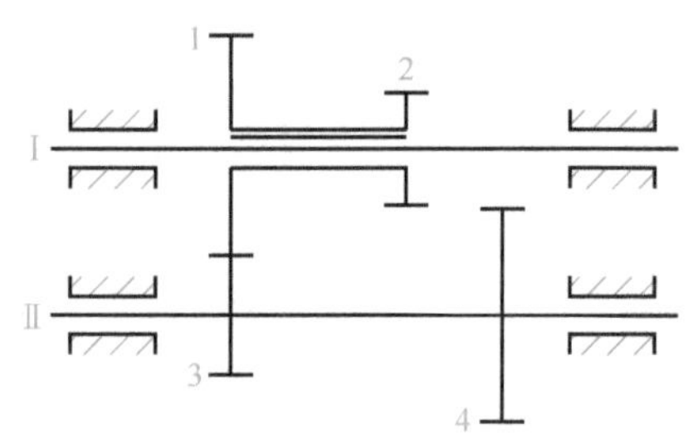

滑移齿轮动画

图 6-5 滑移齿轮变速机构

(4) 可以方便地实现变向的要求 轮系可以方便地实现方向的改变，以适应各种工作需要。如图 6-6a 所示，当齿轮 1（主动齿轮）与齿轮 3（从动齿轮）直接啮合时，齿轮 3 和齿轮 1 的转向相反。若在两轮之间增加一个齿轮 2，如图 6-6b 所示，则齿轮 3 的转向和齿轮 1 相同。因此，利用惰轮可以改变从动齿轮的转向。

图 6-6 利用惰轮变向的机构

(5) 可以实现运动的合成或分解 采用周转轮系可以将两个独立的运动合成为一个运动，或将一个运动分解为两个独立运动。

(6) 可实现分路传动 利用定轴轮系可以通过装在主动轴上的若干齿轮分别将运动传

给多个运动部分，从而实现分路传动，如钟表的时针、分针、秒针。

汽车后桥差速器的轮系可根据转弯半径大小自动分解，n_H 使 n_1、n_3 符合转弯的要求，如图 6-7 所示。

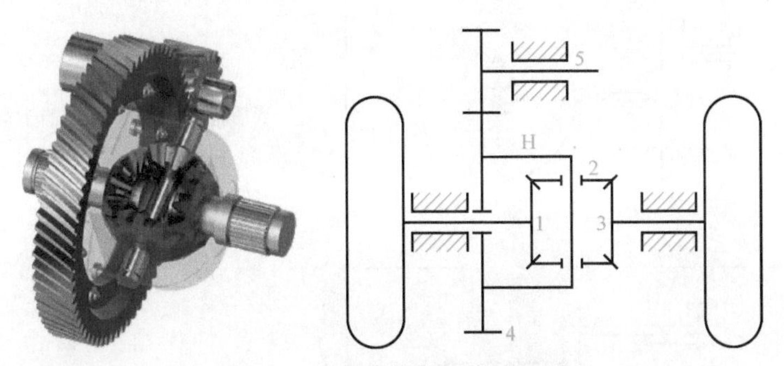

图 6-7 利用周转轮系合成运动

第 2 节 定轴轮系的传动比计算

学习目标

1. 能够准确确定定轴轮系传动的方向。
2. 能够准确计算定轴轮系的传动比。

学习内容

轮系中首末两轮的转速（或角速度）比，称为轮系的传动比，用 i 表示。

定轴轮系的传动比计算包括传动比大小的计算和末轮回转方向的确定。

一、定轴轮系中各轮回转方向的判断

一对齿轮传动，当首轮（或末轮）的转向为已知时，其末轮（或首轮）的转向也就确定了，表示方法可以用标注箭头的方法来确定。表 6-3 所列为一对齿轮传动转向的表达方式。

表 6-3 一对齿轮传动转向的表达方式

类别	运动结构简图	转向表达
圆柱齿轮传动	主动轮 n_1 从动轮 n_2 外啮合齿轮传动	转向用画箭头的方法表示，主、从动轮转向相反时，两箭头指向相反

（续）

类别	运动结构简图	转向表达
圆柱齿轮传动	主动轮 从动轮 n_2 n_1 内啮合齿轮传动	主、从动轮转向相同时，两箭头指向相同
锥齿轮传动	n_1 主动轮 从动轮 n_2 锥齿轮传动	两箭头同时指向相背或相向的啮合点
蜗杆传动	n_1 蜗杆 n_2 蜗轮 蜗杆传动	两箭头指向按第 5 章讲过的规定标注

对于轮系中各齿轮轴线相互平行时，其任意级从动轮的转向可以通过在图上依次画箭头来确定，也可以通过数外啮合齿轮的对数来确定，若齿轮的啮合对数是偶数，则首轮与末轮的转向相同；若为奇数，则转向相反。如图 6-8 所示，齿轮传动装置中共有两对外啮合齿轮（齿轮 1 与齿轮 2、齿轮 3 与齿轮 4），故齿轮 1 和齿轮 5 的转向相同。

如果轮系中含有锥齿轮、蜗轮蜗杆或齿轮齿条，就只能用画直箭头的方法来确定，如图 6-9 所示。

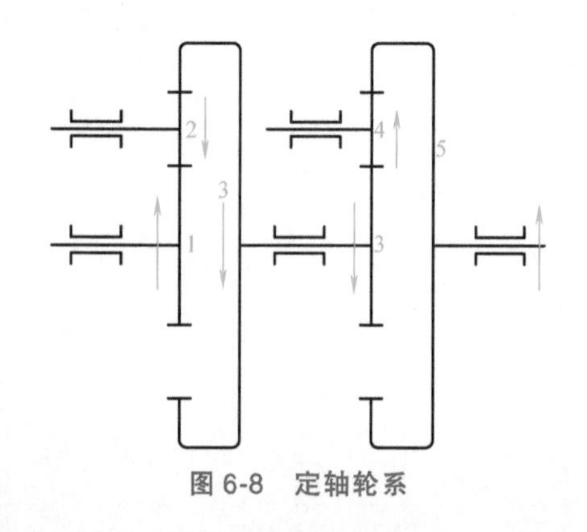

图 6-8　定轴轮系

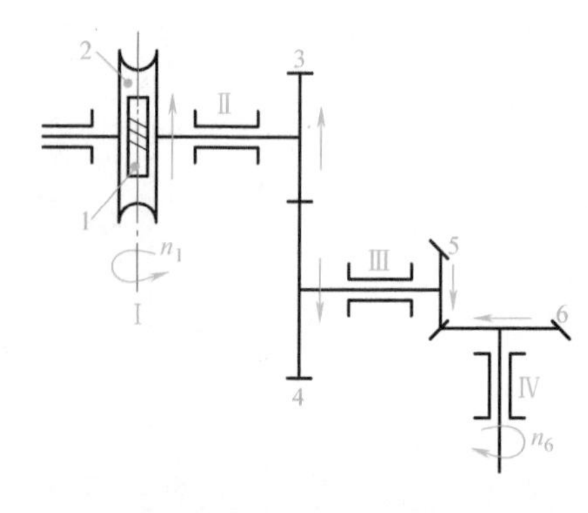

图 6-9　轮系中各齿轮转向判定

二、定轴轮系的传动比及其计算

定轴轮系的传动比及其计算

1. 传动路线

无论轮系有多复杂，都应按从输入轴（首轮转速 n_1）至输出轴（末轮转速 n_k）的传动路线进行分析。

图 6-10 所示为二级齿轮传动装置，运动和动力由轴Ⅰ经轴Ⅱ传到轴Ⅲ。

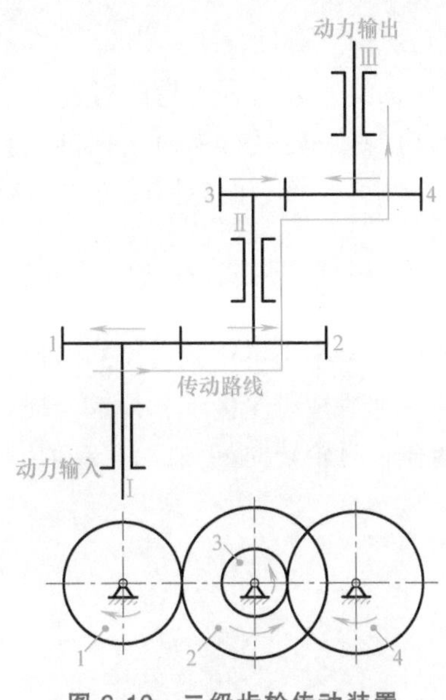

图 6-10 二级齿轮传动装置

例 6-1 如图 6-11 所示轮系，分析该轮系传动路线。

解：该轮系传动路线为：n_1→Ⅰ→z_1/z_2→Ⅱ→z_3/z_4→Ⅲ→z_5/z_6→Ⅳ→z_7/z_8→Ⅴ→z_8/z_9→Ⅵ→n_9。

2. 轮系的传动比计算

如图 6-10 所示二级齿轮传动装置中，Ⅰ为动力输入轴，Ⅲ为动力输出轴。首轮 1 转速为 n_1，末轮 4 转速为 n_4，Ⅰ、Ⅱ、Ⅲ轴的轴线位置在传动中保持固定不变，轴Ⅰ与轴Ⅲ的传动比，即主动齿轮 1 与从动齿轮 4 的传动比称为该定轴轮系的总传动比 $i_{总}$。

$$i_{总}=n_1/n_4 \tag{6-1}$$

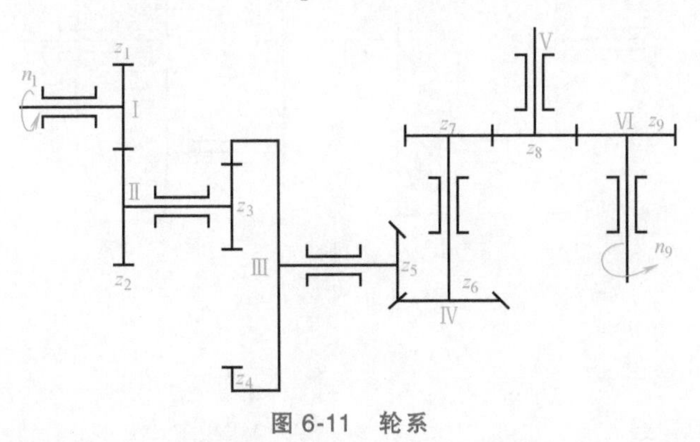

图 6-11 轮系

轮系的传动比等于首轮与末轮的转速之比。

因为 $n_2=n_3$，所以

$$i_{总}=n_1/n_4=\frac{n_1}{n_2}\frac{n_3}{n_4}=i_{12}i_{34}=\frac{z_2}{z_1}\frac{z_4}{z_3} \tag{6-2}$$

式中 i_{12}——齿轮 z_1 和齿轮 z_2 之间的传动比；

i_{34}——齿轮 z_3 和齿轮 z_4 之间的传动比。

式（6-2）说明轮系的传动比也等于轮系中所有从动齿轮齿数的连乘积与所有主动齿轮齿数的连乘积之比。

由此得出结论：在平行定轴轮系中，若以 1 表示首轮，以 k 表示末轮，外啮合的次数为 m，则其总传动比

$$i_{总} = i_{1k} = (-1)^m \frac{各级齿轮副中从动齿轮齿数的连乘积}{各级齿轮副中主动齿轮齿数的连乘积} \tag{6-3}$$

式中　m——外啮合齿轮的对数；

$(-1)^m$——轮系首末两轮回转方向的异同，计算结果为正，两轮回转方向相同，结果为负，两轮回转方向相反。

在应用式（6-3）计算定轴轮系的传动比时，若轮系中有锥齿轮或蜗杆蜗轮机构，传动比的大小仍可用式（6-3）计算，而各轮的转向只能用画箭头的方法在图中表示清楚。

一对圆柱齿轮传动，外啮合时两轮转向相反，其传动比规定为负；一对圆柱齿轮传动，内啮合时两轮转向相同，其传动比规定为正。即

$$i_{12} = \frac{\omega_1}{\omega_2} = \begin{cases} -\frac{z_1}{z_2} 外啮合 \\ +\frac{z_2}{z_1} 内啮合 \end{cases} \tag{6-4}$$

例 6-2　如图 6-12 所示轮系，已知各齿轮齿数及 n_1 转向，求 i_{19} 并判定 n_9 转向。

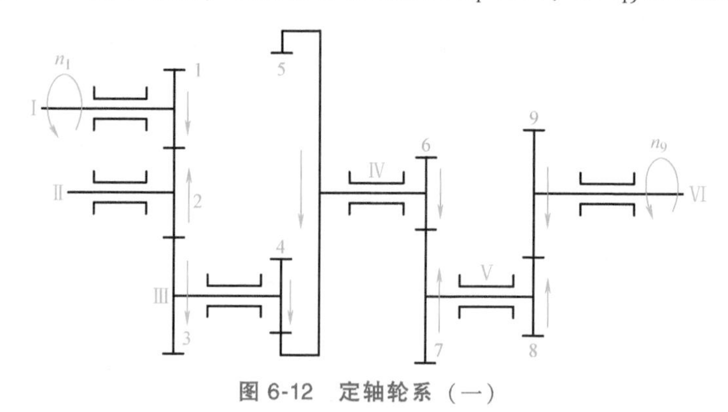

图 6-12　定轴轮系（一）

解：传动比

$$i_{19} = i_{12} i_{23} i_{45} i_{67} i_{89} = \frac{n_1}{n_2}\frac{n_2}{n_3}\frac{n_4}{n_5}\frac{n_6}{n_7}\frac{n_8}{n_9}$$

$$= \left(-\frac{z_2}{z_1}\right)\left(-\frac{z_3}{z_2}\right)\left(+\frac{z_5}{z_4}\right)\left(-\frac{z_7}{z_6}\right)\left(-\frac{z_9}{z_8}\right)$$

即

$$i_{19} = (-1)^4 \frac{z_2}{z_1}\frac{z_3}{z_2}\frac{z_5}{z_4}\frac{z_7}{z_6}\frac{z_9}{z_8}$$

$i_{总}$ 为正值，表示定轴轮系中主动齿轮（首轮）1 与定轴轮系中末端齿轮（输出轮）9 转向相同。转向也可以通过在图上依次画箭头来确定。

例 6-3　如图 6-13 所示轮系，$z_1 = 16$，$z_2 = 32$，$z_{2'} = 20$，$z_3 = 40$，$z_{3'} = 2$（右旋），$z_4 = 40$。若 $n_1 = 800\text{r/min}$，其转向如图所示，求蜗轮的转速 n_4 及各齿轮的转向。

解：传动比

$$i_{14}=\frac{n_1}{n_4}=\frac{z_2z_3z_4}{z_1z_{2'}z_{3'}}$$
$$=\frac{32\times40\times40}{16\times20\times2}=80$$

因此 $n_4=\frac{n_1}{i_{14}}=800\text{r/min}/80=10\text{r/min}$

由于此轮系中有蜗杆蜗轮和锥齿轮，故各齿轮的转向只能用箭头表示。

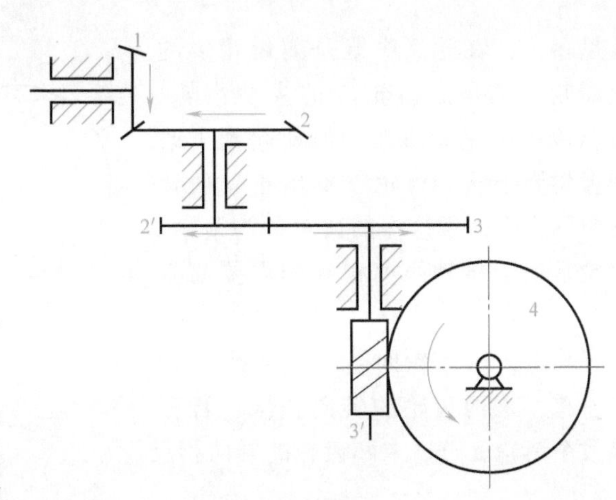

图 6-13 定轴轮系（二）

例 6-4 如图 6-14 所示，已知 $z_1=24$，$z_2=28$，$z_3=20$，$z_4=60$，$z_5=20$，$z_6=20$，$z_7=28$，齿轮 1 为主动件。分析该机构的传动路线并求传动比 i_{17}；若齿轮 1 转向已知，试判定齿轮 7 的转向。

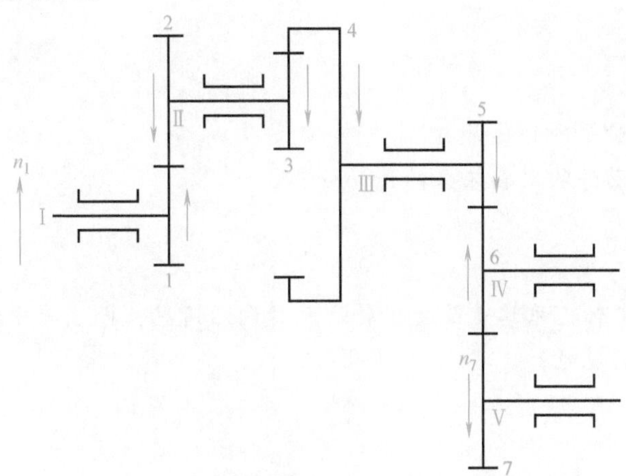

图 6-14 定轴轮系（三）

解： 传动比

$$i_{17}=\frac{n_1}{n_7}=\left(-\frac{z_2}{z_1}\right)\left(+\frac{z_4}{z_3}\right)\left(-\frac{z_6}{z_5}\right)\left(-\frac{z_7}{z_6}\right)$$
$$=-\frac{28\times60\times20\times28}{24\times20\times20\times20}=-4.9$$

结果为负值，说明从动齿轮 7 与主动齿轮 1 的转向相反。

各齿轮转向如图 6-14 中箭头所示。

三、惰轮的应用

如图 6-15 所示轮系，齿轮 2 既是前对齿轮（z_1-z_2）的从动齿轮，又是后对齿轮（z_2-z_3）的主动齿轮。根据传动比的计算公式，整个轮系的传动比

$$i_{13}=\frac{n_1}{n_3}=i_{12}i_{23}=\frac{z_2}{z_1}\frac{z_3}{z_2}=\frac{z_3}{z_1} \tag{6-5}$$

从式（6-5）中可以看出，齿轮 2 的齿数在计算总传动比时可以约去。不论齿轮 2 的齿

数是多少，在轮系中既是前齿轮 1 的从动轮，又是后齿轮 3 的主动齿轮，对总传动比毫无影响，但却起到了改变齿轮副中从动齿轮（输出轮）回转方向的作用，像这样的齿轮称为惰轮。惰轮常用于传动距离稍远和需要改变转向的场合。

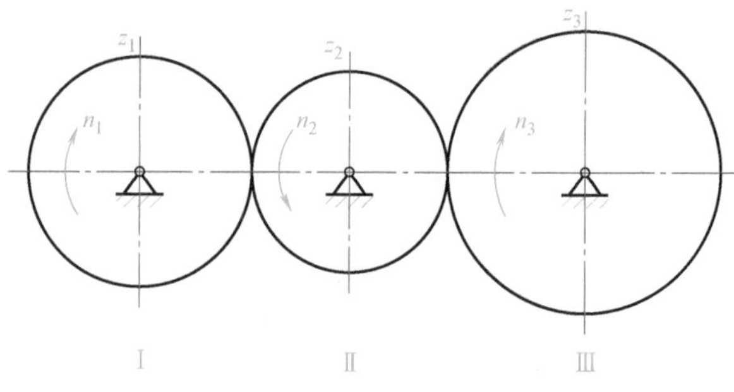

图 6-15　惰轮的应用

显然，两齿轮间若有奇数个惰轮时，首、末两齿轮的转向相同；若有偶数个惰轮，首、末两齿轮的转向相反。

第 3 节　定轴轮系中任意从动齿轮的转速计算

定轴轮系中任意从动齿轮的转速计算

学习目标

1. 掌握任意从动齿轮的转速计算。
2. 掌握末端带移动件的定轴轮系的传动计算。

知识导入

以上我们接触的定轴轮系均是改变了转速及转向的情况，而生产中经常需要末端带移动件的传动，应该怎样实现呢?

学习内容

一、定轴轮系中任意从动齿轮转速的计算

设轮系中各主动齿轮的齿数为 z_1、z_3、z_5、……，各从动齿轮的齿数为 z_2、z_4、z_6、……，首齿轮的转速为 n_1，第 k 个齿轮的转速为 n_k，由

$$i_{1k}=\frac{n_1}{n_k}=\frac{z_2z_4z_6\cdots z_k}{z_1z_3z_5\cdots z_{k-1}}\quad(\text{不考虑齿轮旋转方向})\tag{6-6}$$

得从动齿轮的转速

$$n_k=\frac{n_1}{i_{1k}}=n_1\frac{z_1z_3z_5\cdots z_{k-1}}{z_2z_4z_6\cdots z_k}\tag{6-7}$$

即任意从动齿轮的转速，等于首齿轮的转速乘以首齿轮与该齿轮间的传动比的倒数。即 $n_k=n_1$（所有主动齿轮齿数的连乘积/所有从动齿轮齿数的连乘积）。

例 6-5　如图 6-16 所示，已知：$z_1=26$，$z_2=51$，$z_3=42$，$z_4=29$，$z_5=49$，$z_6=36$，$z_7=56$，$z_8=43$，$z_9=30$，$z_{10}=90$，轴 I 的转速 $n_I=200\text{r/min}$。试求当轴Ⅲ上的三联滑移齿轮分别与轴Ⅱ上的三个齿轮啮合时，轴Ⅳ的三种转速。

分析：该变速机构的传动路线为

6 CHAPTER

$$\mathrm{I}\,(n_1)\rightarrow z_1/z_2\rightarrow \mathrm{II}\begin{Bmatrix} z_5/z_6 \\ z_4/z_7 \\ z_3/z_8 \end{Bmatrix}\rightarrow \mathrm{III}\rightarrow z_9/z_{10}\rightarrow \mathrm{IV}\rightarrow n_{\mathrm{IV}}$$

解： 1）当齿轮5与齿轮6啮合时

$$n_{\mathrm{IV}}=n_{\mathrm{I}}\frac{z_1z_5z_9}{z_2z_6z_{10}}=200\mathrm{r/min}\times\frac{26\times49\times30}{51\times36\times90}\approx46.26\mathrm{r/min}$$

2）当齿轮4与齿轮7啮合时

$$n_{\mathrm{IV}}=n_{\mathrm{I}}\frac{z_1z_4z_9}{z_2z_7z_{10}}=200\mathrm{r/min}\times\frac{26\times29\times30}{51\times56\times90}\approx17.60\mathrm{r/min}$$

3）当齿轮3与齿轮8啮合时

$$n_{\mathrm{IV}}=n_{\mathrm{I}}\frac{z_1z_3z_9}{z_2z_8z_{10}}=200\mathrm{r/min}\times\frac{26\times42\times30}{51\times43\times90}\approx33.20\mathrm{r/min}$$

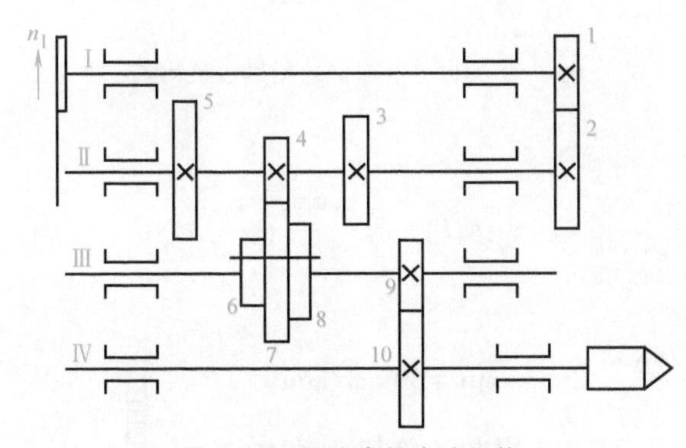

图6-16　滑移齿轮变速机构

二、轮系末端是螺旋传动的定轴轮系的计算

轮系中，若末端带有螺旋传动，则螺旋传动部分把螺杆的转动转变为螺母的移动。螺母的移动速度 v 及输入轴每回转一周的移动距离 L 的计算公式分别为

$$v=n_kP_{\mathrm{h}}=n_1\frac{z_1z_3z_5\cdots z_{k-1}}{z_2z_4z_6\cdots z_k}P_{\mathrm{h}} \tag{6-8}$$

$$L=\frac{z_1z_3z_5\cdots z_{k-1}}{z_2z_4z_6\cdots z_k}P_{\mathrm{h}} \tag{6-9}$$

式中　v——螺母的移动速度（mm/min）；

L——输入轴每回转一周，螺母的移动距离（mm）；

n_1——主动齿轮的转速（r/min）；

P_{h}——螺杆的导程（mm）；

z_1、z_3、z_5、…、z_{k-1}——轮系中各主动齿轮的齿数；

z_2、z_4、z_6、…、z_k——轮系中各从动齿轮的齿数。

1. 工作原理

螺杆每转一周，螺母便移动一个导程。

2. 移动方向判定

遵循螺旋传动的判别方法。

例 6-6 如图 6-17 所示，磨床砂轮架进给机构，$z_1=28$，$z_2=56$，$z_3=38$，$z_4=57$，丝杠为 Tr50×3。当手轮回转速度 $n_1=50\text{r/min}$，回转方向如图所示，试计算砂轮架移动速度，并判断砂轮架移动方向。

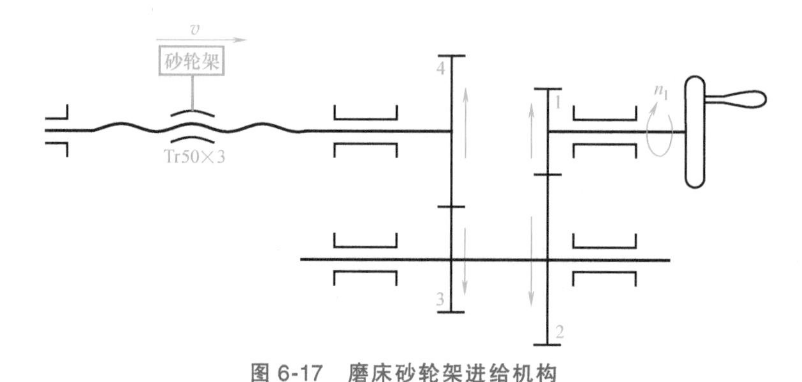

图 6-17 磨床砂轮架进给机构

解：根据式（6-8）

$$v=n_kP_h=n_1\frac{z_1z_3z_5\cdots z_{k-1}}{z_2z_4z_6\cdots z_k}P_h$$

得

$$v=n_1\frac{z_1z_3}{z_2z_4}P_h=50\times\frac{28\times38}{56\times57}\times3\text{mm/min}=50\text{mm/min}$$

丝杠为右旋，根据右手定则判断砂轮架移动方向向右。

三、轮系末端是齿条传动的定轴轮系的计算

举例：卧式车床溜板箱传动系统。

如图 6-18 所示轮系，末端件是齿轮齿条，它可以把主动件的回转运动变为直线运动。

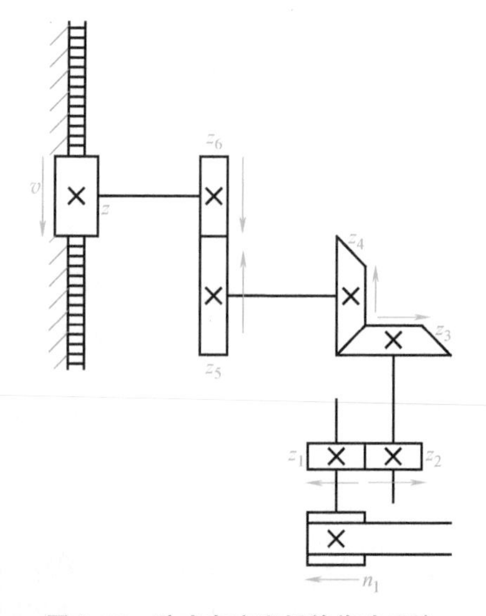

图 6-18 卧式车床溜板箱传动系统

齿条传动的移动速度 v 和输入轴每回转一周的移动距离 L 分别用下列公式计算：

$$v=n_k\pi m_pz_p=n_1\frac{z_1z_3z_5\cdots z_{k-1}}{z_2z_4z_6\cdots z_k}\pi m_pz_p \tag{6-10}$$

$$L=\frac{z_1z_3z_5\cdots z_{k-1}}{z_2z_4z_6\cdots z_k}\pi m_pz_p \tag{6-11}$$

式中 v——齿轮沿齿条的移动速度（mm/min）；

L——输入轴每回转一周，齿轮沿齿条的移动距离（mm）；

n_k——带动齿条的小齿轮转速（r/min）；

n_1——输入轴的转速（r/min）；

z_1、z_3、z_5、…、z_{k-1}——轮系中各主动齿轮的齿数；

z_2、z_4、z_6、…、z_k——轮系中各从动齿轮的齿数；

m_p——齿轮齿条副中齿轮的模数（mm）；

z_p——齿轮齿条副中齿轮的齿数。

例 6-7 在图 6-19 所示的卧式车床溜板箱传动系统中，已知蜗杆 $z_1=4$（右旋），蜗轮 $z_2=30$，齿轮 $z_3=24$，$z_4=50$，$z_5=23$，$z_6=69$，$z_7=15$，$z_8=12$，输入轴 I 的转速 $n_1=40\text{r/min}$，求 i_{18}、n_8 和 L。

解： 1） $i_{18}=\dfrac{z_2z_4z_6}{z_1z_3z_5}=\dfrac{30\times50\times69}{4\times24\times23}=46.9$

2） $n_8=n_1\dfrac{1}{i_{1k}}=40\times\dfrac{4\times24\times23}{30\times50\times69}\text{r/min}=0.85\text{r/min}$

3） $L=n_8\pi m_pz_p=0.85\times3.14\times3\times12\text{mm/min}=96.5\text{mm/min}$

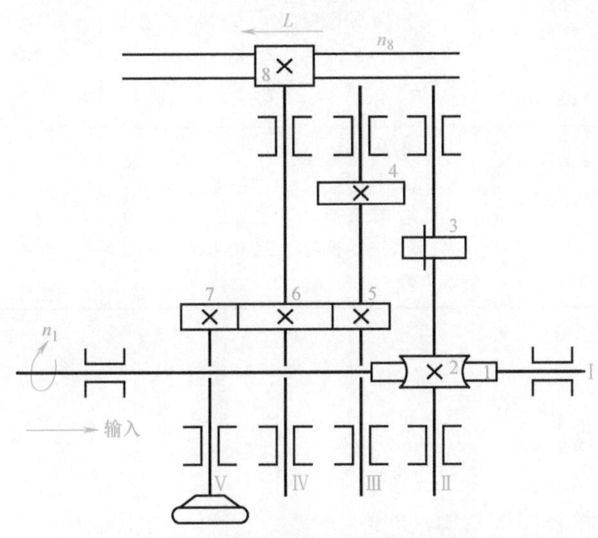

图 6-19 卧式车床溜板箱传动系统

知识链接

常用传动类型对比见表 6-4。

表 6-4 常用传动类型对比

传动类型	带传动	齿轮传动	蜗杆传动	链传动
主要优点	中心距变化范围大，结构简单，传动平稳，能缓和冲击振动，起安全装置作用	外廓尺寸小，传动比准确，效率高，使用寿命长	外廓尺寸小，传动比准确且可以很大，传动平稳无噪声，可制成自锁传动	中心距变化范围大，载荷变化范围大，平均传动比准确
主要缺点	外廓尺寸大，轴上压力较大（为初拉力的 2~3 倍），传动比不准确，使用寿命较短	要求制造精度高，在高速传动下，若制造精度不高会有噪声，不能缓和冲击	效率低，中速及高速传动时蜗轮需用青铜等贵重金属制造，要求制造精确	瞬时传动比不准确，在冲击振动载荷下使用寿命较低

（续）

传动类型	带传动	齿轮传动	蜗杆传动	链传动
效率	效率为 0.92~0.98，带轮小、速度高时，效率较低。V带传动效率也可较低，平均取 0.95	闭式传动效率为 0.94~0.99，开式传动效率为 0.92~0.96。精度低的齿轮传动及锥齿轮传动效率较低	效率为 0.72~0.96。导程角小、润滑不良、滑动速度小时，效率均低，自锁传动效率小于 0.5	效率为 0.95~0.98
功率范围	一般在 75kW 以下，V带传动可达 400kW	从极小到几万千瓦	一般在 50kW 以下，也可达 200kW	一般在 100kW 以下，也可达 5000kW
速度范围	一般速度小于 25m/s，特殊情况可达 50m/s，甚至能达到 100m/s	一般圆周速度在 30m/s 以下，最高可达 300m/s	一般滑动速度小于 15m/s，个别情况可达 35m/s	一般链速小于 15m/s，也可达 40m/s
传动比	平带传动小于 5，V带传动小于 7，特殊情况可达 15	常用的传动比在 5 以下，圆柱齿轮可达 10，甚至更大，锥齿轮不超过 7.5	一般为 8~80，在分度机构中可达 1000 或更大	一般小于 8，个别情况可达 10

本章小结

1. 轮系概念及分类。
2. 轮系的应用特点。
3. 定轴轮系中各轮转向的判断。
4. 定轴轮系的传动比计算。
5. 定轴轮系中任意从动轮转速的计算。
6. 定轴轮系中末端是螺旋传动的计算。
7. 定轴轮系中末端是齿条传动的计算。

本章习题

1. 现有一定轴轮系（图 6-20），已知各齿轮齿数 $z_1=20$，$z_2=40$，$z_3=15$，$z_4=60$，$z_5=18$，$z_6=18$，$z_7=1$，$z_8=40$，$z_9=20$，齿轮 9 的模数 $m=$ 3mm，齿轮 1 的转向如箭头所示，$n_1=100\text{r/min}$，请完成以下问题：

1）用箭头法判别齿条 10 的移动方向。

2）计算传动比 i_{18}。

3）确定蜗轮 8 的转速 n_8。

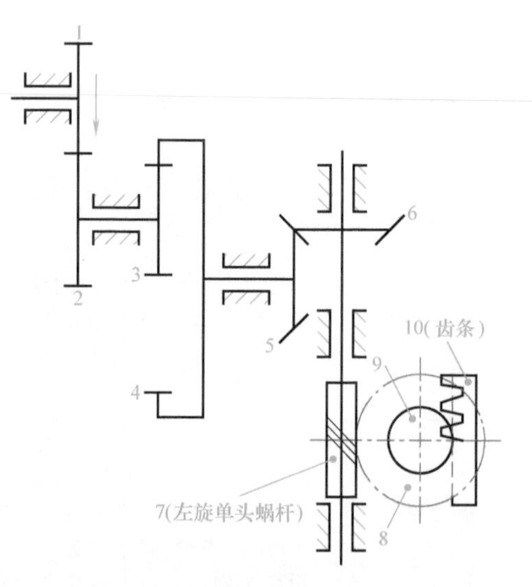

图 6-20 定轴轮系

2. 用画箭头法判别图 6-21 所示轮系中各轮

的转向。

3. 图 6-22 所示为卷扬机传动系统，末端为蜗杆传动。已知：$z_1=18$，$z_2=36$，$z_3=20$，$z_4=40$，$z_5=2$，$z_6=50$，鼓轮直径 $D=200$mm，试求：

1）总传动比。

2）确定提升重物时鼓轮的回转方向。

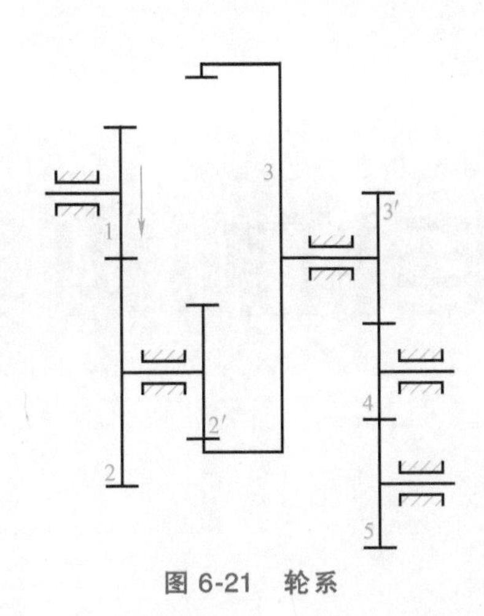

图 6-21 轮系

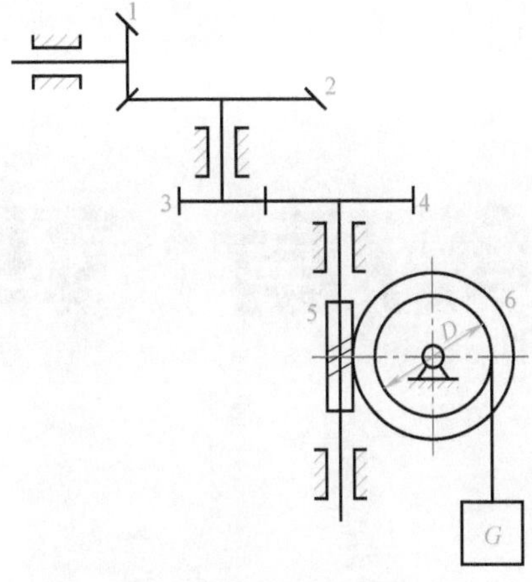

图 6-22 卷扬机传动系统

4. 观察生活，举出定轴轮系的实例，并分析如何进行传动比的计算。

第7章　平面连杆机构

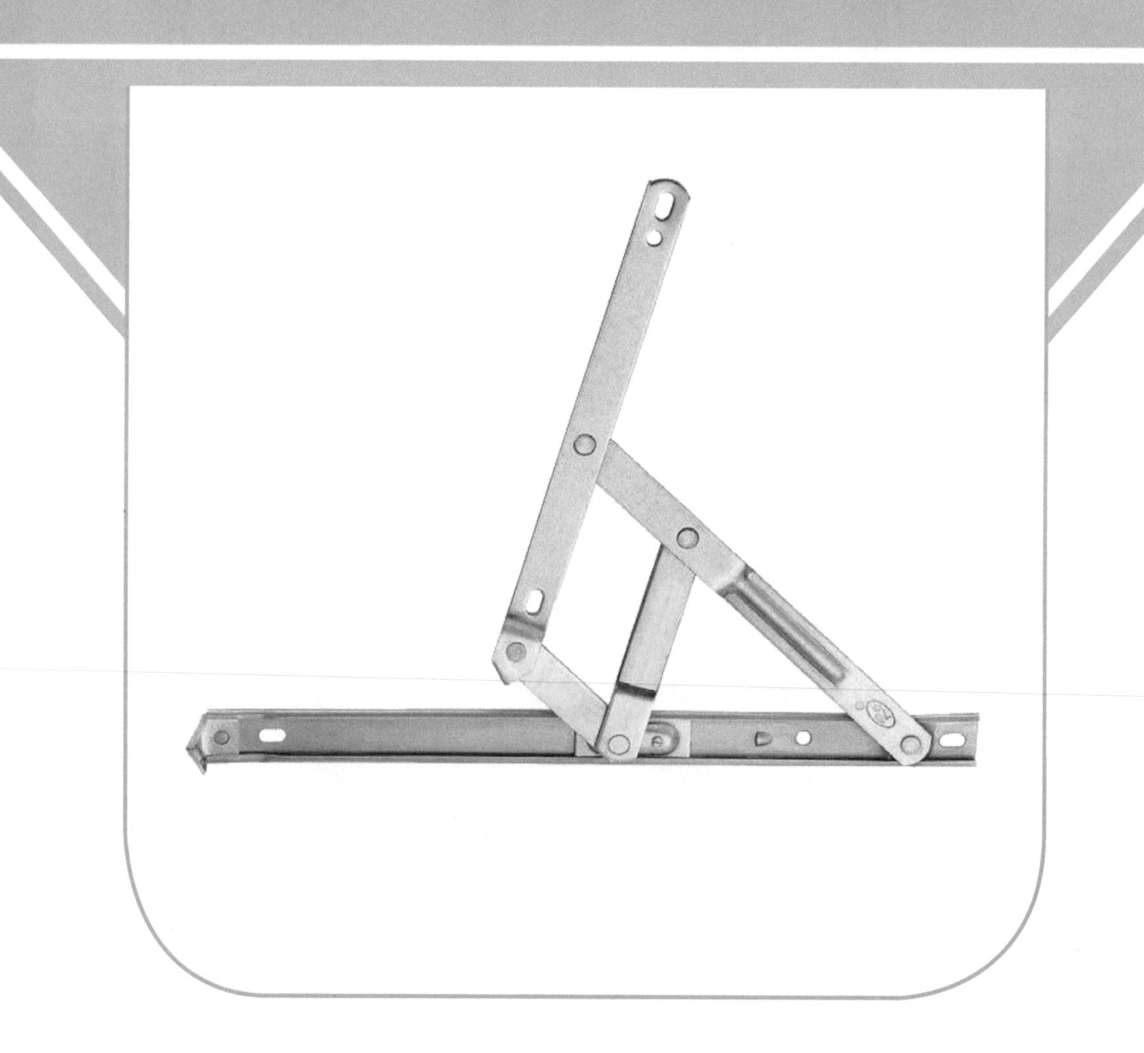

无论是生活中还是生产中，我们都需要各种各样的机构来为我们的生活、生产服务。例如：天平（图 7-1a）、公交车、起重机、挖掘机（图 7-1b）、火车等。

a) 天平

b) 挖掘机

图 7-1　生活生产中的机构

第 1 节　平面连杆机构的特点

平面连杆机构的特点

学习目标

简单了解平面连杆机构的定义、作用及特点。

知识导入

日常生活中，我们虽然经常开关窗户、乘坐公交车等，但很少能发现身边这些最简单的机构，本节将介绍平面连杆机构。

学习内容

平面连杆机构是指由一些刚性构件用转动副和移动副相互连接而成的、在同一平面或相互平行平面内运动的机构。平面连杆机构中的运动副都是低副，因此平面连杆机构是低副机构。平面连杆机构能够实现某些较为复杂的平面运动，在生产和生活中广泛用于动力的传递或运动形式的改变，如图 7-2 和图 7-3 所示。平面连杆机构构件的形状多种多样，不一定为杆状，但从运动原理来看，均可用等效的杆状构件代替。

四杆机构是指具有四个构件（包括机架）的低副机构，是最常用的平面连杆机构。

平面铰链四杆机构是指构件间用四个转动副相连的平面四杆机构，简称铰链四杆机构。铰链四杆机构是四杆机构的基本形式，也是其他多杆机构的基础。

工程上最常用的四杆机构如图 7-4 所示。

图 7-2　自卸翻斗车

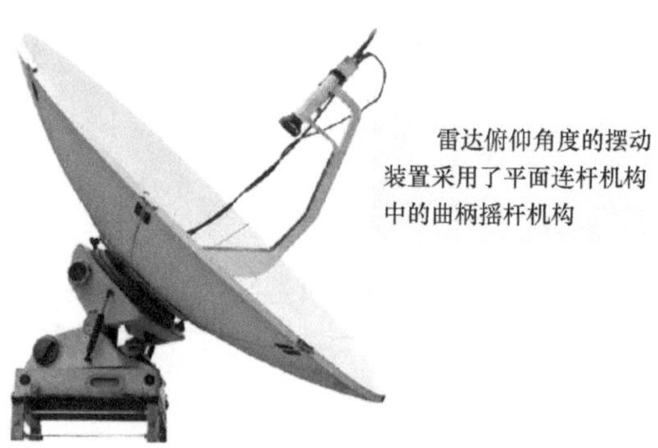

图 7-3　雷达

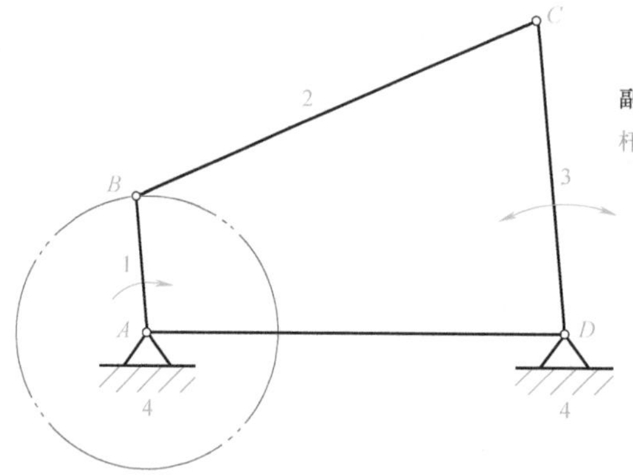

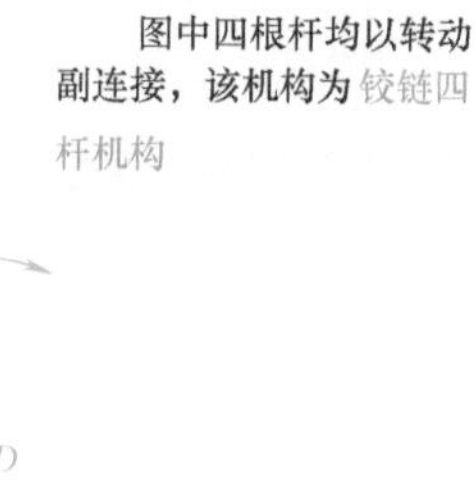

a) 铰链四杆机构

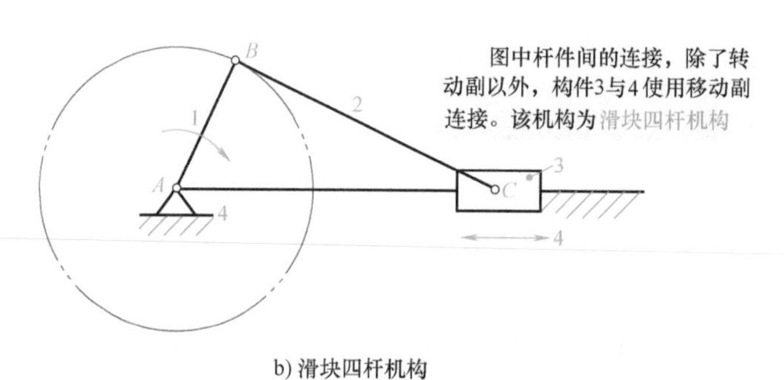

b) 滑块四杆机构

图 7-4　常用的四杆机构运动简图

第 2 节　铰链四杆机构的组成与分类

铰链四杆机构的组成与分类

学习目标

掌握铰链四杆机构的组成与分类。

学习内容

如图 7-5 所示，铰链四杆机构是由转动副连接起来的封闭系统。其中，被固定不动的构件 4 称为机架，不直接与机架相连的构件 2 称为连杆，与机架相连的构件 1 和构件 3 称为连架杆。

曲柄是指能做整周回转的连架杆。

摇杆是指只能在小于 180°的范围内做往复摆动的连架杆。

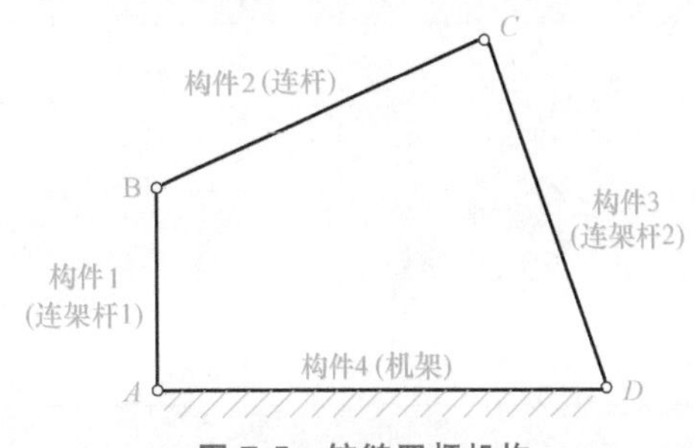

图 7-5　铰链四杆机构

根据两个连架杆的运动形式不同，铰链四杆机构可以分为曲柄摇杆机构（图 7-6a）、双曲柄机构（图 7-6b）和双摇杆机构（图 7-6c）三种基本类型。

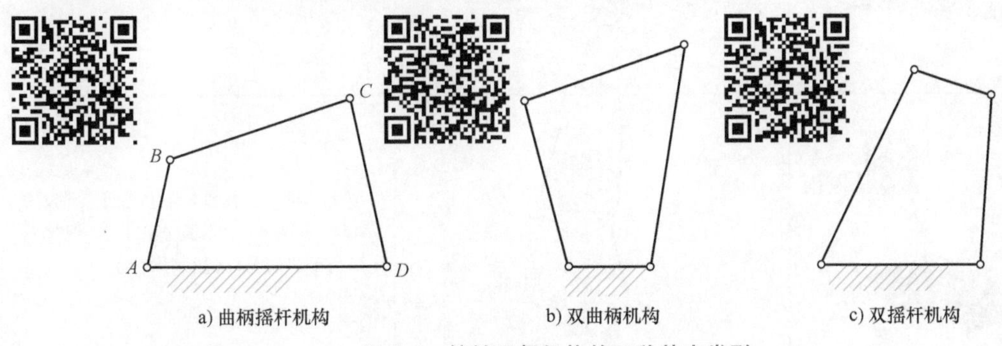

图 7-6　铰链四杆机构的三种基本类型

一、曲柄摇杆机构

在铰链四杆机构中的两连架杆，如果一个为曲柄，另一个为摇杆，那么该机构就称为曲柄摇杆机构。如图 7-6a 所示，取曲柄 *AB* 为主动件，当曲柄 *AB* 做连续等速整周转动时，从动摇杆 *CD* 将在一定角度内做往复摆动。由此可见，曲柄摇杆机构能将主动件的整周回转运动转换成从动件的往复摆动。曲柄摇杆机构应用实例见表 7-1。

表 7-1　曲柄摇杆机构应用实例

图例	机构简图	机构运动分析
颚式破碎机		工作部分为曲柄摇杆机构，原动机驱动曲柄做匀速转动，通过连杆带动摇杆(动颚板)做往复摆动，与固定颚板形成破碎腔

7 CHAPTER

（续）

图例	机构简图	机构运动分析
	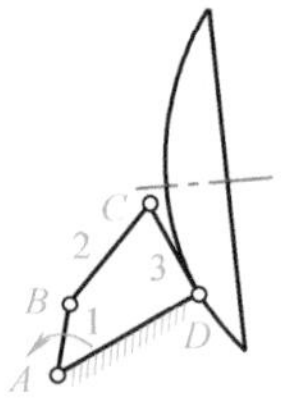	曲柄1转动，通过连杆2，使固定在摇杆3上的天线做一定角度的摆动，以调整天线的俯仰角
	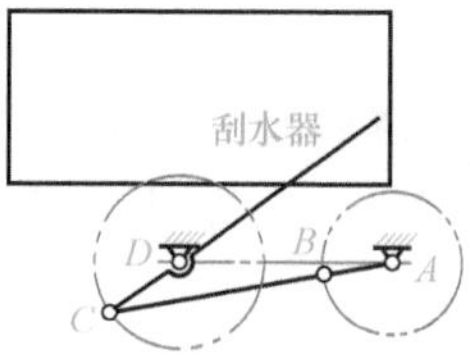	当主动曲柄 AB 回转时，从动摇杆做往复摆动，利用摇杆的延长部分实现刮水动作
	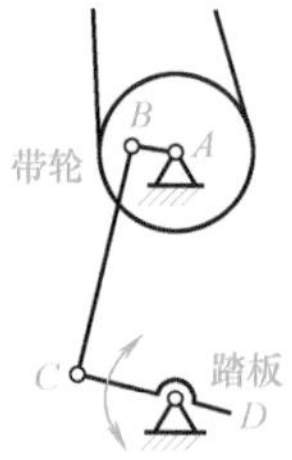	踏板（相当于摇杆）为主动件，当脚蹬踏板做往复摆动时，通过连杆 BC 使带轮（相当于曲柄）做连续整周转动

二、双曲柄机构

在铰链四杆机构中，若两个连架杆均为曲柄，则该机构称为双曲柄机构。两曲柄可分别为主动件。常见的双曲柄机构类型见表7-2，双曲柄机构应用实例见表7-3。

表7-2　常见的双曲柄机构类型

类型	机构简图	说明
不等长双曲柄机构	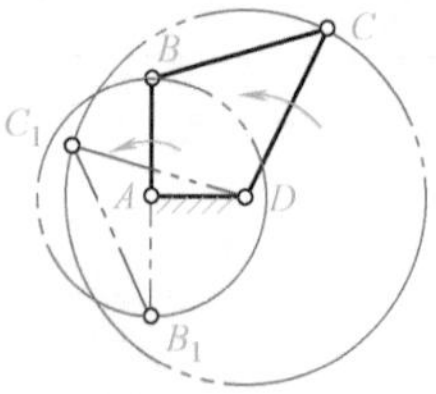	当两曲柄长度不相等时，主动曲柄做等速转动，从动曲柄随之做变速转动，即从动曲柄在每一周中的角速度有时大于有时小于主动曲柄的角速度
平行双曲柄机构	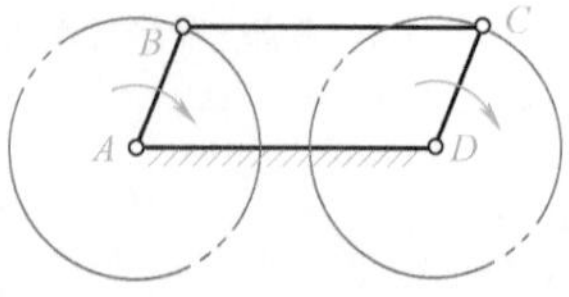	两个曲柄的长度相等，机架与连架杆的长度相等，这种双曲柄机构称为平行双曲柄机构

（续）

类型	机构简图	说明
反向双曲柄机构		当双曲柄机构对边都相等，但互不平行时，则称其为反向双曲柄机构。反向双曲柄的旋转方向相反，且角速度也不相等

表 7-3 双曲柄机构应用实例

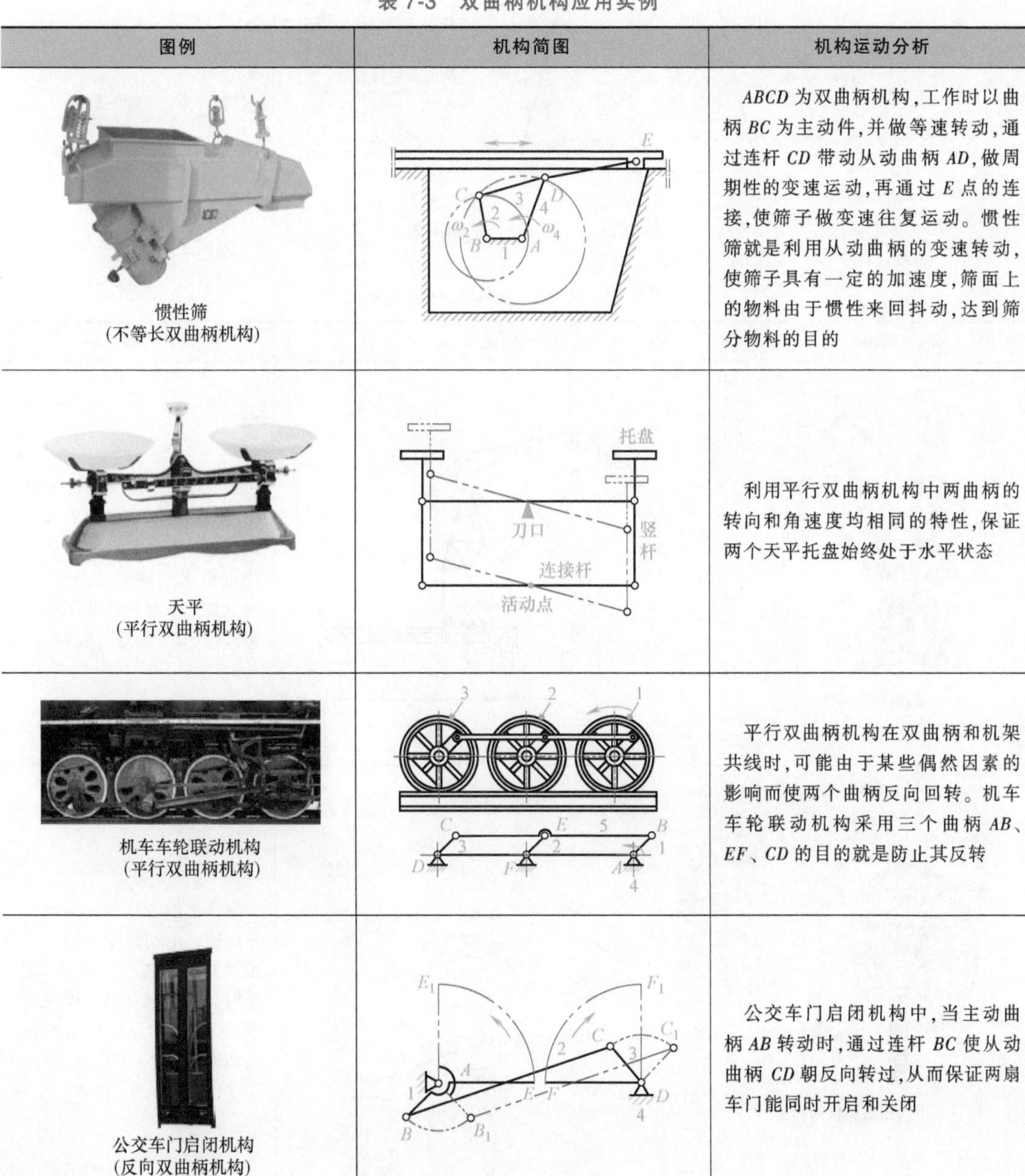

图例	机构简图	机构运动分析
惯性筛 （不等长双曲柄机构）		*ABCD* 为双曲柄机构，工作时以曲柄 *BC* 为主动件，并做等速转动，通过连杆 *CD* 带动从动曲柄 *AD*，做周期性的变速运动，再通过 *E* 点的连接，使筛子做变速往复运动。惯性筛就是利用从动曲柄的变速转动，使筛子具有一定的加速度，筛面上的物料由于惯性来回抖动，达到筛分物料的目的
天平 （平行双曲柄机构）		利用平行双曲柄机构中两曲柄的转向和角速度均相同的特性，保证两个天平托盘始终处于水平状态
机车车轮联动机构 （平行双曲柄机构）		平行双曲柄机构在双曲柄和机架共线时，可能由于某些偶然因素的影响而使两个曲柄反向回转。机车车轮联动机构采用三个曲柄 *AB*、*EF*、*CD* 的目的就是防止其反转
公交车门启闭机构 （反向双曲柄机构）		公交车门启闭机构中，当主动曲柄 *AB* 转动时，通过连杆 *BC* 使从动曲柄 *CD* 朝反向转过，从而保证两扇车门能同时开启和关闭

7 CHAPTER

三、双摇杆机构

铰链四杆机构的两个连架杆都在小于 360°的角度内做摆动，这种机构称为双摇杆机构，如图 7-7 所示。在双摇杆机构中，两摇杆均可作为主动件。主动摇杆往复摆动时，通过连杆带动从动摇杆往复摆动。双摇杆机构应用实例见表 7-4。

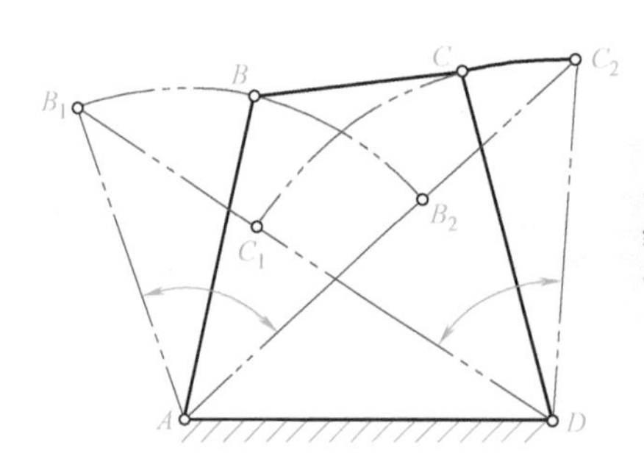

图 7-7　双摇杆机构

表 7-4　双摇杆机构应用实例

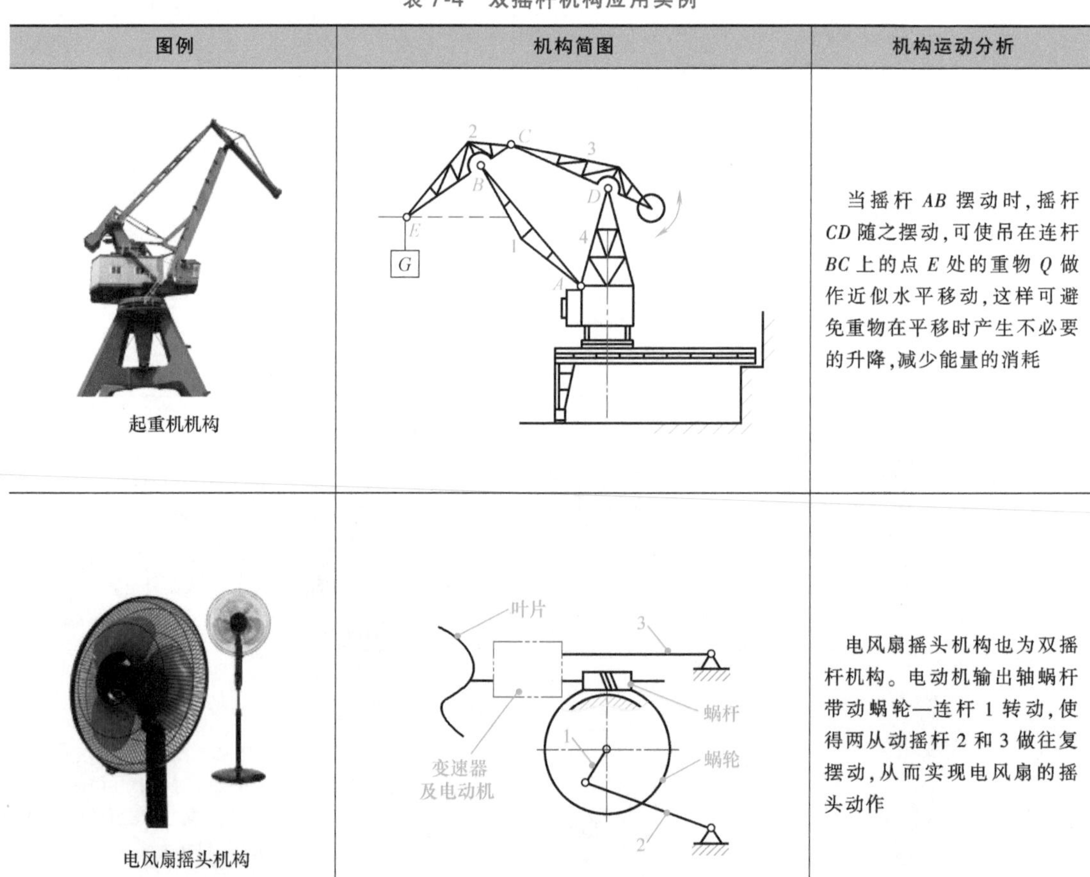

图例	机构简图	机构运动分析
起重机机构	2 C 3 B D E 4 G 1 A	当摇杆 *AB* 摆动时，摇杆 *CD* 随之摆动，可使吊在连杆 *BC* 上的点 *E* 处的重物 *Q* 做作近似水平移动，这样可避免重物在平移时产生不必要的升降，减少能量的消耗
电风扇摇头机构	叶片 3 蜗杆 1 蜗轮 变速器及电动机 2	电风扇摇头机构也为双摇杆机构。电动机输出轴蜗杆带动蜗轮—连杆 1 转动，使得两从动摇杆 2 和 3 做往复摆动，从而实现电风扇的摇头动作

（续）

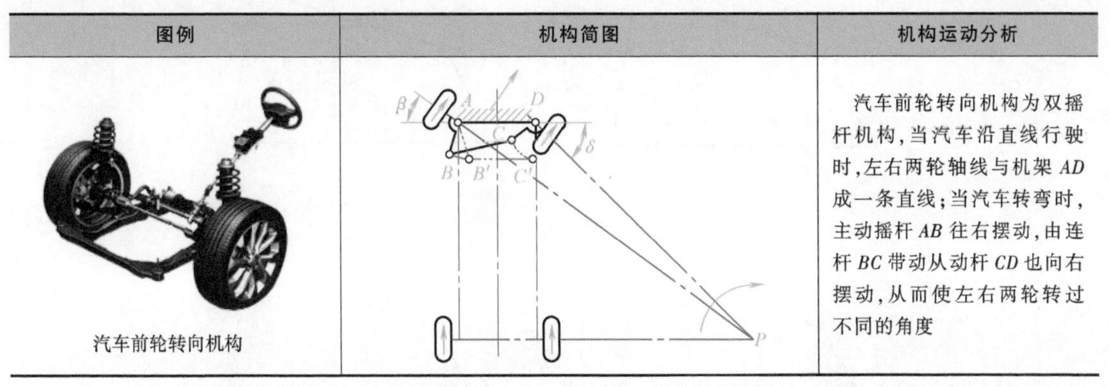

图例	机构简图	机构运动分析
汽车前轮转向机构	β A D C δ B B′ C′ P	汽车前轮转向机构为双摇杆机构，当汽车沿直线行驶时，左右两轮轴线与机架 AD 成一条直线；当汽车转弯时，主动摇杆 AB 往右摆动，由连杆 BC 带动从动杆 CD 也向右摆动，从而使左右两轮转过不同的角度

第3节　铰链四杆机构的基本性质

学习目标

掌握铰链四杆机构的基本性质。

铰链四杆机构的性质

学习内容

一、曲柄存在的条件

在铰链四杆机构中，能做整周回转的连架杆称为曲柄。而只有这种能做整周旋转的构件才能用电动机等连续转动的装置来带动，因此曲柄在机构中具有重要地位。而曲柄是否存在，则取决于机构中各杆的长度关系，即要使连架杆能做整周转动而成为曲柄，各杆长度必须满足一定的条件，这就是曲柄存在的条件。

铰链四杆机构存在曲柄，必须同时满足以下两条：

1）连架杆与机架中必有一杆是最短杆。

2）最短杆与最长杆长度之和必小于或等于其余两杆长度之和。

上述两条件必须同时满足，否则机构中无曲柄存在。根据曲柄条件，还可做如下推论：

若铰链四杆机构中最短杆与最长杆长度之和小于或等于其余两杆长度之和，则可能有以下几种情况（L_{AD} 为最长杆，L_{AB} 为最短杆，且 $L_{AD}+L_{AB} \leqslant L_{BC}+L_{CD}$）：

1）以最短杆的相邻杆为机架时，为曲柄摇杆机构（图 7-8a）。

2）以最短杆为机架时，为双曲柄机构（图 7-8b）。

3）以最短杆的相对杆为机架时，为双摇杆机构（图 7-8c）。

4）若铰链四杆机构中最短杆与最长杆长度之和大于其余两杆长度之和，即 $L_{\mathrm{AD}}+L_{\mathrm{AB}}>L_{\mathrm{BC}}+L_{\mathrm{CD}}$，则不论以哪一杆为机架，均为双摇杆机构。

二、急回特性

如图 7-9 所示的曲柄摇杆机构，当曲柄 AB 沿逆时针方向以等角速度 ω_1 转过 φ_1 时，摇

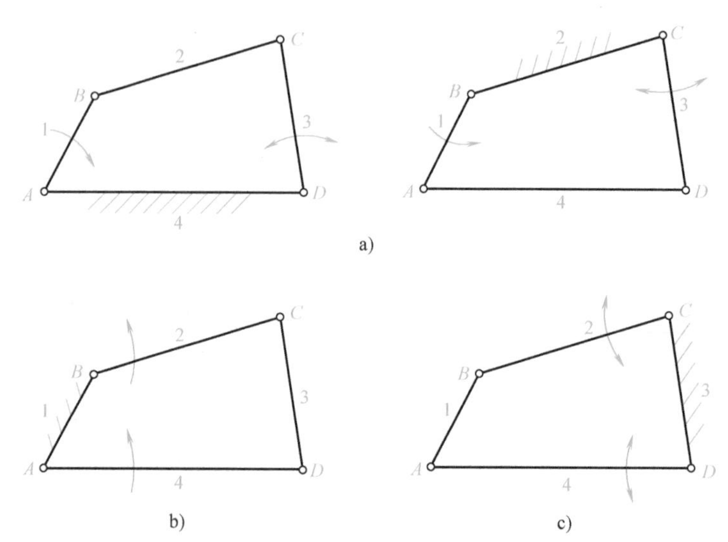

图 7-8　铰链四杆机构的三种判别方法

杆 CD 自右极限位置 C_1D 摆至左极限位置 C_2D，设所需时间为 t_1，C 点的平均速度为 $\bar{v}_1$；而当曲柄 AB 继续转过 φ_2 时，摇杆 CD 自 C_2D 摆回至 C_1D，设所需的时间为 t_2，C 点的平均速度为 $\bar{v}_2$。通常情况下，摇杆由 C_1D 摆至 C_2D 的过程被用作机构中从动件的工作行程，摇杆由 C_2D 摆回 C_1D 的过程被用作机构中从动件的空回行程。因为 $\varphi_1>\varphi_2$，所以 $t_1>t_2$，$\bar{v}_2>\bar{v}_1$。

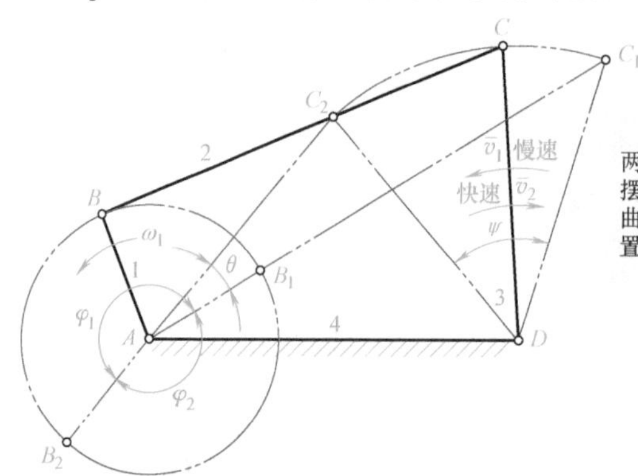

当曲柄整周回转时，摇杆在 C_1D 和 C_2D 两个极限位置之间的夹角 ψ 称为摇杆的最大摆角。当摇杆在 C_1D 和 C_2D 两个极限位置时，曲柄 AB 与连杆共线，曲柄 AB 的两个对应位置所夹的锐角称为极位夹角，用 θ 表示。

图 7-9　曲柄摇杆机构

由此说明：

曲柄 AB 虽然做等速转动，但从动摇杆 CD 空回行程的平均速度却大于工作行程的平均速度，这种性质称为机构的急回特性。

机构的急回特性可用行程速度变化系数 K 表示，即

$$K=\frac{\overline{v_2}}{\overline{v_1}}=\frac{t_1}{t_2}=\frac{180°+\theta}{180°-\theta}$$

式中　$\overline{v_1}$、$\overline{v_2}$——摇杆工作行程和空回行程的平均速度；

θ——摇杆的极位夹角。

由上式可知，行程速度变化系数 K 值的大小反映了机构的急回特性，K 值越大，回程速度越快。K 值大小与极位夹角 θ 有关，当 $\theta=0$ 时，$K=1$，说明该机构无急回特性；当 $\theta>0$ 时，$K>1$，则机构具有急回特性。

在某些机械中（如牛头刨床、插床等），常利用机械的急回特性来缩短空回行程的时间，以提高生产率。

三、死点位置

在曲柄摇杆机构中，如图 7-10 所示。取摇杆 CD 为主动件时，曲柄 AB 为从动件。当摇杆在两极限位置 C_1D 和 C_2D 时，连杆 BC 与曲柄 AB 共线，通过连杆 BC 加于曲柄 AB 的力 F 经过铰链中心 A，该力对 A 点的力矩为零，故不能推动曲柄 AB 转动，从而使整个机构处于静止或运动方向不确定的状态。这种位置称为死点位置。

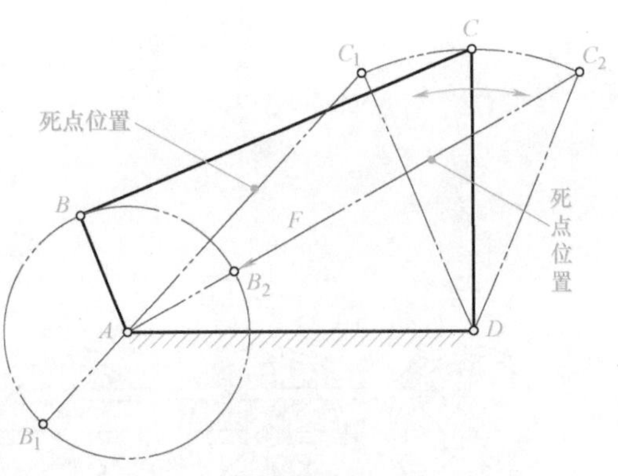

图 7-10　曲柄摇杆机构的死点位置

平面四杆机构是否存在死点位置，取决于从动件是否与连杆共线，凡是从动件与连杆共线的位置都是死点。

对机构传递运动来说，死点是有害的，由于死点位置常使机构从动件无法运动或出现运动不确定现象。如缝纫机踏板机构（曲柄摇杆机构），如图 7-11 所示。当踏板 CD 为主动件并做往复摆动时，机构有可能在两处出现死点位置，致使曲柄 AB 不转或出现倒转现象。

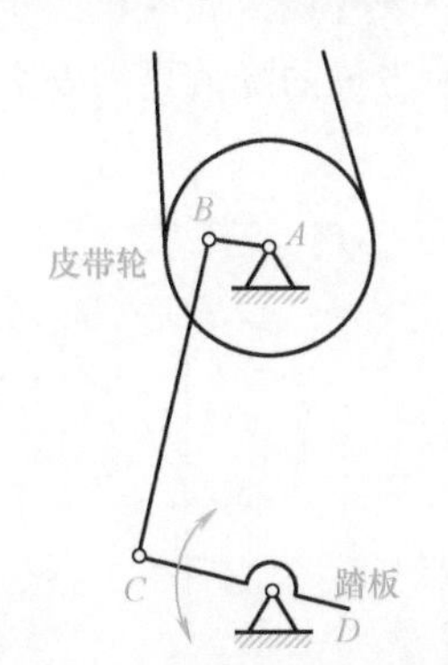

图 7-11　缝纫机踏板机构

图 7-12　手扶拖拉机

以下三种方法可以使机构顺利通过死点位置：

1）为了保证机构正常运转，可在曲柄轴上附加一个转动惯性大的飞轮，利用其惯性作用使机构顺利地通过死点位置，如图 7-12 所示。

2）采用多组机构错列。如图 7-13 所示两组车轮的错列装置，两组机构的曲柄错列成 90°。

3）增设辅助构件。如图 7-14 所示机车车轮联动装置，在机构中增设一个辅助曲柄。

死点位置有害时需进行克服，但在某些工程上，有时也利用死点位置进行工作。如图 7-15 所示的钻床夹紧机构，工件夹紧后，BCD 成一条直线，撤去外力 F 之后，机构在工

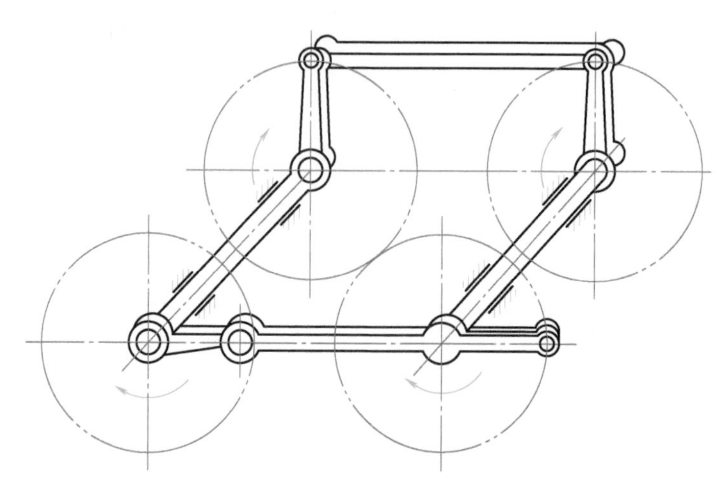

图 7-13　两组车轮的错列装置

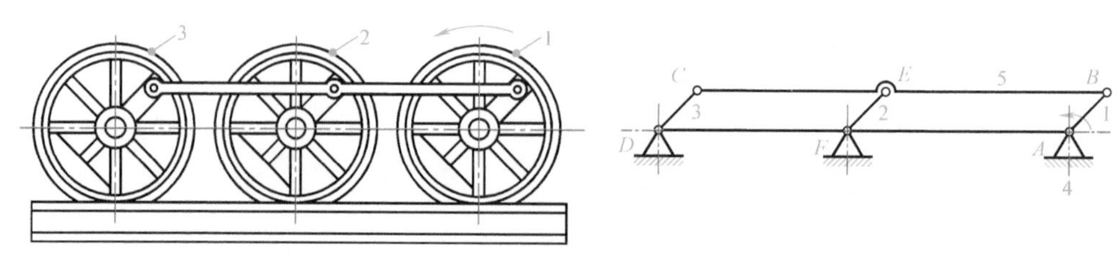

图 7-14　机车车轮联动装置

件反弹力 T 的作用下，处于死点位置。即使反弹力很大工件也不会松脱，使夹紧牢固可靠。

图 7-16 所示为飞机起落架机构。连杆 BC 和从动曲柄 CD 成一条直线，此时机轮上即使受到很大的力，但由于机构处于死点位置，起落架不会反转，从而使飞机的降落更加安全可靠。

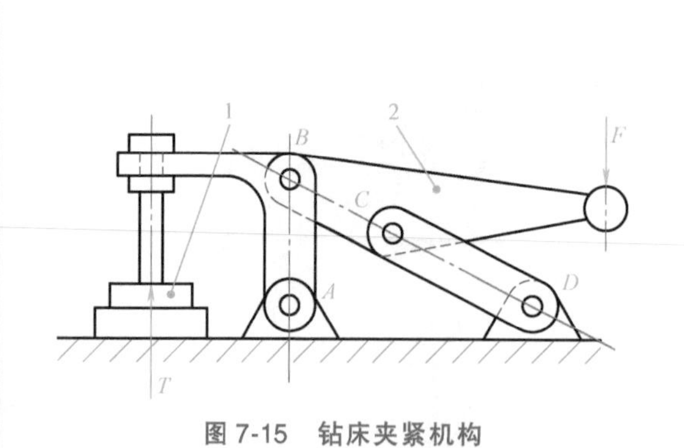

图 7-15　钻床夹紧机构

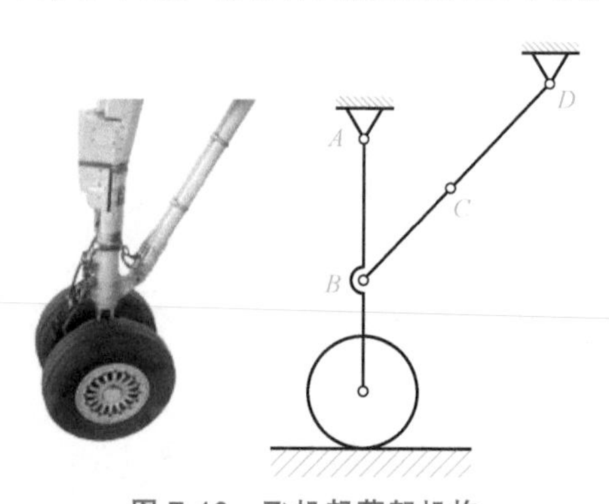

图 7-16　飞机起落架机构

第 4 节　铰链四杆机构的演化

学习目标

1. 了解铰链四杆机构的演化过程及应用实例。

2. 了解导杆机构的类型及应用。

学习内容

在生产实际中，除了以上介绍的铰链四杆机构类型外，同样被广泛采用的其他形式的四杆机构，一般是通过改变铰链四杆机构某些构件的形状、相对长度或选择不同构件作为机架等方式演化而来的。

一、曲柄滑块机构

曲柄滑块机构是具有一个曲柄和一个滑块的平面四杆机构，是由曲柄摇杆机构演化而来的，如图 7-17 所示。曲柄滑块机构的功能是将主动曲柄的等速转动转换为从动滑块的往复直线移动，或者将主动滑块的往复移动转换为从动曲柄的转动。

在曲柄摇杆机构中，1为曲柄，3为摇杆，C点的轨迹是以D为圆心、杆长CD为半径的圆弧

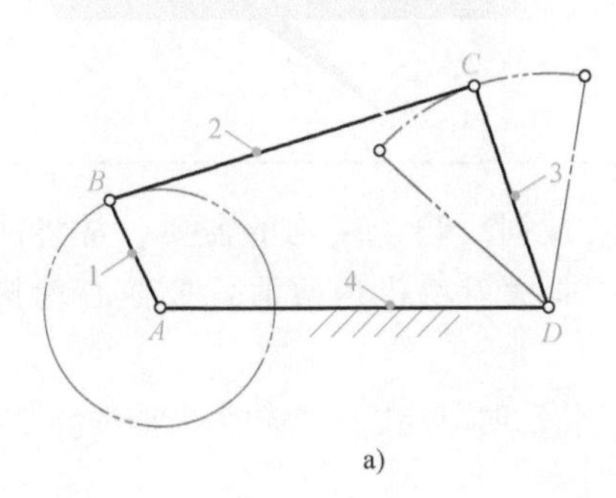

a)

在机架4上制作一个同样轨迹的圆弧槽，并将摇杆3做成弧形滑块置于槽中滑动。这时，弧形滑块在圆弧槽中的运动完全等同于转动副D的作用，圆弧槽的圆心即相当于摇杆3的摆动中心D，其半径相当于摇杆3的长度CD

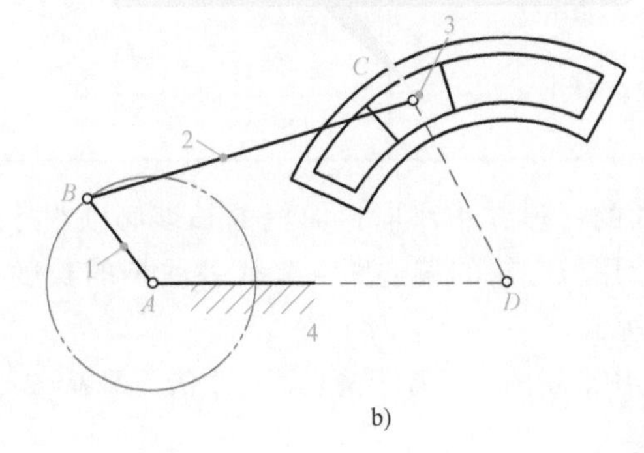

b)

若再将圆弧槽的半径增加至无穷大，其圆心D移至无穷远处，则圆弧槽变成了直槽，置于其中的滑块3做往复直线运动，转动副D演化为移动副。e为曲柄回转中心A至经过C点直槽中心线的距离，称为偏距。当$e \neq 0$时，称为偏置曲柄滑块机构

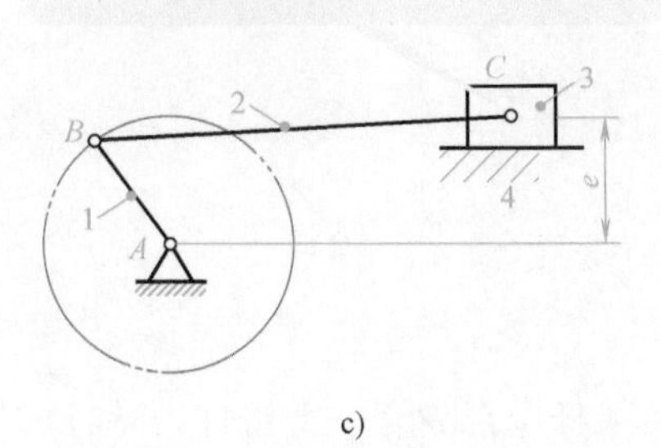

c)

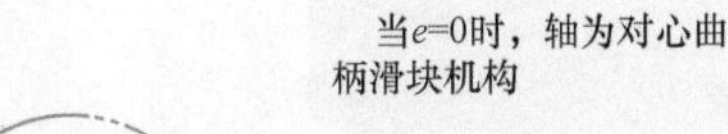

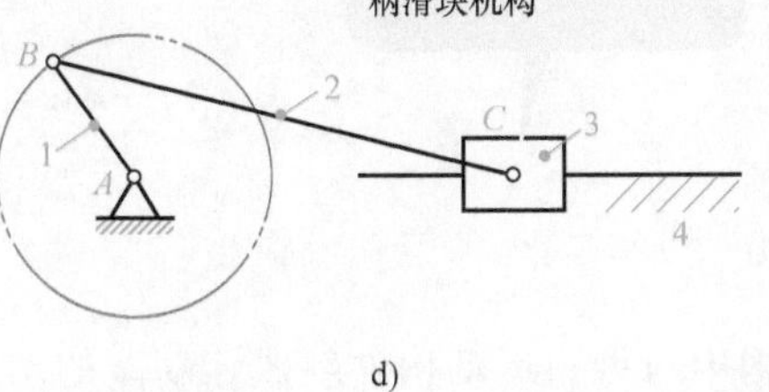

d)

图 7-17　曲柄摇杆机构的演化

内燃机气缸、蒸汽机、往复式抽水机、空气压缩机及压力机等的主机构都是曲柄滑块机构。曲柄滑块机构应用实例见表 7-5。

表 7-5　曲柄滑块机构应用实例

图例	机构简图	机构运动分析
内燃机气缸 (曲柄滑块机构)	C B A	活塞(即滑块)的往复直线运动通过连杆转换成曲轴(即曲柄)的旋转运动
压力机 (曲柄滑块机构)	A B C	曲轴(即曲柄)的旋转运动转换成冲压头(即滑块)的上下往复直线运动,完成对工件的压力加工

当要求滑块的行程 H 很小时，曲柄的长度必须很小。此时，出于结构的需要，常将曲柄做成偏心轮，用偏心轮的偏心距 e 来代替曲柄的长度，曲柄滑块机构便演化成偏心轮机构，如图 7-18 所示。

偏心轮机构中滑块的行程等于偏心距的 2 倍，即 $H=2e$，传动时只能以偏心轮为主动件。

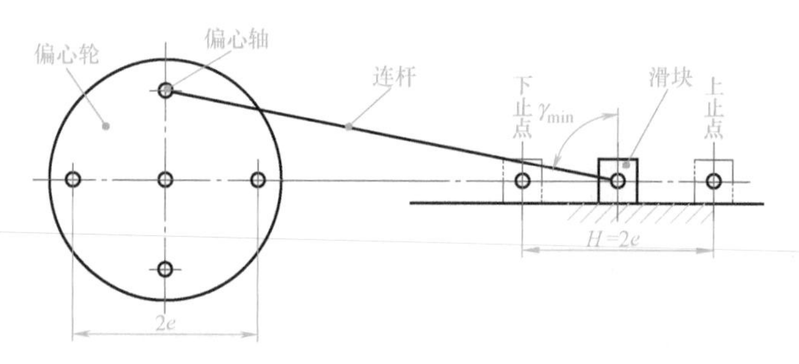

图 7-18　偏心轮机构

二、导杆机构

导杆是机构中与另一运动构件组成移动副的构件。连架杆中至少有一个构件为导杆的平面四杆机构称为导杆机构。

如图 7-19a 所示曲柄滑块机构，若选构件 1 为机架，构件 2 为主动件，当构件 2 回转时滑块 3 将沿杆件 4 相对滑动。而杆件 4 对滑块 3 起导向作用，因此这种机构称为导杆机构，构件 4 称为导杆，如图 7-19b 所示。

导杆机构分为两种形式：转动导杆机构和摆动导杆机构。转动导杆机构：$I_2>I_1$，杆 2 和导杆 4 均能做整周旋转运动（图 7-20a）。摆动导杆机构：$l_2<l_1$，杆 2 能做整圈旋转运动，杆 4 号能往复摆动（图 7-20b）。

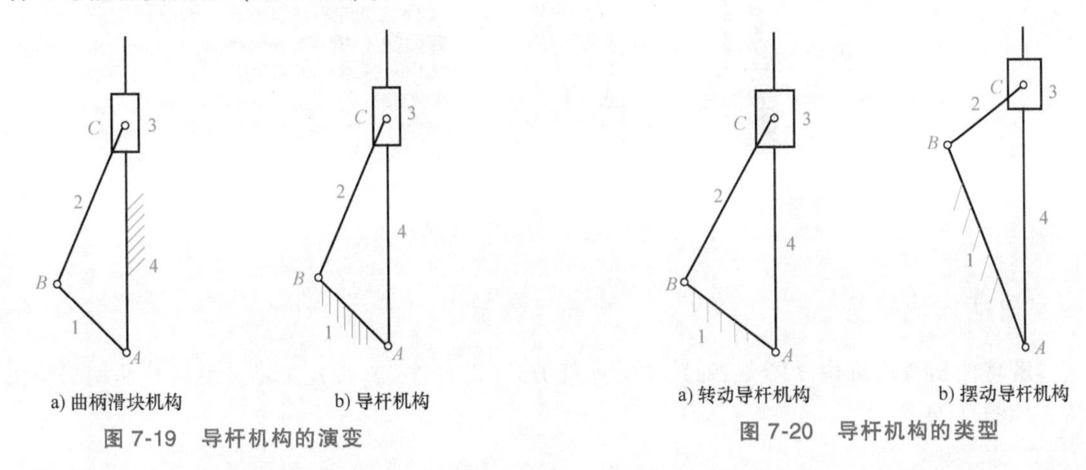

a) 曲柄滑块机构　b) 导杆机构

图 7-19　导杆机构的演变

a) 转动导杆机构　b) 摆动导杆机构

图 7-20　导杆机构的类型

图 7-21 为摆动导杆机构在牛头刨床中的应用实例，牛头刨床刨刀的左右切削运动由摆动导杆机构实现。

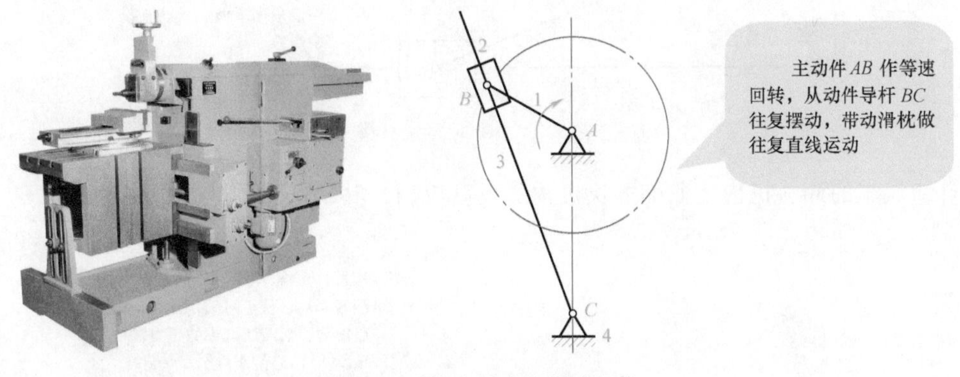

图 7-21　牛头刨床主运动机构

三、固定滑块机构

若将曲柄滑块机构（图 7-18）中的滑块固定不动，就得到固定滑块机构，如图 7-22 所示。

手压抽水机是固定滑块机构的典型应用，其结构如图 7-23 所示。

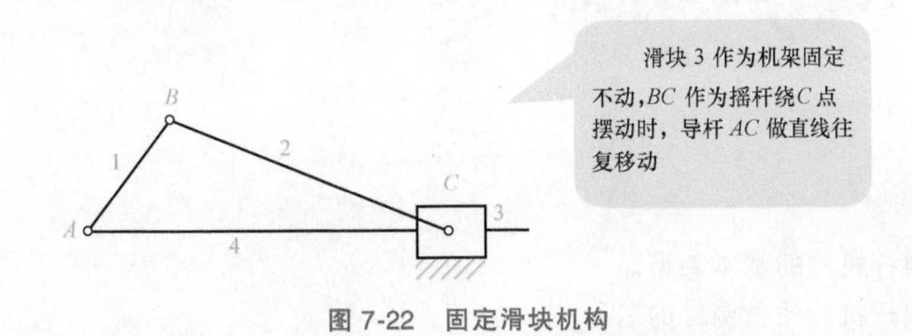

图 7-22　固定滑块机构

7 CHAPTER

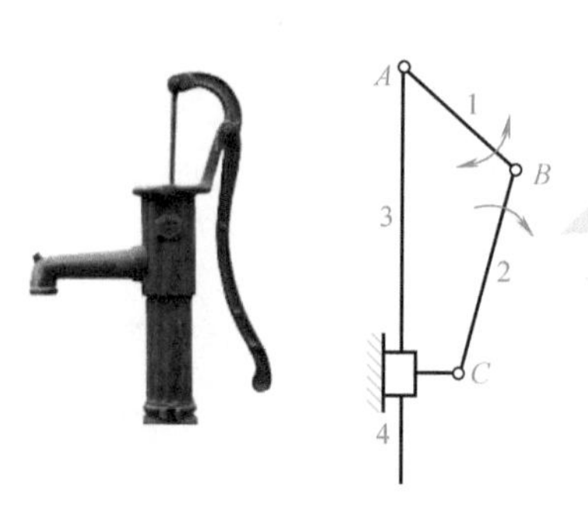

摇动手柄1时，在杆2的支承下，活塞杆3即在固定滑块4（唧筒作为静件)内做上下往复移动，以达到抽水的目的

图 7-23　手压抽水机

四、曲柄摇块机构

若将曲柄滑块机构（图 7-19a）中的连杆 BC（即杆件 2）固定不动，就得到曲柄摇块机构，如图 7-24 所示。

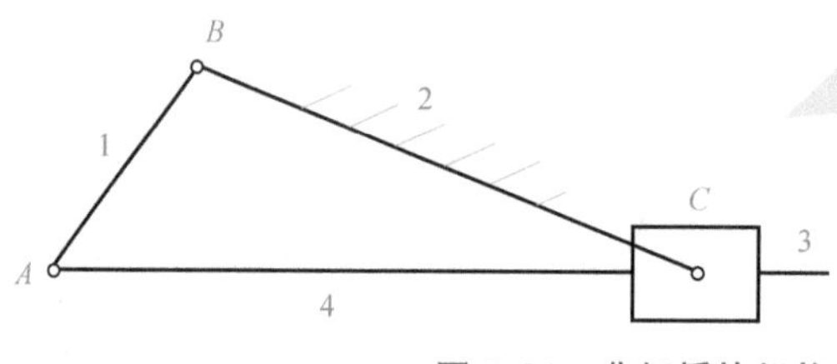

当曲柄AB 绕 B点做整周回转运动时，摇块3绕C点做摆动。这种装置广泛应用于液压驱动装置中

图 7-24　曲柄摇块机构

自卸汽车的卸料机构是曲柄摇块机构的典型应用，其结构如图 7-25 所示。

杆 1（车厢）可绕车架 AC上的C点摆动。杆2（活塞杆），液压缸3(摇块）可绕车架上 A 点摆动，当液压缸中的压力油推动活塞杆2运动时，迫使车厢绕C点翻转，物料便自动卸下

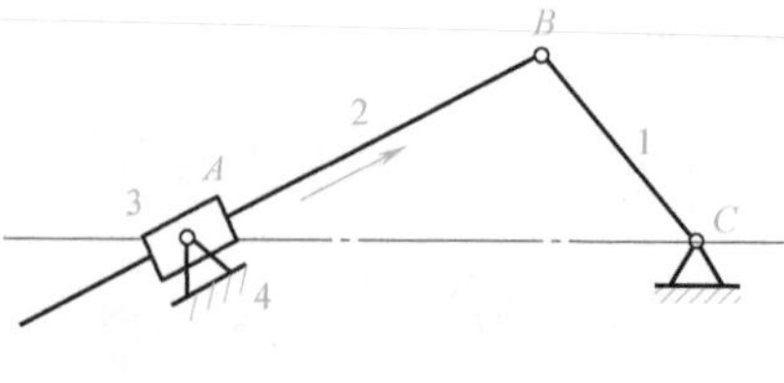

图 7-25　自卸汽车卸料机构

本章小结

1. 铰链四杆机构的基本类型。
2. 铰链四杆机构的各构件的名称。

3. 铰链四杆机构基本形式的判定。
4. 铰链四杆机构的基本特性。
5. 导杆机构类型与应用。

本章习题

1. 什么是平面连杆机构？平面连杆机构有什么特点？
2. 铰链四杆机构由哪几部分组成？
3. 铰链四杆机构有哪三种基本类型？每种类型都有何应用？
4. 曲柄存在的条件是什么？
5. 什么是急回特性？有何应用？
6. 什么是死点位置？机构顺利通过死点位置的方法有哪些？
7. 试判断图 7-26 中铰链回杆机构的类型。

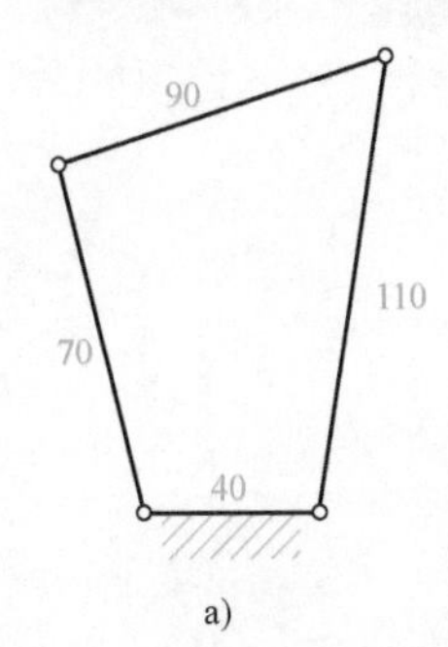

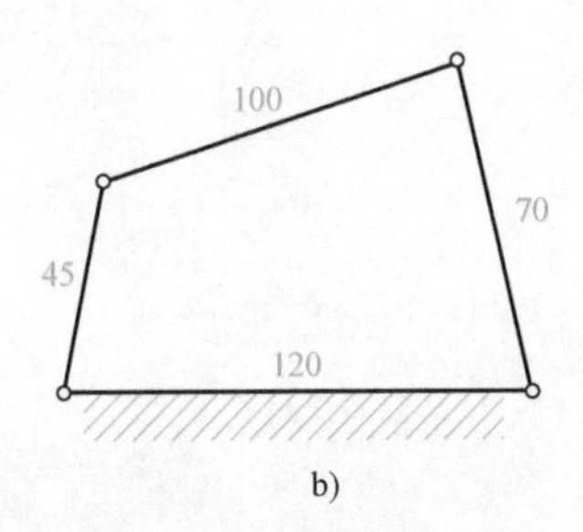

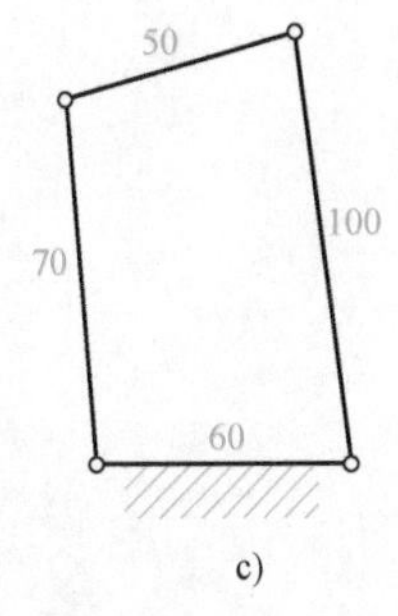

图 7-26　铰链回杆机构

8. 已知铰链回杆机构的各杆长度分别为：$t_{AB}=60$mm，$t_{AD}=50$mm，$t_{BC}=45$mm，$t_{CD}=30$mm，试问：想获得曲柄摇杆机构、双曲柄机构和双摇杆机构，应分别取何杆为机架？

第8章　凸轮机构

图 8-1a 所示为凸轮分度机构，图 8-1b 所示为控制发动机进排气的凸轮轴。凸轮机构主要用于机械和自动控制装置中，它要求从动件的位移、速度和加速度必须严格地按照预定规律变化。

a) 凸轮分度机构

b) 控制发动机进排气的凸轮轴

图 8-1 凸轮机构

第 1 节 凸轮机构概述

学习目标

了解凸轮机构的工作原理。

凸轮机构概述

知识导入

凸轮机构应用实例如图 8-2～图 8-5 所示。

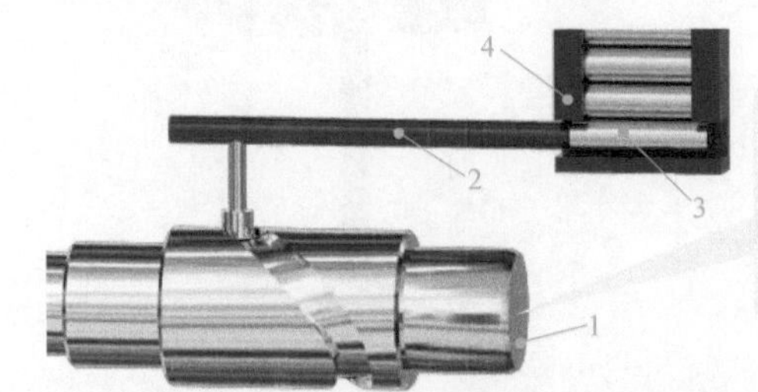

图 8-2 自动送料凸轮机构

1—圆柱凸轮 2—从动件 3—毛坯 4—储料器

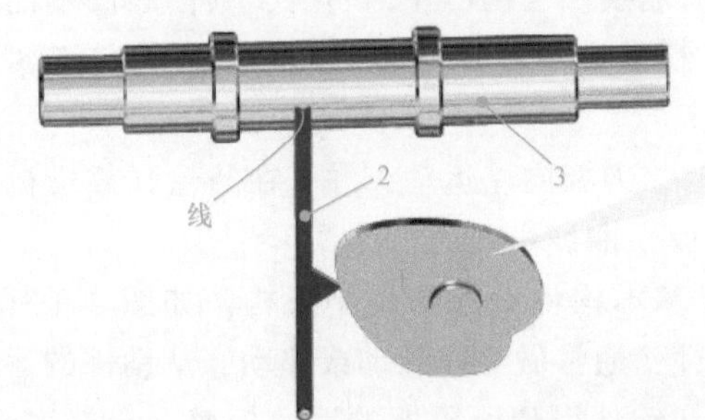

图 8-3 绕线凸轮机构

1—凸轮 2—从动件 3—线轴

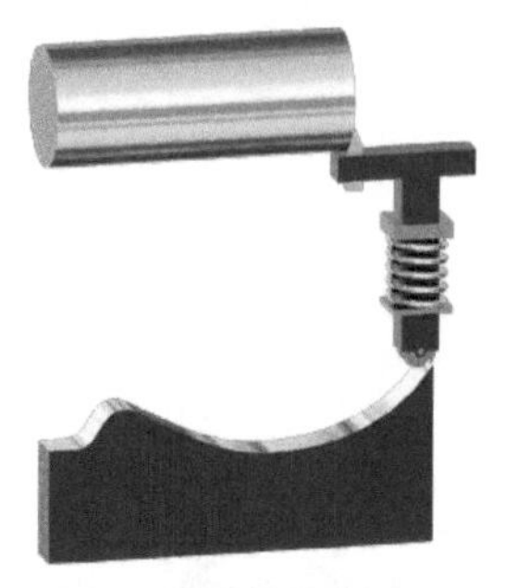

图 8-4 靠模车削机构

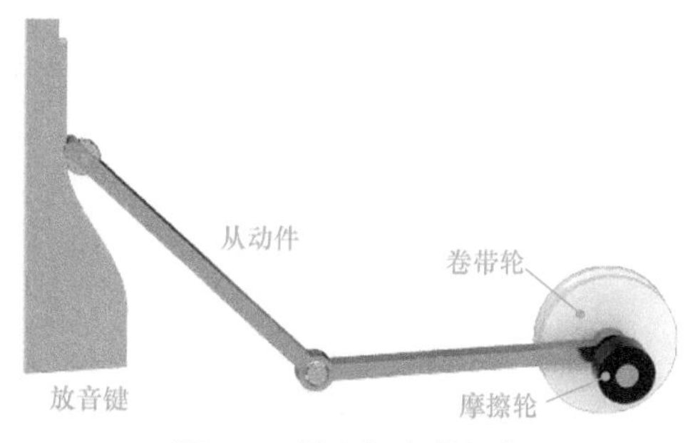

图 8-5 录音机卷带机构

学习内容

凸轮机构依靠凸轮轮廓直接与从动件接触，迫使从动件做有规律的直线往复运动（直动）或摆动。这种直动或摆动的运动规律决定了所需凸轮的轮廓形状。

图 8-6 所示为内燃机的配气机构。主动件凸轮回转时，使得气门杆按照一定的要求做上下往复运动，控制气门的开启与关闭，保证发动机在工作中定时将可燃混合气充入气缸，并及时将燃烧后的废气排出气缸。

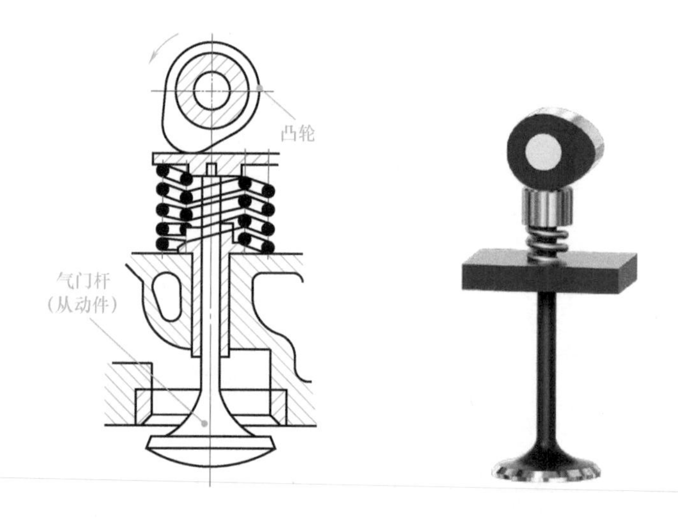

图 8-6 内燃机的配气机构

图 8-7 所示为自动车床进给机构，当具有曲线凹槽的凸轮回转时，其曲线凹槽的侧面与从动件末端的滚子接触并驱使从动件绕 O 点摆动，从动件另一端的扇形齿轮与刀架下的齿条相啮合，使刀架实现进刀运动和退刀运动。

图 8-8 所示为靠模车削机构。工件回转时，刀架向左运动，并且在凸轮（靠模板）的推动下做横向运动，从而切削出与凸轮（靠模板）曲线一致的工件。

凸轮机构是由凸轮、从动件和机架三个基本构件组成的高副机构，如图 8-9 所示。其中，凸轮是一个具有曲线轮廓或凹槽的主动件，通常做等速转动或移动，从动件的运动规律由凸轮轮廓决定。凸轮机构通过高副接触使从动件得到所预期的运动规律。它常用于低速、轻载的自动机械、自动控制装置和装配生产线中。

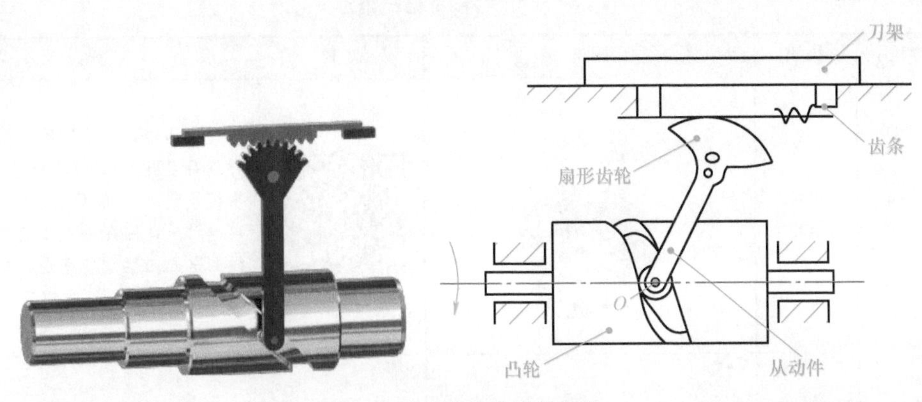

图 8-7　自动车床进给机构

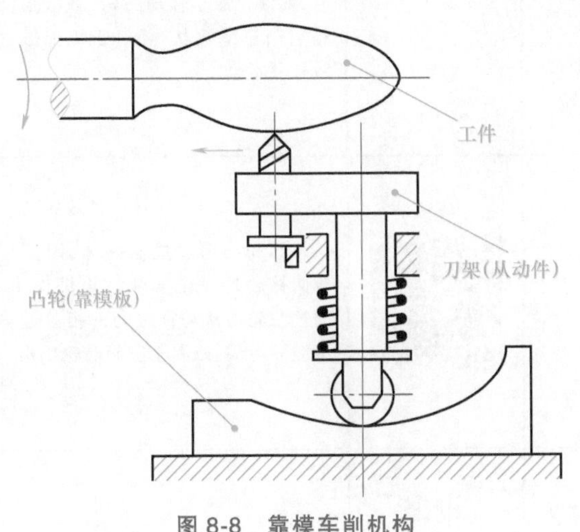

图 8-8　靠模车削机构

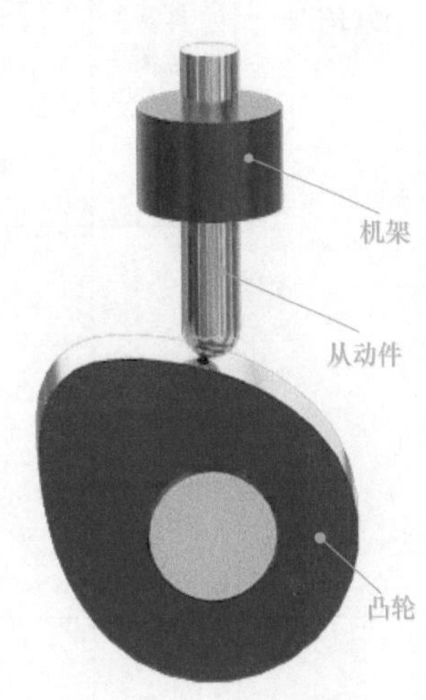

图 8-9　凸轮机构

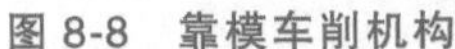工作中凸轮轮廓与从动件之间必须始终保持良好的接触，可通过借助重力、弹簧力等方法来实现。如果发生脱离，凸轮机构就不能正常工作。

第 2 节　凸轮机构的分类与特点

学习目标

掌握凸轮机构的分类以及每种凸轮的应用特点。

凸轮机构的分类

学习内容

一、凸轮机构的分类

凸轮机构的类型很多，常见的分类方法见表 8-1。

表 8-1　凸轮机构的类型

分类方法	类型	图例	动画	特点
按凸轮形状分	盘形凸轮			盘形凸轮是一个绕固定轴线转动并具有变化半径的盘形零件，也叫平板凸轮。其绕固定轴线旋转时，可推动从动件在垂直于凸轮旋转轴线的平面内运动。它是凸轮最基本的形式，结构简单，应用最广
	移动凸轮			当盘形凸轮的转位轴趋于无穷远时，就演化成了移动凸轮（或楔形凸轮），凸轮呈板状，相对于机架做直线往复运动
	圆柱凸轮			将移动凸轮卷成圆柱体，即演化成圆柱凸轮。在这种凸轮机构中，圆柱凸轮与从动件之间的相对运动是空间运动，故属于空间凸轮机构
按从动件端部形状和运动形式分	滚子从动件			为减小摩擦磨损，在从动件端部安装一个滚轮，把从动件与凸轮之间的滑动摩擦变成滚动摩擦。因此，摩擦磨损较小，可用来传递较大的动力，故这种形式的从动件应用很广
	平底从动件			从动件与凸轮轮廓之间为线接触，接触处易形成油膜，润滑状况好。此外，在不计摩擦时，凸轮对从动件的作用力始终与平底垂直，传力性能较好，传动效率较高，常用于高速凸轮机构中。由于从动件为平底，因此不适用于带有内凹轮廓的凸轮机构

（续）

分类方法	类型	图例	动画	特点
按从动件端部形状和运动形式分	尖顶从动件			从动件的尖端能够与任意复杂的凸轮轮廓保持接触，从而使从动件实现任意的运动规律。尖顶从动件构造最简单，但易磨损，只适用于作用力不大和速度较低的场合（如用于仪表等机构中）
按推杆的运动形式分	直动从动件			把凸轮的转动转变为从动件的直线往复运动
	摆动从动件			把凸轮的转动转变为从动件的往复摆动

二、凸轮机构的特点

优点：结构简单、紧凑，可以高速起动，动作准确可靠，占据空间较小；具有多样性和灵活性，从动件的运动规律决定了凸轮轮廓曲线的形状。对于任意要求的从动件的运动规律，都可以通过设计出凸轮轮廓线来实现。

缺点：凸轮与从动件（杆或滚子）之间以点或线（高副）接触，不便润滑，易磨损，为延长使用寿命，传递动力不宜过大；运动规律复杂的凸轮轮廓曲线不易加工。

第3节 凸轮机构的工作过程及从动件的运动规律

凸轮机构的工作过程及从动件的运动规律

1. 掌握凸轮机构的工作过程。

2. 能够正确分析从动件的运动规律。

学习内容

一、凸轮机构工作过程

凸轮机构中最常用的运动形式为凸轮做等速回转运动，从动件做往复运动。表 8-2 所列内容为对心外轮廓盘形凸轮机构的运动过程、图示及说明。凸轮回转时，从动件做“升→停→降→停”的循环运动。现以此机构为例，研究从动件常见的运动规律及特点。

表 8-2　对心外轮廓盘形凸轮机构

运动	图示	说明
升	B′ h A B C ω δ_0 δ_1 δ_5 O r_b δ_2 D	以凸轮轮廓最小半径所作的圆称为凸轮的基圆，其半径以 r_b 表示。图中从动件位于最低位置，它的尖端与凸轮轮廓上点 A(基圆与曲线 AB 的连接点)接触。当凸轮以等角速度 ω 逆时针转过 δ_0 时，从动件在凸轮轮廓曲线的推动下，将由 A 点位置被推到 B′点位置，即从动件由最低位置被推到最高位置，从动件运动的这一过程称为推程。凸轮转角 δ_0 称为推程运动角
停	B C A ω δ_0 δ_1 δ_2 O D δ_3	因为凸轮 BC 段轮廓为圆弧，所以凸轮转过 δ_1，从动件静止不动，且停在最高位置，这一过程称为远休止。凸轮转角 δ_1 称为远休止角

（续）

运动	图示	说明
降	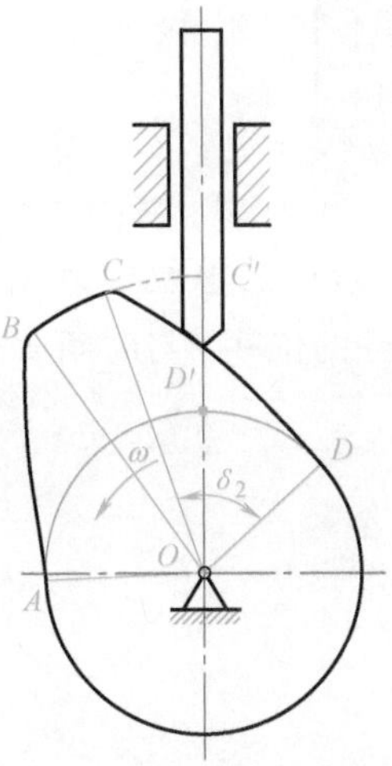	凸轮继续转过 δ_2，从动件由最高位置 C' 点回到最低位置 D' 点，这一过程称为回程。凸轮转角 δ_2 称为回程运动角
停	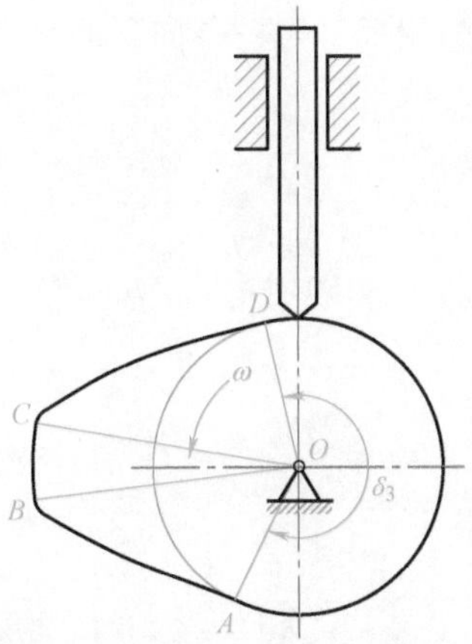	凸轮转过 δ_3 时，从动件与凸轮轮廓线上最小向径的圆弧 DA 接触，从动件将处于最低位置且静止不动，这一过程称为近休止。凸轮转角 δ_3 称为近休止角

从动件上升或下降的最大位移 h 称为行程。

二、从动件的运动规律

以从动件的位移 s 为纵坐标，对应凸轮的转角 δ 或时间 t（凸轮匀速转动时，转角 δ 与时间 t 成正比）为横坐标，其中从动件最大位移 h 称为行程，δ_0 和 δ_2 分别表示推程运动角和回程运动角，δ_1 和 δ_3 分别表示远休止角和近休止角，可以绘制出一个工作循环周期的从动件位移曲线图，如图 8-10 所示。

图 8-10 所示的位移曲线图反映了从动件的运动规律，通过对凸轮机构一个运动循环的分析可知，从动件的运动规律决定了凸轮的轮廓形状。因此，设计凸轮轮廓时，必须先确定从动件的运动规律。常用的从动件的运动规律有等速运动规律和等加速、等减速运动规律。

1. 等速运动规律

当凸轮做等角速度旋转时，从动件上升或下降的速度为一个常数，这种运动规律称为等速运动规律。等速运动规律曲线如图 8-11 所示。

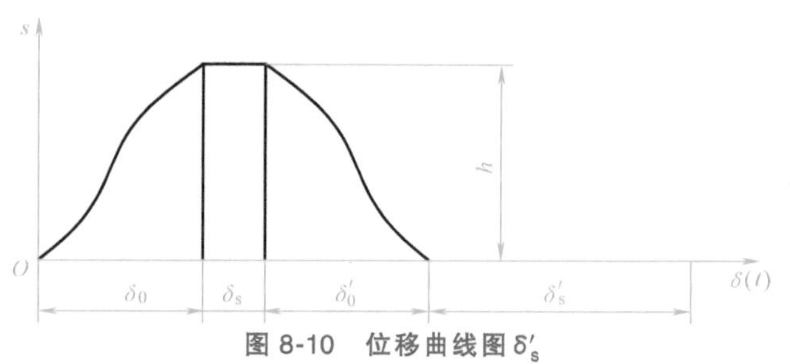

图 8-10　位移曲线图 δ'_s

分析：

(1) 位移曲线（s-δ 曲线） 若从动件在整个推程中的总位移为 h，凸轮上对应的推程角为 δ_0，那么由运动学可知，在等速运动中，从动件的位移 s 与时间 t 的关系为

$$s=vt$$

凸轮转角 δ 与时间 t 的关系为

$$\delta=\omega t$$

则从动件的位移 s 与凸轮转角 δ 之间的关系为

$$s=\frac{v}{\omega}\delta$$

v 和 ω 都是常数，因此位移和转角成正比。因此，从动件做等速运动的位移曲线是一条向上的斜直线。

从动件在回程时的位移曲线则与图 8-11 所示的相反，是一条向下的斜直线。

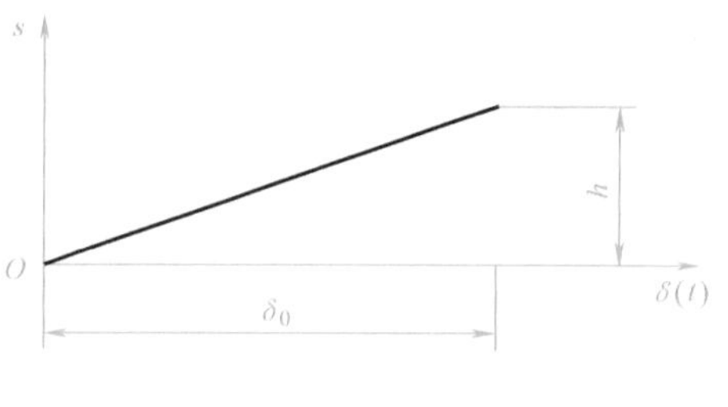

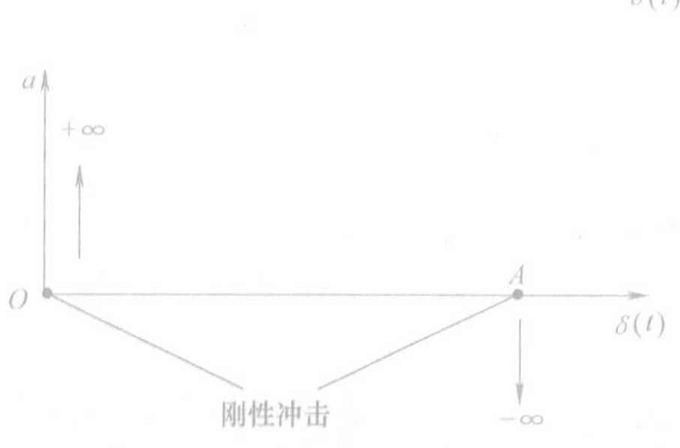

图 8-11　等速运动规律位移 s、速度 v、加速度 a 曲线

8 CHAPTER

（2）等速运动凸轮机构的工作特点　由于从动件在推程和回程中的速度不变，加速度为零，故运动平稳；但在运动开始和终止时，从动件的速度从零突然增大到 v 或由 v 突然减为零。此时，理论上的加速度为无穷大，从动件将产生很大的惯性力，使凸轮机构受到很大冲击，这种冲击称为刚性冲击。随着凸轮的不停转动，从动件对凸轮机构将产生连续的周期性冲击，引起强烈振动，对凸轮机构的工作十分不利。因此，这种凸轮机构一般只适用于低速转动和从动件质量不大的场合。

2. 等加速等减速运动规律

当凸轮做等角速度旋转时，从动件在推程（或回程）的前半程先做等加速运动，后半程做等减速运动。这种运动规律称为等加速等减速运动规律。通常，加速段和减速段的时间相等、位移相等，加速度的绝对值也相等，如图 8-12 所示。

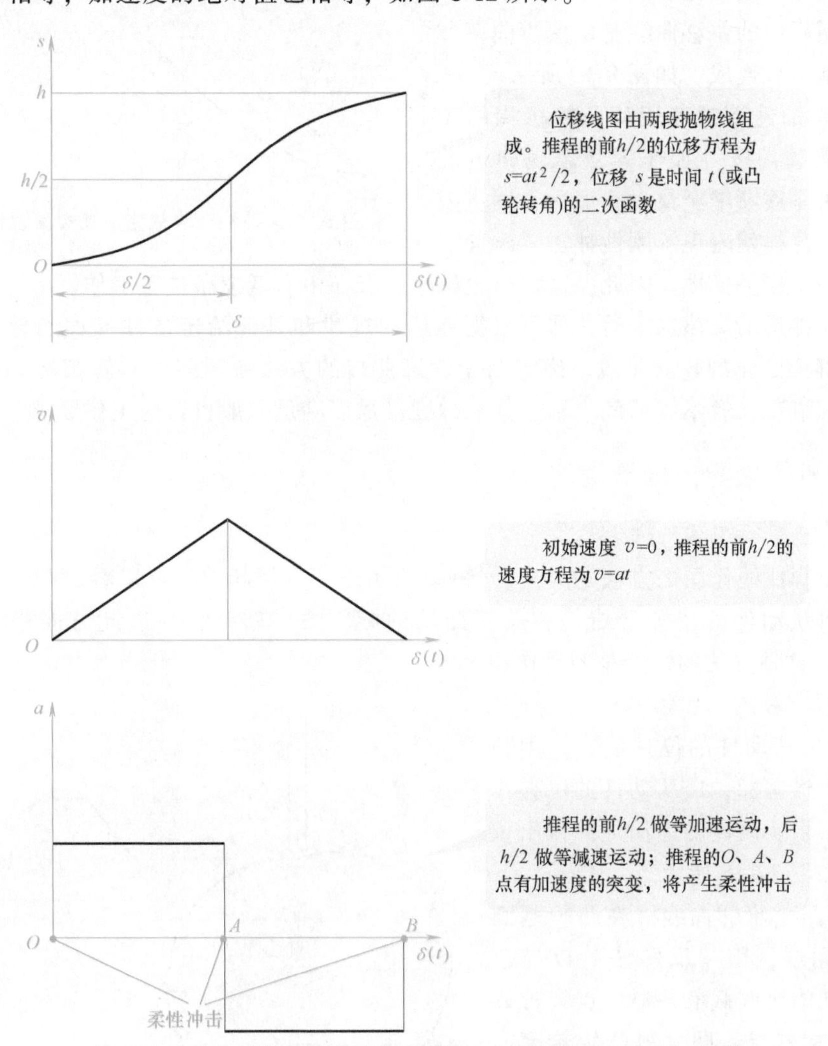

图 8-12　等加速等减速运动规律位移 s、速度 v、加速度 a 曲线

分析：

（1）位移曲线（s-δ 曲线）　由运动学可知，当物体做初速度为零的等加速度直线运动时，物体的位移方程为

$$s=\frac{1}{2}at^2$$

在凸轮机构中，凸轮按等角速度 ω 旋转，凸轮转角 δ 与时间 t 之间的关系为

$$t=\delta/\omega$$

则从动件的位移 s 与凸轮转角 δ 之间的关系为：

$$s=\frac{1}{2}a\frac{\delta^2}{\omega^2}$$

式中，a 和 ω 都是常数，因此位移 s 和转角 δ 成二次函数的关系，从动件做等加速等减速运动的位移曲线是抛物线。因此，从动件在推程和回程中的位移曲线是由两段曲率方向相反的抛物线连成，如图 8-13 所示。

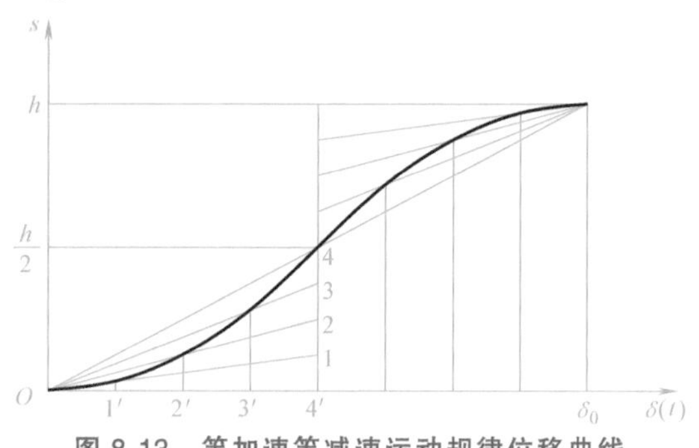

图 8-13　等加速等减速运动规律位移曲线

（2）等加速等减速运动凸轮机构的工作特点　从动件按等加速等减速规律运动时，速度由零逐渐增至最大，而后又逐步减小趋近零，这样就避免了刚性冲击，改善了凸轮机构的工作平稳性。因此，这种凸轮机构适合在中、低速条件下工作。

当从动件运动规律选定后，即可根据该运动规律和其他给定条件（如凸轮转向、基圆半径等）确定凸轮的轮廓曲线。确定凸轮轮廓曲线的方法有图解法和解析法。图解法的特点是简便、直观，但不够精确，不过其准确度已足以满足一般机器的工作要求。

三、凸轮机构轮廓曲线的画法

1. “反转法”作图方法

凸轮轮廓曲线作图的方法是“反转法”。为了作图方便起见，可以看成凸轮在图样上不转动，而将从动件的位置看成是相反于凸轮的旋转方向转动，并以此方向作图，这就是“反转法”。这种方法的优点是容易作图。

2. 轮廓曲线画法步骤

1）画出从动件的位移曲线。用凸轮转角作为横坐标，以从动件的位移作为纵坐标，由从动件的运动规律作出位移曲线，如图 8-14b 所示。

2）画凸轮轮廓曲线。在凸轮基圆上作等分角线，用“反转法”以与位移曲线相同的比例截取各对应点（位移行程），连接各点，即可得凸轮轮廓曲线，如图 8-14a 所示。

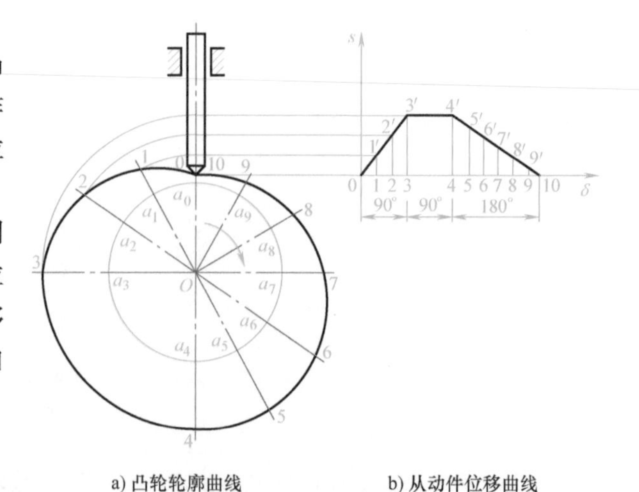

a) 凸轮轮廓曲线　　b) 从动件位移曲线

图 8-14　凸轮轮廓曲线画法

本章小结

1. 凸轮机构的类型及其应用特点。

2. 凸轮机构从动件常用运动规律的工作特点。

本章习题

1. 图 8-15 所示为凸轮机构从动件推程速度曲线图，试判断其运动规律。

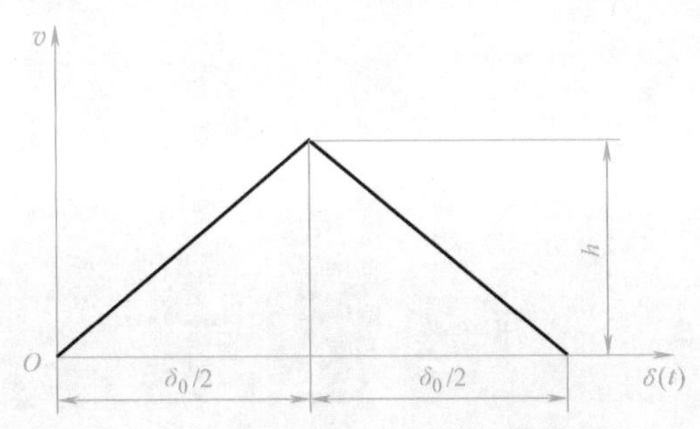

图 8-15 凸轮机构从动件推程速度曲线

2. 简述凸轮机构的类型及应用场合。

第9章　其他常用机构

前面已经学习了齿轮传动、平面连杆机构和凸轮机构。在生产和生活中，还有许多其他常用机构，如汽车上的变速器（图 9-1a），各种机加工机床上的变速换向机构，电影放映机中的槽轮机构（图 9-1b）等。

a) 变速器

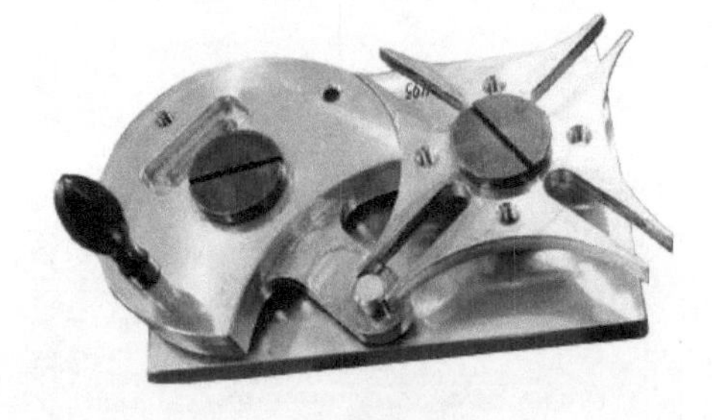

b) 槽轮机构

图 9-1　生产生活中其他常用机构

第 1 节　变 速 机 构

学习目标

能够熟练说出变速机构的类型和工作原理。

知识导入

生活中我们大都见过变速自行车（图 9-2），那么变速自行车是如何实现变速的呢？本节将介绍变速机构。

学习内容

变速机构是指在输入转速不变的条件下，使从动轮（输出轴）得到不同转速的传动装置。例如，机床主轴的变速传动系统是将动力源（主电动机）的恒定转速通过变速箱变换为主轴的多级转速。

图 9-2　变速自行车

机床、汽车和其他机械上常用的变速机构有滑移齿轮变速机构、塔齿轮变速机构、倍增变速机构和拉键变速机构等。但无论哪一种变速机构，都通过改变一对齿轮传动比大小，从而改变从动轮（输出轴）转速的。

变速机构分为有级变速机构和无级变速机构。

一、有级变速机构

有级变速机构是指在输入转速不变的条件下，使输出轴获得一定的转速级数的机构。常用的类型有滑移齿轮变速机构、塔齿轮变速机构、倍增变速机构和拉键变速机构等，见表 9-1。

表 9-1　有级变速机构常用类型

类型	图例	动画	工作原理	工作特点
滑移齿轮变速机构	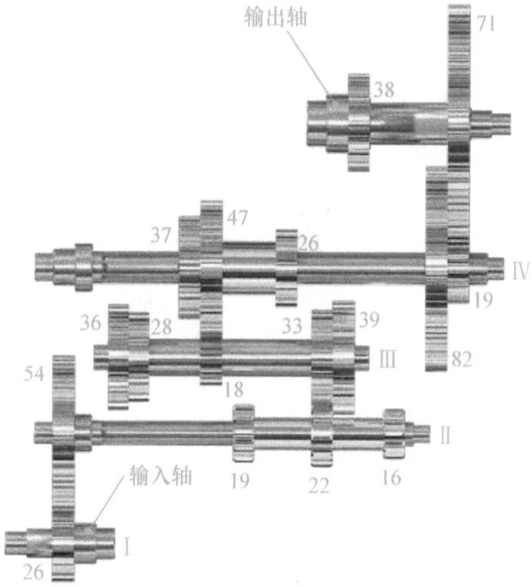		在轴Ⅱ上安装齿数为 19-22-16 的三联滑移齿轮，在轴Ⅳ上安装齿数为 37-47-26 的三联滑移齿轮和齿数为 82-19 的双联滑移齿轮。改变滑移齿轮的啮合位置，就可以改变轮系的传动比	具有变速可靠、传动比准确等优点，但零件种类和数量多，变速时有噪声
塔齿轮变速机构	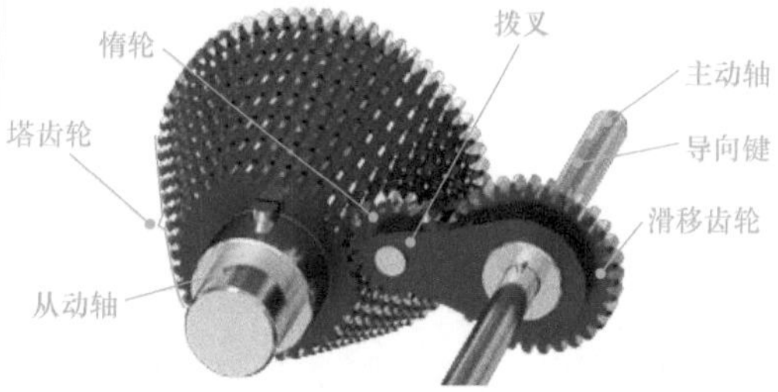		在从动轴上，八个排成塔形的固定齿轮组成塔齿轮。主动轴上滑移齿轮和拨叉可沿导向键在轴上滑动，并可通过惰轮与塔齿轮中任意一个齿轮啮合，将主动轴的运动传递给从动轴	机构的传动比与塔齿轮的齿数成正比，是一种容易实现传动比为等差数列的变速机构，应用于车床进给箱等
倍增变速机构	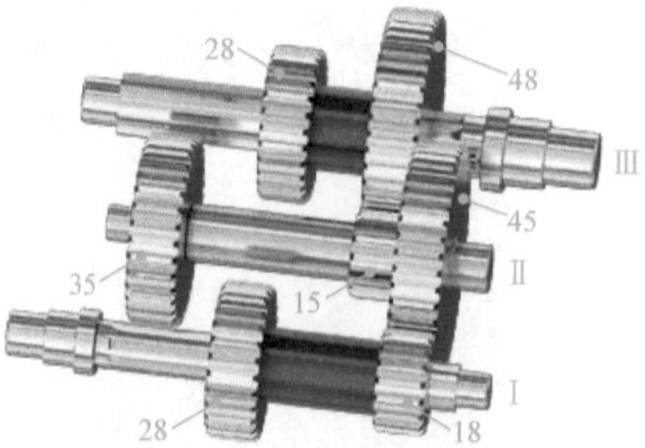		轴Ⅰ、Ⅲ上装有双联滑移齿轮，轴Ⅱ上装有三个固定齿轮，改变滑移齿轮的位置可得到四种传动比：1/8、1/4、1/2、1	传动比按 2 的倍数增加

（续）

类型	图例	动画	工作原理	工作特点
拉键变速机构	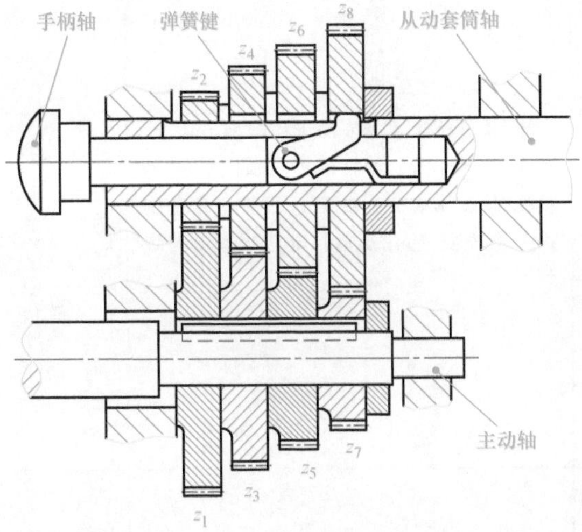 手柄轴 弹簧键 z_8 z_6 z_4 z_2 从动套筒轴 主动轴 z_7 z_5 z_3 z_1		在主动轴上固联齿轮 z_1、z_3、z_5、z_7，在从动套筒轴上空套齿轮 z_2、z_4、z_6、z_8。手柄轴插入从动套筒轴中，手柄前端的弹簧键可从套筒轴的键槽中弹出，嵌入任意一个空套齿轮的键槽中，从而将主动轴的运动通过齿轮副和弹簧键传递给从动轴	结构紧凑，但拉键的刚度低，不能传递较大的转矩

有级变速机构的特点：可以实现在一定转速范围内的分级变速，具有变速可靠、传动比准确、结构紧凑等优点；但高速回转时不够平稳，变速时有噪声。

二、无级变速机构

无级变速机构是依靠摩擦来传递转矩，适当地改变主动件和从动件的转动半径，可使输出轴的转速在一定的范围内无级变化的机构。

无级变速机构常用类型有分离锥轮式无级变速机构、滚子平盘式无级变速机构和锥轮-端面盘式无级变速机构，见表 9-2。

表 9-2 无级变速机构常用类型

类型	简图	工作原理	工作特点
分离锥轮式无级变速机构	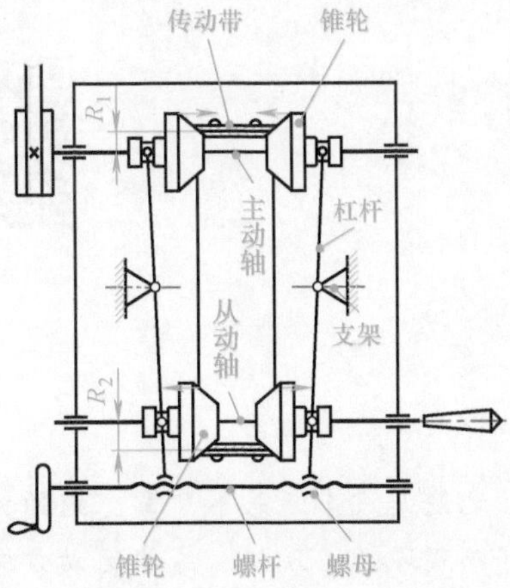 传动带 锥轮 R_1 主动轴 杠杆 从动轴 支架 R_2 锥轮 螺杆 螺母	两对可滑移的锥轮分别安装在主、从动轴上，并用杠杆连接，杠杆以支架为支点。两对锥轮间利用传动带传动。转动手轮（螺杆），两个螺母反向移动（两段螺纹旋向相反），使杠杆摆动，从而改变传动带与锥轮的接触半径，达到无级变速	运转平稳，变速较可靠

（续）

类型	简图	工作原理	工作特点
滚子平盘式无级变速机构	平盘 滚子 Ⅰ Ⅱ r_1 r_2 n_1 n_2	主、从动轮靠接触处产生的摩擦力传动，传动比 $i=r_2/r_1$。若将滚子沿轴向移动，r_2 改变，传动比改变。由于 r_2 可在一定范围内任意改变，因此从动轴Ⅱ可以获得无级变速	结构简单、制造方便，但存在较大的相对滑动，磨损严重
锥轮-端面盘式无级变速机构	弹簧 端面盘 链条 R_2 R_1 电动机 锥轮 支架 齿条 齿轮	锥轮安装在轴线倾斜的电动机轴上，端面盘安装在底板支架上，弹簧的作用力使其与锥轮的锥面紧贴。转动齿轮使固定在底板上的齿条连同支架移动，从而改变锥轮与端面盘的接触半径 R_1、R_2，获得不同的传动比，实现无级变速	传动平稳，噪声低，结构紧凑，变速范围大

机械无级变速机构的变速范围和传动比 i 在实际使用中均限制在一定范围内，不能随意扩大。由于采用摩擦传动，变速时和使用中，随着负荷性质的变化，不能保证准确的传动比。

第 2 节　换向机构

换向机构

学习目标

能够熟练说明换向机构的类型和工作原理。

知识导入

汽车已经成为我们生活中十分常见的交通工具。无论是汽车还是第 7 章介绍的拖拉机均既能前进，也能倒退，机械中使用的机床主轴，也可以实现正、反转。这些运动方向的改变通常是通过换向机构来完成的。

学习内容

图 9-3 所示为汽车变速杆。

a) 手动档汽车变速杆

b) 自动档汽车变速杆

图 9-3　汽车变速杆

换向机构是指在输入轴转向不变的条件下，可改变输出轴转向的机构。换向机构常见类型有三星轮换向机构、滑移齿轮换向机构和离合器-锥齿轮换向机构等，见表 9-3。

表 9-3　换向机构常见类型

类型	简图	工作特点
三星轮换向机构	主动齿轮 惰轮1 惰轮2 A 从动齿轮 a)　主动齿轮 惰轮1 惰轮2 A 从动齿轮 b)	卧式车床进给系统的三星轮换向机构，是利用惰轮来实现从动轴回转方向变换的。转动手柄 A 使三角形杠杆架绕从动齿轮轴线回转，在图 a 所示位置时，惰轮 2 参与啮合，从动齿轮与主动齿轮回转方向相同。在图 b 所示位置时，惰轮 1、2 参与啮合，从动齿轮与主动齿轮回转方向相反
滑移齿轮换向机构	z_2 z_4 z z_1 z_3	z_1 和 z_3 为双联滑移齿轮，用导向键或花键与轴连接。z_2 和 z_4 固定在轴上。在图示位置，当齿轮 z_1 通过惰轮 z 带动齿轮 z_2 转动时，齿轮 z_1 和 z_2 的旋转方向相同；若将双联滑移齿轮 z_1 和 z_3 向右移动，使齿轮 z_1 与中间齿轮 Z 脱开啮合，齿轮 z_3 和 z_4 进入啮合，齿轮 z_3 和 z_4 的旋转方向相反

9 CHAPTER

（续）

类型	简图	工作特点
离合器-锥齿轮换向机构	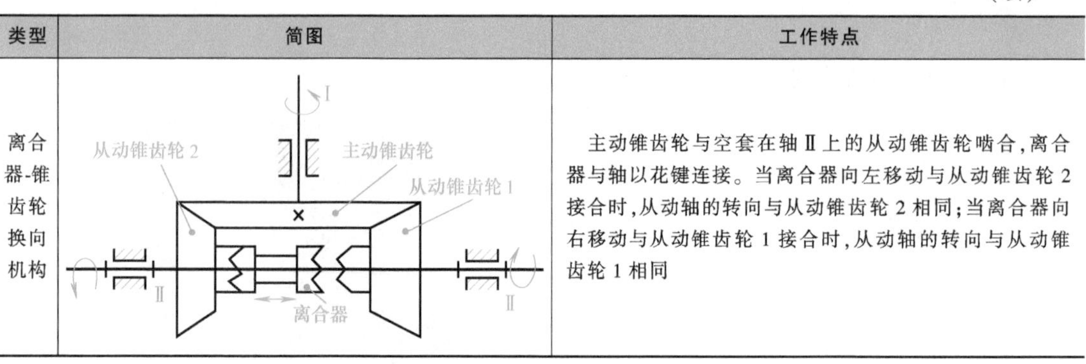	主动锥齿轮与空套在轴Ⅱ上的从动锥齿轮啮合，离合器与轴以花键连接。当离合器向左移动与从动锥齿轮 2 接合时，从动轴的转向与从动锥齿轮 2 相同；当离合器向右移动与从动锥齿轮 1 接合时，从动轴的转向与从动锥齿轮 1 相同

第 3 节　间歇机构

学习目标

1. 能够熟练说明棘轮机构、槽轮机构的工作原理。
2. 能够说出常用棘轮机构、槽轮机构的类型及工作特点。
3. 了解不完全齿轮机构工作原理。

知识导入

在自动机械中，加工成品或输送工件时，为了在加工工位完成所需的加工过程，需要提供给工件一定时间的停歇，此时所采用的机构即为间歇机构，如图 9-4 所示。

牛头刨床通过间歇运动机构中的棘轮机构，实现了工作台横向间歇送进功能。由齿轮机构、曲柄摇杆机构和双向式棘轮机构组成的工作台换向进给机构实现了工作台的双向间歇送进功能

为了与人的视觉暂留时间相适应，每张画面在镜头前都有短暂的停留。这采用了间歇运动机构中的槽轮机构

图 9-4　间歇机构

间歇机构是指能够将主动件的连续运动转换成从动件有规律的周期性运动或停歇的机构。

学习内容

一、棘轮机构

棘轮机构分为齿式棘轮机构和摩擦式棘轮机构。

1. 齿式棘轮机构的工作原理

如图 9-5 所示，齿式棘轮机构是由棘轮、驱动棘爪、摆杆以及止回棘爪等组成的。弹簧使止回棘爪和棘轮始终保持接触。当摆杆顺时针摆动时，棘爪便嵌入棘轮的齿槽中，棘轮被推动向顺时针方向转过一个角度；当摆杆逆时针摆动时，棘爪便在棘轮齿背上滑过，这时止回棘爪阻止棘轮逆时针转动，故棘轮静止不动。这样，当摆杆做连续摆动时，棘轮就做单向的间歇运动。

图 9-5　齿式棘轮机构

2. 齿式棘轮机构的常见类型及特点

齿式棘轮机构按结构特点可分为外啮合式和内啮合式，详见表 9-4。

3. 齿式棘轮机构转角的调节

调节齿式棘轮机构转角，是为了在生产实践中满足棘轮转动时动与停的时间比例要求。例如，牛头刨床通过调节齿式棘轮机构转角，可以调节进给量，以满足切削工件时的不同要求。

棘轮的转角 θ 大小与棘爪每往复一次推过的齿数 k 有关，计算公式为

$$\theta = 360° \times \frac{k}{z}$$

式中　k——棘爪每往复一次推动的齿数；

　　　z——棘轮的齿数。

为了满足工作的需要，棘轮的转角可采用下列方法调节：

表 9-4　齿式棘轮机构的常见类型及特点

类型	简图	动画	工作特点
外啮合式	单动式棘轮机构		单动式棘轮机构有一个驱动棘爪，当主动件按某一方向摆动时能推动棘轮转动

（续）

类型	简图	动画	工作特点
外啮合式	a) 钩头双动式棘轮机构　b) 直推双动式棘轮机构 双动式棘轮机构		双动式棘轮机构有两个驱动棘爪，当主动件做往复摆动时，两个棘爪交替带动棘轮沿同一方向做间歇运动
	a)　b) 可变向式棘轮机构		可变向式棘轮机构可以改变棘轮的运动方向，使棘轮沿顺时针、逆时针方向均可旋转
内啮合式	自行车后轴上的“飞轮”		自行车后轴上安装的“飞轮”机构为内啮合式棘轮机构。链轮内圈具有棘齿，棘爪安装在后轴上。当链条带动链轮转动时，链轮内侧的棘齿通过棘爪带动后轴转动，驱动自行车前进；当自行车下坡或脚不蹬踏板时，链轮不动，但后轴由于惯性仍按原方向飞速转动，此时棘爪在棘轮齿背上划过，自行车继续前行

（1）改变棘爪的运动范围　如图 9-6 所示，棘轮转角的大小可通过调节连杆 *BC* 的长度改变摇杆 *CD* 的摆角的方法调节。转动螺杆调节连杆的长度，则摇杆的摆动角度改变。连杆长度增大，则摇杆摆动角度增大，棘轮的转角相应增大；反之，棘轮的转角相应减小。

（2）利用覆盖罩　如图 9-7 所示，在摇杆摆角不变的前提下，转动覆盖罩，遮挡部分棘齿。当摇杆带动棘爪逆时针摆动时，棘爪先在罩上滑动，然后才嵌入棘轮的齿槽中推动其运动，起到调节转角的作用。

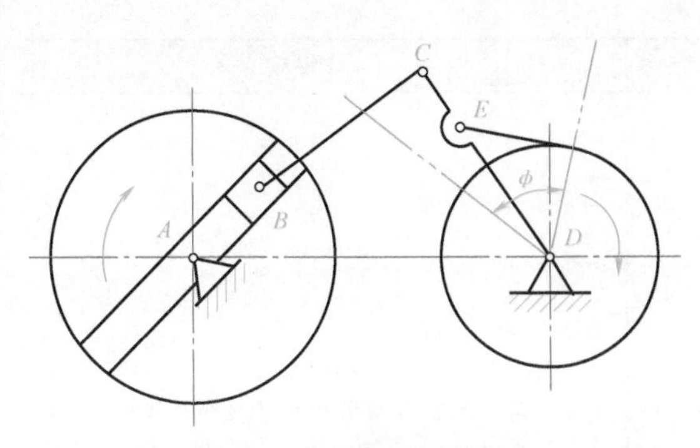

图 9-6　改变棘爪运动范围

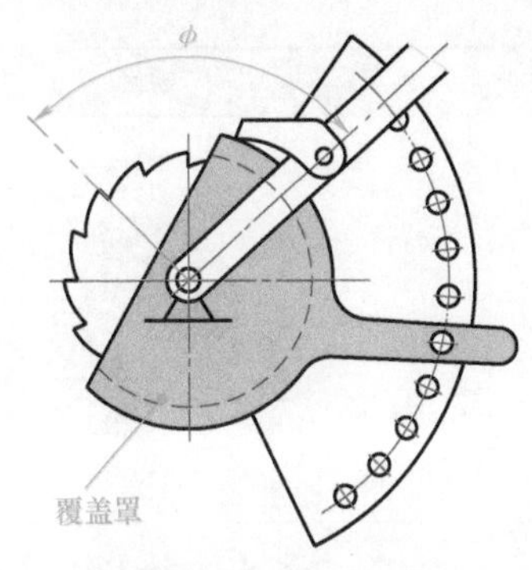

图 9-7　利用覆盖罩

4. 摩擦式棘轮机构简介

图 9-8 所示为结构最简单的摩擦式棘轮机构。它的传动与齿式棘轮机构相似，但它是靠偏心楔块（棘爪）和棘轮间相互楔紧所产生的摩擦力来传递运动的。

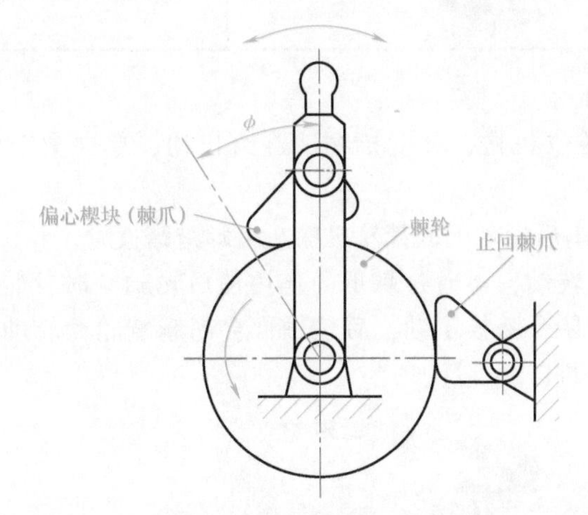

图 9-8　摩擦式棘轮机构

摩擦式棘轮机构的分类与特点见表 9-5。

表 9-5　摩擦式棘轮机构的分类与特点

类型	图例	工作特点
外啮合摩擦式		转角大小的变化不受轮齿的限制，在一定范围内可任意调节转角，传动噪声小，但在传递较大载荷时易产生滑动

（续）

类型	图例	工作特点
内啮合摩擦式		转角大小的变化不受轮齿的限制，在一定范围内可任意调节转角，传动噪声小，但在传递较大载荷时易产生滑动
滚子内啮合摩擦式		

5. 棘轮机构的应用

棘轮机构常用于转位机构、分度机构、进给机构、单向离合器、超越离合器、制动器等。

图 9-9 所示为自行车后轮轴上的棘轮机构。当脚蹬踏板时，经大链轮和链条带动内圈具有棘齿的小链轮顺时针转动，再通过棘爪的作用使后轮轴顺时针转动，从而驱使自行车前进。自行车前进时，如果令踏板不动，后轮轴便会超越链轮而转动，让棘爪在轮齿背上滑过，从而实现不蹬踏板的自由滑行。

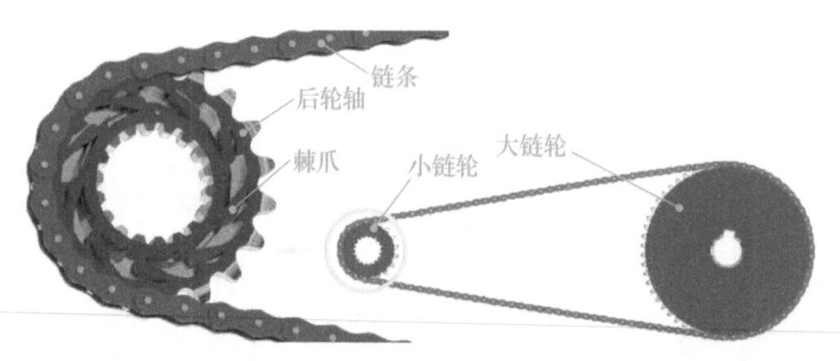

图 9-9　摩擦式棘轮机构应用实例（自行车的超越）

二、槽轮机构

1. 槽轮机构的组成和工作原理

槽轮机构的组成和工作原理动画

槽轮机构能把主动轴的等速连续运动转变为从动轴的周期性间歇运动。槽轮机构常用于转位或分度机构。

图 9-10 所示为单圆柱销外啮合槽轮机构，它由带圆柱销的拨盘、具有径向槽的槽轮和机架等组成。槽轮机构工作时，拨盘为主动件并以等角速度连续回转，槽轮做时转时停的间歇运动。当圆柱销未进入槽轮的径向槽时，由于槽轮的内凹锁止弧被拨盘的外圆弧卡住，因此槽轮静止不动。拨盘每转一周，槽轮转过一个角度。

如图 9-10a 所示，圆柱销刚开始进入槽轮径向槽的位置，这时内凹锁止弧刚好被松开，随后槽轮受圆柱销的驱使而沿反方向转动。如图 9-10b 所示，当圆柱销开始脱出槽轮的径向槽时，槽轮的另一内凹锁止弧被拨盘的外凸圆弧卡住，致使槽轮又静止不动，直到拨盘上的圆柱销进入下一径向槽时，才能重复上述运动。

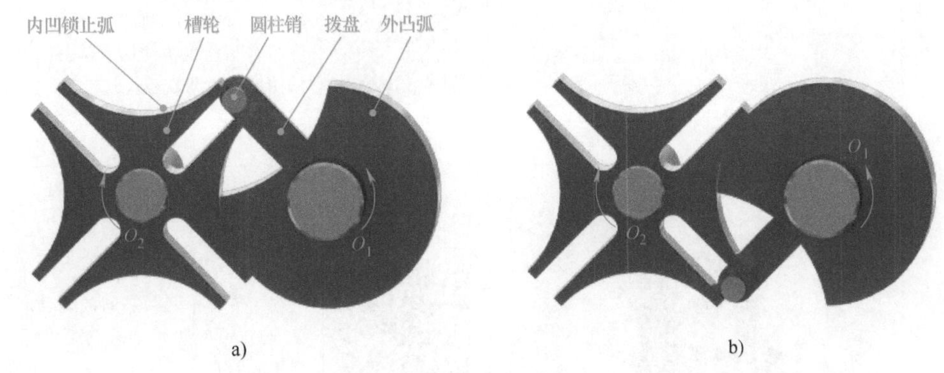

图 9-10　槽轮机构的组成和工作原理

2. 槽轮机构类型和特点

常用槽轮机构类型有平面槽轮机构和空间槽轮机构，见表 9-6。

槽轮机构　结构简单，转位方便，能准确控制转角，工作可靠，机械效率高，与棘轮机构相比，传动的平稳性好。但槽轮机构行程不可调节，转角的大小受到槽数 z 的限制且转角不可太小，在槽轮转动的始末位置处存在冲击且随着转速的增加或槽轮槽数的减少而加剧。槽轮机构的结构比棘轮机构复杂，加工精度要求较高，因此制造成本上升。

3. 槽轮机构的应用

槽轮机构一般应用于转速不高和要求间歇转动的机械当中，如自动机械、轻工业机械或仪器仪表等。

表 9-6　常用槽轮机构类型和工作特点

类型		简图	动画	工作特点
平面槽轮机构	单圆柱销外槽轮机构			主动拨盘每回转一周，圆柱销拨动槽轮运动一次，且槽轮与主动杆转向相反。槽轮静止不动的时间很长
	双圆柱销外槽轮机构			主动拨盘每回转一周，圆柱销拨动槽轮运动两次，减少了静止不动的时间。槽轮与主动杆转向相反。增加圆柱销个数，可使槽轮运动次数增多，但应注意圆柱销数目不宜太多

（续）

类型		简图	动画	工作特点
平面槽轮机构	内啮合槽轮机构			主动拨盘匀速转动一周，槽轮间歇地转过一个槽口，槽轮与拨盘转向相同。内啮合槽轮机构结构紧凑，传动较平稳，槽轮停歇时间较短
空间槽轮机构				用于传递相交两轴间的运动。主动拨盘、圆柱销的回转轴线均汇交于半球形槽轮的球心

图 9-11 所示为蜂窝煤成型机模盘转位机构。

三、不完全齿轮机构

1. 不完全齿轮机构的工作原理

图 9-12 所示为外啮合式不完全齿轮机构，该机构的主动轮齿数减少，只保留一个齿，从动轮上制有与主动轮轮齿相啮合的齿间。主动轮转一周，从动轮转 1/12 周，从动轮转一周停歇十二次。这种主动齿轮做连续转动，从动齿轮做间歇运动的齿轮传动机构称为不完全齿轮机构。不完全齿轮机构是由普通渐开线齿轮机构演变而成的一种间歇运动机构。

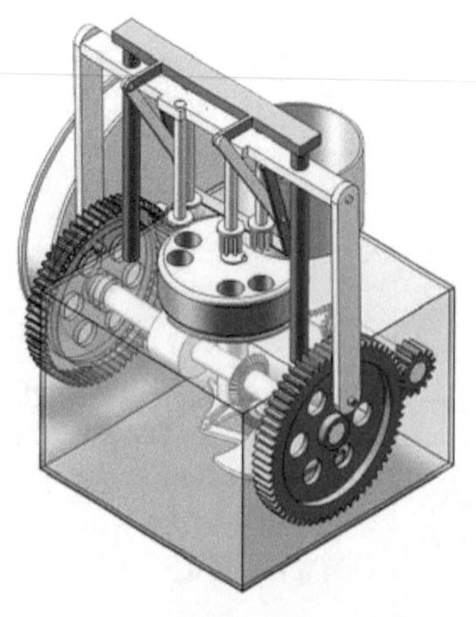

图 9-11　蜂窝煤成型机模盘转位机构

图 9-12　外啮合式不完全齿轮机构

2. 不完全齿轮机构的常用类型

不完全齿轮机构的常用类型见表9-7。

表9-7　不完全齿轮机构的常用类型

类型	简图	动画	工作特点
单齿外啮合传动			不完全齿轮机构从动轮运动的角度变化范围较大，设计较灵活，易实现一个周期中的多次动、停时间不等的间歇运动。但加工复杂，主、从动轮不能互换，在进入和退出啮合时速度会产生突变，引起刚性冲击，一般用于低速、轻载的场合
部分齿外啮合传动			
单齿内啮合传动	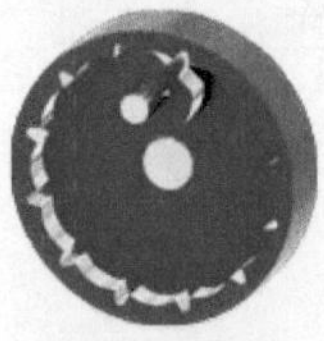		
部分齿轮与齿条传动			
不完全锥齿轮传动			

3. 不完全齿轮机构的应用实例

图9-13所示为一个机械计数器数字轮1至轮8，包括7个中间轮均为不完全齿轮。除轮1右侧齿数较多外，其余数字轮右侧均为20个齿，左侧为2个齿。7个中间轮均为左侧8齿，右侧8齿，右侧8齿中有4个加长齿。

流体或粒子带动叶轮转动，叶轮通过不完全齿轮带动数字轮1转动。

数字轮1转动1圈，带动中间轮转过2个齿，同时中间轮拨动数字轮2转过2个齿（转过一个数字），数字轮2转动一圈，带动数字轮3转过一个数字，中间轮右侧加长齿起阻尼作用，防止数字轮在间歇期间游动。以此类推，完成十进制计数。

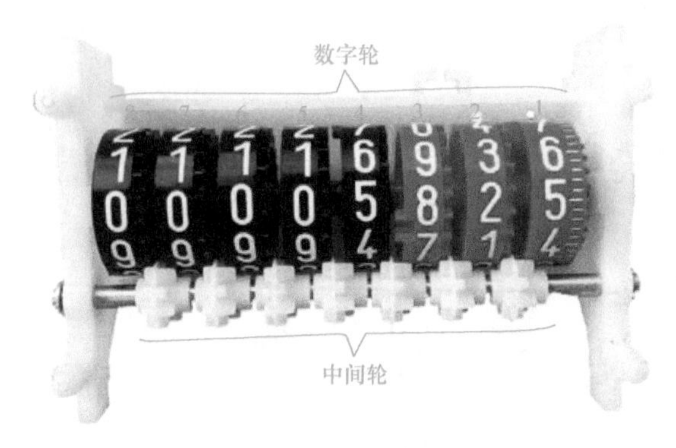

图 9-13　机械计数器

不完全齿轮机构常用于多工位、多工序的自动机械或生产线上，作为工作台的间歇转位机构和进给机构。

本章小结

1. 介绍变速机构的有级变速机构、无级变速机构的类型和工作原理。
2. 介绍换向机构的常用类型和工作原理。
3. 棘轮机构、槽轮机构、不完全齿轮机构的常见类型和工作原理。

本章习题

1. 什么是变速机构？变速机构分为哪两类？
2. 什么是换向机构？
3. 常见的间歇机构类型有哪几种？
4. 棘轮机构的转角如何调节？
5. 槽轮机构的特点有哪些？

第10章　轴

之前我们讲过齿轮传动、链传动等，但支承齿轮传动及链传动的部件则是轴。轴在人们的生产及生活中随处可见，例如自行车前后轮的心轴、减速器中的转轴、汽车上的传动轴（图 10-1a）、内燃机中的曲轴（图 10-1b）等。

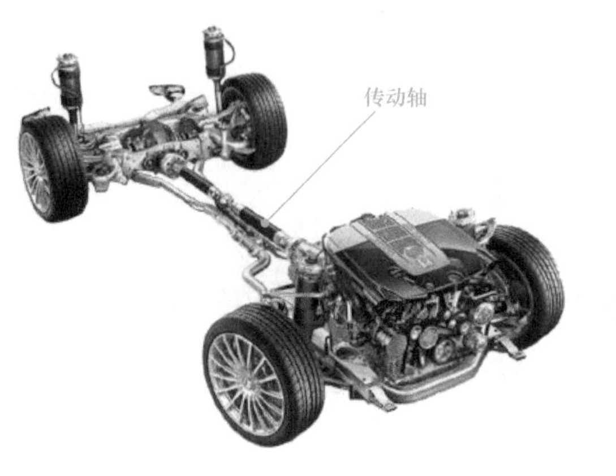

a) 汽车上的传动轴

b) 内燃机中的曲轴

图 10-1　生产生活中的轴

第 1 节　轴的用途和分类

学习目标

1. 能够明确各种轴的分类及用途。
2. 了解轴的材料及热处理方法。

轴的分类及特点

学习内容

一、轴的用途

轴是机器中最基本、最重要的零件之一。一切做回转运动的传动零件，都必须安装在轴上才能实现回转和动力的传递。因此轴的主要功能是支承回转零件（如齿轮、带轮等）、传递运动和动力。

对轴的一般要求是要有足够的强度、合理的结构和良好的工艺性。

二、轴的分类

根据轴线形状的不同，可以把轴分为直轴、曲轴和挠性钢丝软轴（简称挠性轴）三大类，见表 10-1。

生产及生活中常用的是直轴。根据直轴的承载情况不同，又可分为心轴、转轴和传动轴三类，其应用特点见表 10-2。

表 10-1 轴的类型

种类		图例	特点	用途
直轴	光轴		直轴的轴线为一直线。按直轴外形不同,又分为光轴(直径无变化)和阶梯轴(直径有变化)	常用于一般机械中
	阶梯轴			
曲轴			曲轴常用于将主动件的回转运动转换为从动件的直线往复运动,或将主动件的直线往复运动转变为从动件的回转运动	常作为往复式机械中的专用零件,如内燃机、压力机等
挠性轴		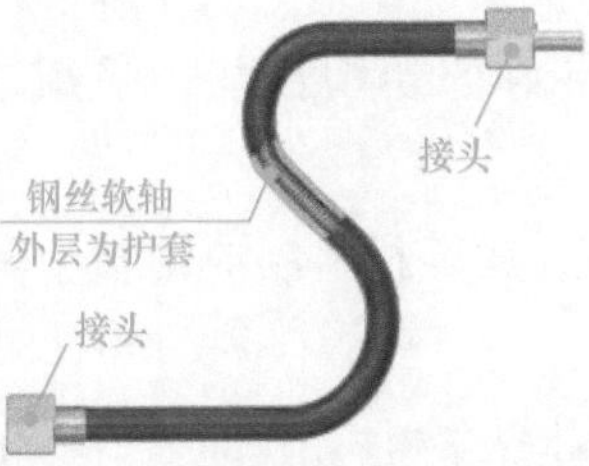 钢丝软轴 外层为护套 接头 接头	挠性轴是由几层紧贴在一起的钢丝层构成的软轴,它可以把转矩和回转运动灵活地传到任何位置	常用于医疗器械和小型电动手持机具,如铰孔机、刮削机等

表 10-2 心轴、转轴和传动轴的应用特点

种类		图例	应用特点
心轴	转动心轴	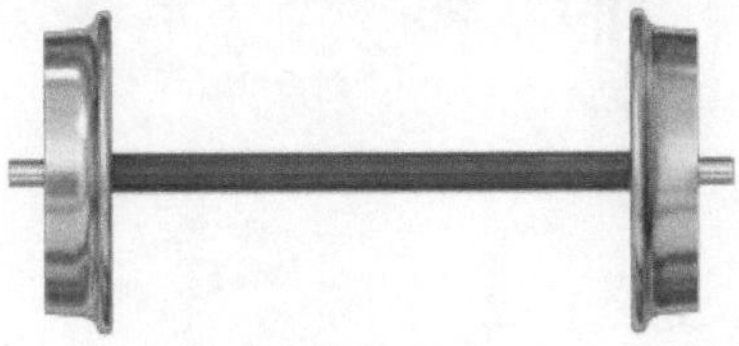 火车轮轴	用来支承转动的零件,工作时只承受弯矩作用而不传递动力,如火车轮轴、自行车前轴和支承滑轮用的固定心轴
	固定心轴	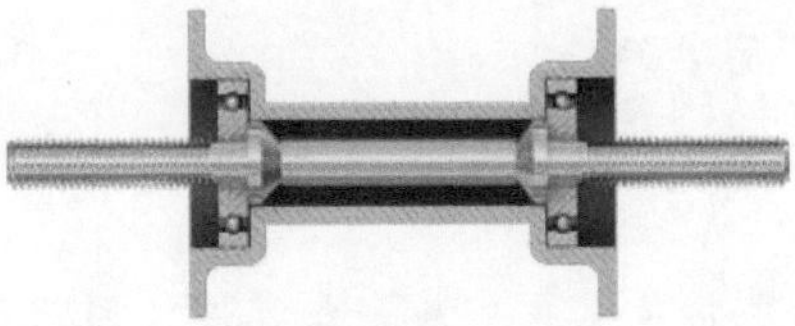 自行车前轴	
转轴		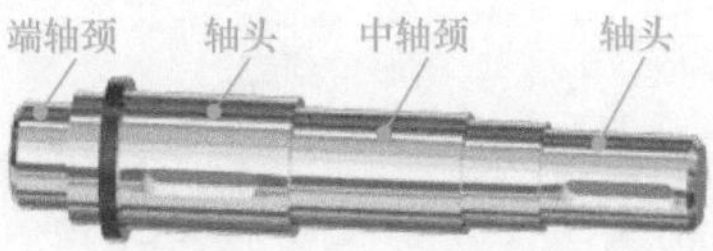 端轴颈 轴头 中轴颈 轴头	既支承转动零件又传递动力,转轴本身是转动的,同时承受弯曲和扭转两种作用,是机器中最常用的一种轴

10 CHAPTER

（续）

种类	图例	应用特点
传动轴	传动轴 汽车传动轴	工作时不承受弯矩作用或承受很小的弯矩，仅起传递动力的作用，如桥式起重机传动轴、汽车变速器与后桥之间的传动轴

三、轴的材料及热处理

轴的失效形式是疲劳断裂。轴的材料要根据使用条件来选择，应具有足够的强度、抗疲劳强度、刚度和耐磨性，还要求对应力集中的敏感性低。

轴的材料一般多用中碳钢，如 35、45、50 等优质中碳钢，其中以 45 钢应用最广，这类钢材价格便宜，对应力集中的敏感性较低，有良好的切削性能，采用适当的热处理方法（调质、正火）可以改善并提高其力学性能。

轴的材料有时用合金钢，如 20Cr、40Cr 钢等，这类材料制成的轴，具有承受载荷较大、强度较高、重量较轻及耐磨性较好等特点。

轴的材料还可以用球墨铸铁，它的吸振性、耐磨性和切削加工性能都很好，对应力集中不敏感，强度也能满足要求，可代替钢制造外形复杂的曲轴和凸轮轴，但其铸件的品质不易控制，可靠性较差。

第 2 节　转轴的结构

学习目标

1. 能够熟练说出零件的轴向与周向固定方法，并能根据情况正确选用。
2. 理解轴的结构工艺性。
3. 熟记转轴的结构要求，并能够自主设计简单的轴。

知识导入

结构最简单的轴是光轴，但实际应用中轴上总是需要安装一些零件，因此往往要做成阶梯轴，而各阶梯都有一定的作用和目的，因此需要经过设计使轴的结构和各个部位具有合理的形状和尺寸。

学习内容

图 10-2 所示为齿轮减速器中的转轴。轴上各段按其作用可分别称为轴头、轴颈、轴肩、轴环和轴身。

在考虑轴的结构时，应满足三个方面的要求：安装在轴上的零件要牢固而可靠地相对固定；轴的结构应便于加工并尽量减少应力集中；轴上的零件要便于安装和拆卸。

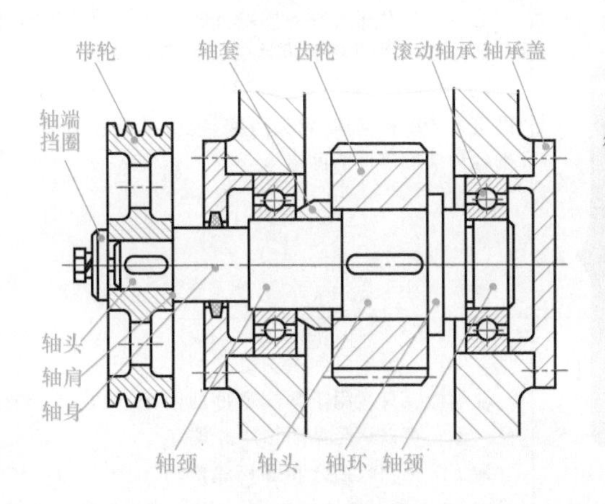

1)轴颈——与轴承配合的轴段。轴颈的直径应符合轴承的内径系列

2)轴头——支承传动零件(如带轮、齿轮)的轴段。轴头的直径必须与相配合零件的轮毂内径一致，并符合轴的标准直径系列

3)轴身——连接轴颈和轴头的部分

4)轴肩和轴环——阶梯轴上截面变化的部分

图 10-2 齿轮减速器中的转轴

一、轴上零件的固定

1. 轴上零件的轴向固定

轴上零件轴向固定的目的是保证零件在轴上有确定的轴向位置并能承受轴向力，防止零件做轴向移动。轴上零件的轴向固定方法及应用见表 10-3。

2. 轴上零件的周向固定

轴上零件周向固定的目的是保证轴能可靠地传递运动和转矩，防止轴上零件与轴产生相对转动。轴上零件的周向固定方法及应用见表 10-4。

二、轴上常见的工艺结构

轴上常见的工艺结构

结构工艺性是指轴的结构型式应便于加工、装配、维修和检验，同时能提高生产率并降低成本。一般来说，轴的结构越简单，工艺性就越好。因此，在满足使用要求的前提下，轴的结构型式应尽量简化。

1. 轴的结构在设计中应注意的问题

1）轴的形状力求简单，以便于加工、装配、维修和检验，轴上的台阶数不宜过多。

2）阶梯轴的直径应该是中间大、两端小，以便于轴上零件的装拆，如图 10-3 所示。

3）轴端、轴颈与轴肩（或轴环）的过渡部位应有倒角或过渡圆角，如图 10-4 所示，这样会便于轴上零件的装配，还能避免划伤配合表面并减小应力集中。此外，为便于加工，应尽可能使倒角大小一致、圆角半径相同。

表 10-3　轴上零件的轴向固定方法及应用

类型	固定方法及图例	结构特点及应用
轴肩和轴环	轴肩 轴环	这是一种常用的轴向固定方法。轴肩或轴环的过渡圆角半径 r 必须小于与之相配的零件毂孔端部的圆角半径 R 或倒角尺寸 C（即 $r<R$ 或 $r<C$），这样才能使轴上零件的端面紧靠定位面。这种固定方法结构简单、定位可靠，能够承受较大的轴向力，广泛应用于各种轴上零件的固定
轴端挡圈	轴端挡圈	轴端挡圈只适用于轴端零件的固定，而且是受轴向力不大的部位。但它可以承受振动和冲击载荷 为了防止轴端挡圈和螺钉的松动，应采用带有锁紧装置的固定形式，对于没有轴肩的轴，可同时采用锥形轴端和轴端挡圈的形式来固定零件。轴端挡圈的应用较广泛
圆螺母	圆螺母	一般在无法采用轴套时选用圆螺母，这种方法通常用在轴的中部或端部。圆螺母的优点是装拆方便、固定可靠，能承受较大的轴向力。其缺点是要在轴上切制螺纹，而且螺纹的大径要比套装零件的孔径小，因此一般都切制细牙普通螺纹。为了防止圆螺母的松脱，常采用双圆螺母或加止推垫圈来防松。圆螺母常用于轴上零件间距较大处及轴端零件的固定
轴套	轴套	轴套（也称套筒）作为轴向固定零件，一般用在两个零件间距较小的场合，主要是依靠位置已定的零件来固定。利用轴套定位，可以减少轴直径的变化，也不需要在轴上开槽、钻孔或切制螺纹等，因此可使轴的结构简化，避免削弱轴的强度

（续）

类型	固定方法及图例	结构特点及应用
弹性挡圈	 弹性挡圈	结构简单紧凑，装拆方便，只能承受很小的轴向力。使用弹性挡圈需要在轴上切槽，这将引起应力集中，常用于滚动轴承的固定
紧定螺钉	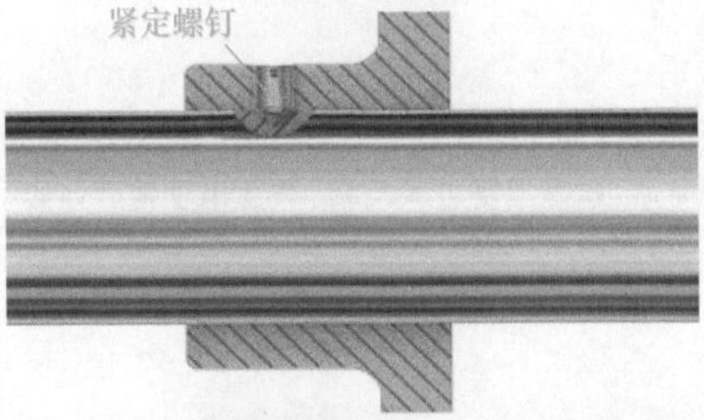 紧定螺钉	结构简单，能同时起周向和轴向固定作用，但承受能力较低，不适用于高速场合
圆锥面	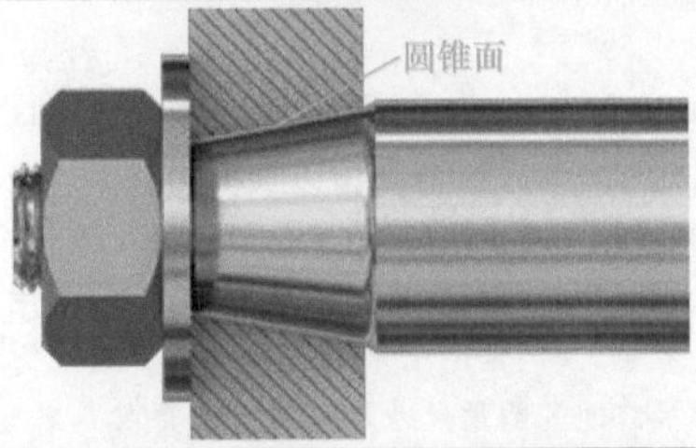 圆锥面	能消除轴与轮毂间的径向间隙，装拆方便，可兼作周向固定；常与轴端压板和圆螺母联合使用，实现零件的双向固定；适用于有冲击载荷和对中性要求较高的场合，常用于轴端零件的固定

表 10-4 轴上零件的周向固定方法及应用

类型	固定方法及图例	结构特点及应用
平键连接	 平键	制造简单，装拆方便，对中性好；可用于较高精度、较高转速及受冲击或变载荷作用下的固定连接；轴向不能固定，不能承受轴向力
花键连接	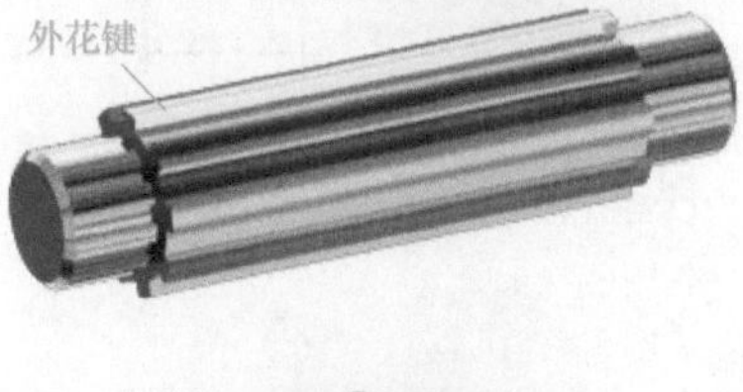 外花键 内花键	具有接触面积大、承载能力强、对中性和导向性好等特点，适用于载荷较大、对定心精度要求高的滑动连接或固定连接；加工工艺较复杂，成本较高

（续）

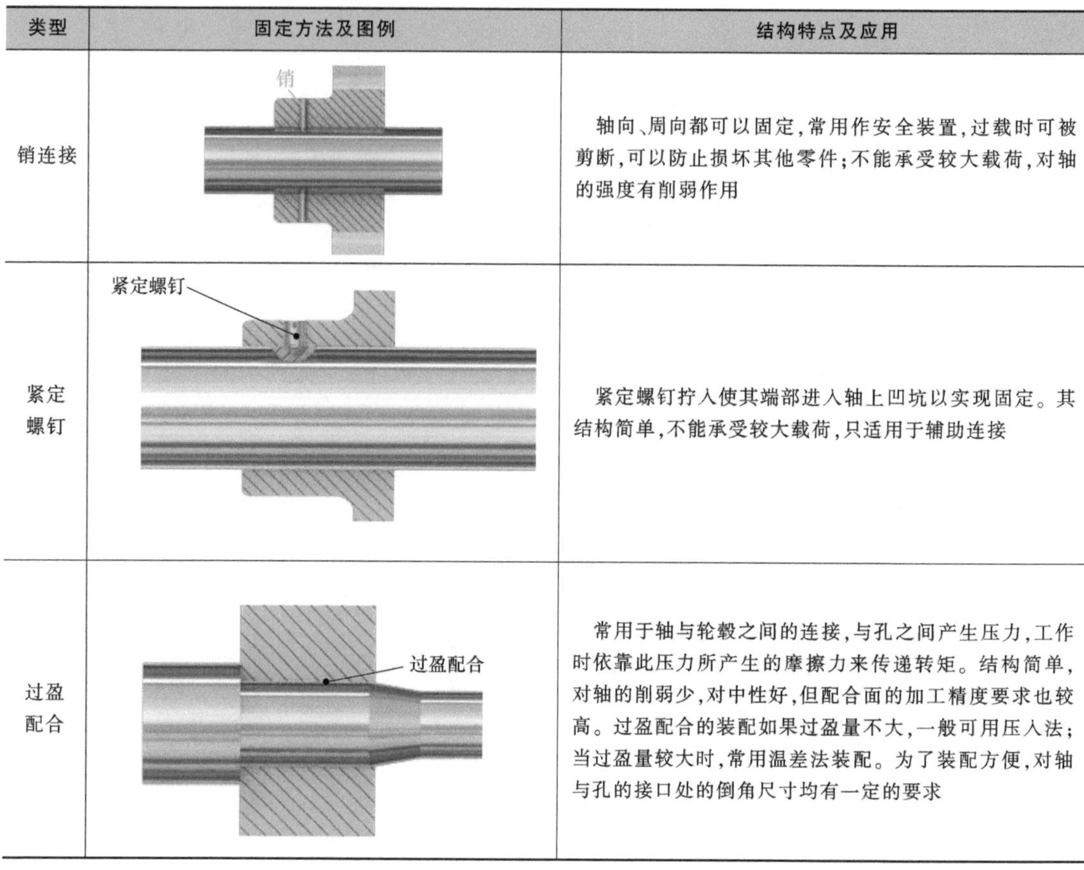

类型	固定方法及图例	结构特点及应用
销连接	销	轴向、周向都可以固定，常用作安全装置，过载时可被剪断，可以防止损坏其他零件；不能承受较大载荷，对轴的强度有削弱作用
紧定螺钉	紧定螺钉	紧定螺钉拧入使其端部进入轴上凹坑以实现固定。其结构简单，不能承受较大载荷，只适用于辅助连接
过盈配合	过盈配合	常用于轴与轮毂之间的连接，与孔之间产生压力，工作时依靠此压力所产生的摩擦力来传递转矩。结构简单，对轴的削弱少，对中性好，但配合面的加工精度要求也较高。过盈配合的装配如果过盈量不大，一般可用压入法；当过盈量较大时，常用温差法装配。为了装配方便，对轴与孔的接口处的倒角尺寸均有一定的要求

如果轴上需要切制螺纹或进行磨削，应有螺纹退刀槽（图 10-5）或砂轮越程槽（图 10-6）。

图 10-3　轴上常见工艺结构

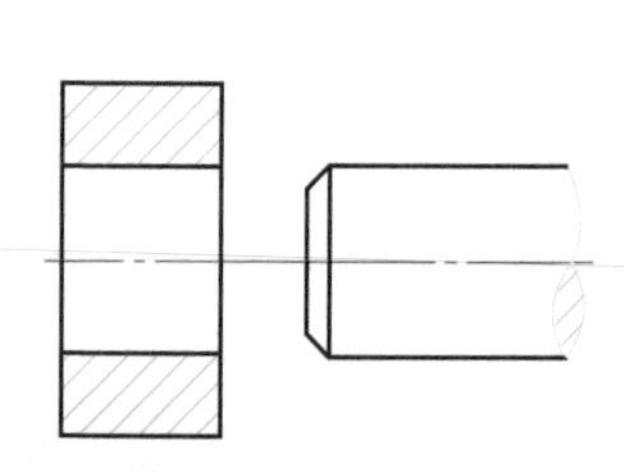

图 10-4　轴端倒角

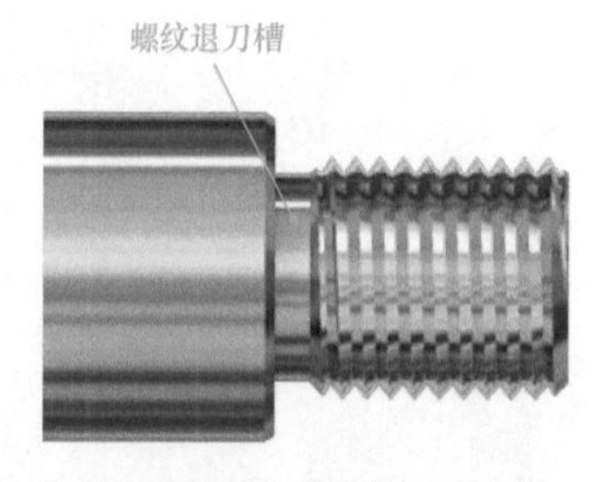

图 10-5　螺纹退刀槽

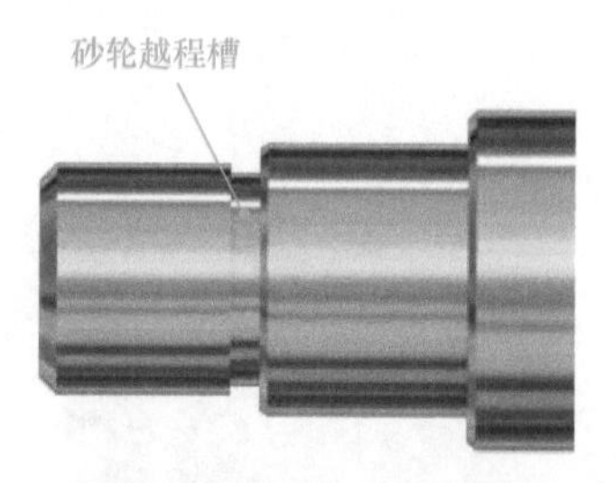

图 10-6　砂轮越程槽

当轴上有两个以上的键槽时，槽宽应尽可能统一，并布置在同一直线上，以便于加工，如图 10-7 所示。

轴端应有倒角，必要时为了便于加工定位，轴的两端应设中心孔。

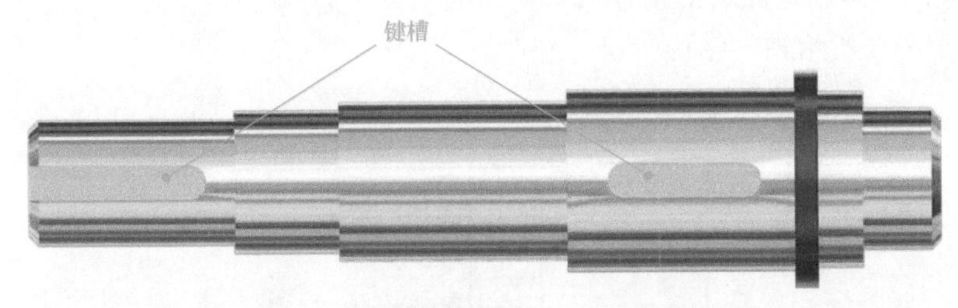

图 10-7　键槽设置在同一方位素线上

2. 轴的结构设计应满足的基本要求

1）轴的受力合理，有利于提高轴的强度与刚度，有利于节约材料和减轻重量。

2）保证轴上零件定位准确，固定可靠。

3）轴上零件便于装拆和调整。

4）具有良好的制造工艺性。

三、提高轴的疲劳强度的措施

1. 改进轴的结构，降低应力集中

由于轴上的应力集中源往往在轴产生疲劳破坏的部位，改善轴的抗疲劳强度的常用方法有：

1）增大圆角半径，当因轴肩定位要求的限制，轴上不允许采用较大过渡圆角时，可以改用凹切圆角或过渡肩环的办法。

2）采用增大配合直径、轴上开减载槽或毂端开减载槽等方法，以降低零件过盈配合边缘处的应力集中。

2. 提高轴的表面质量

提高轴的表面质量的常用方法有：

1）减小轴的表面粗糙度值，降低刀痕造成的应力集中，即使是自由表面也不容忽视。

2）对轴表面进行滚压、喷丸等冷加工。

3）采用高频淬火、渗碳淬火和渗氮等热处理强化轴的表层。

本章小结

1. 轴的用途和分类。

2. 转轴的结构要求。

3. 轴上零件的轴向固定与周向固定。

4. 轴的结构工艺性。

本章习题

1. 轴的作用是什么？

2. 根据承载情况不同，轴可分为哪三类？各有何应用特点？
3. 转轴的结构设计应考虑哪三方面要求？
4. 轴上零件轴向固定的目的是什么？轴向固定方法有哪些？
5. 轴上零件周向固定的目的是什么？周向固定方法有哪些？
6. 找出图 10-8 所示轴的结构错误，并改正。

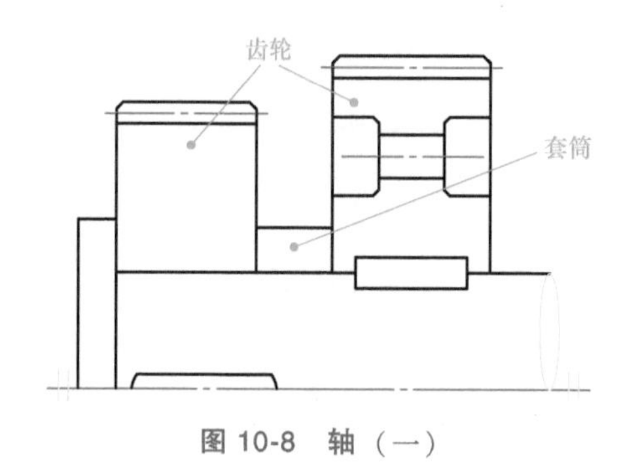

图 10-8 轴（一）

7. 试指出图 10-9 所示轴的结构不合理的地方，并予以改正。

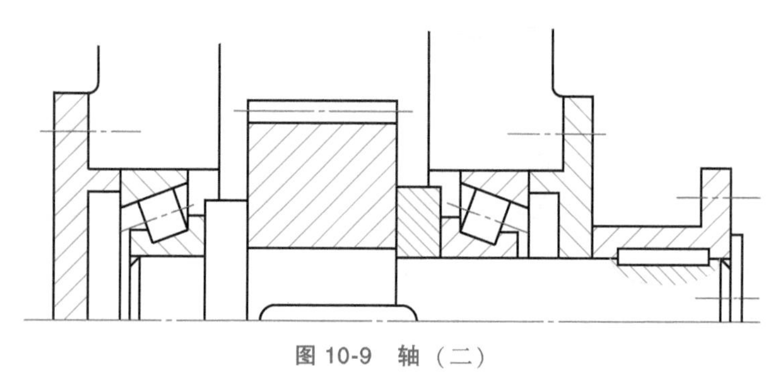

图 10-9 轴（二）

第11章　键、销及其连接

在第 10 章介绍轴上零件的周向固定时，轴上零件的周向固定方法有键连接和销连接。生活中人们骑行的自行车，链轮曲柄与中轴之间的连接采用的是曲柄销。键连接和销连接（图 11-1）则是机械设备中常见的轴与轴上所装的带轮或齿轮的连接方式，能带动轴及轴上零件一起转动，将轴及轴上零件牢固而可靠的连接，起传递运动和转矩的作用。

机器都是由各种零部件装配而成的，而零件与零件之间存在着各种不同形式的连接。根据连接后是否可拆分为可拆连接和不可拆连接。

常见的不可拆连接有铆接、焊接、粘接等；可拆连接有键连接、花键连接、销连接和螺纹连接。

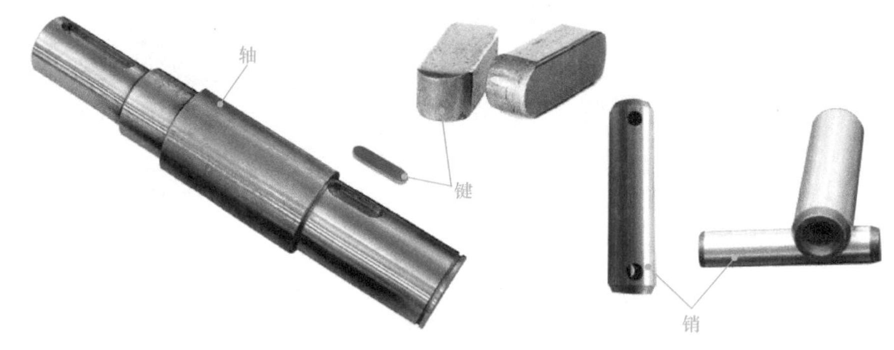

图 11-1　轴上的键连接和销连接

第 1 节　键　连　接

学习目标

平键连接

1. 能够熟练说出平键连接的特点及种类。
2. 能够熟练说出各种键的特点并能够正确地选择使用。

知识导入

键连接（图 11-2）可实现轴与轴上零件之间的周向固定，并传递运动和转矩。键连接

图 11-2　键连接

具有结构简单、装拆方便、工作可靠以及标准化等特点，故在机械中应用极为广泛。

学习内容

键连接由轮毂、轴和键组成，键根据结构和承受载荷的不同可分为松键连接和紧键连接两大类，这两类键连接具体分类如下：

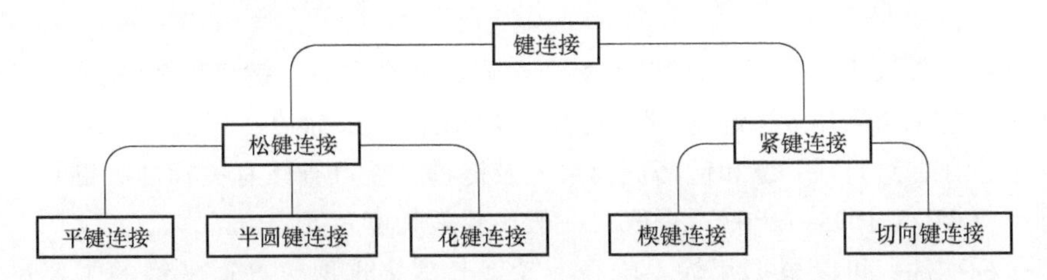

平键连接如图 11-3 所示。装配时先将键放入轴上键槽中，然后推上轮毂，构成平键连接。平键连接时，键的上表面与轮毂键槽的底面之间留有间隙，而键的两侧面与轴、轮毂键槽的侧面配合紧密，工作时依靠键和键槽侧面的挤压来传递运动和转矩，因此平键的两侧面为工作面。普通平键的对中性较好，在工作时，轴和轴上的零件沿轴向没有相对移动。

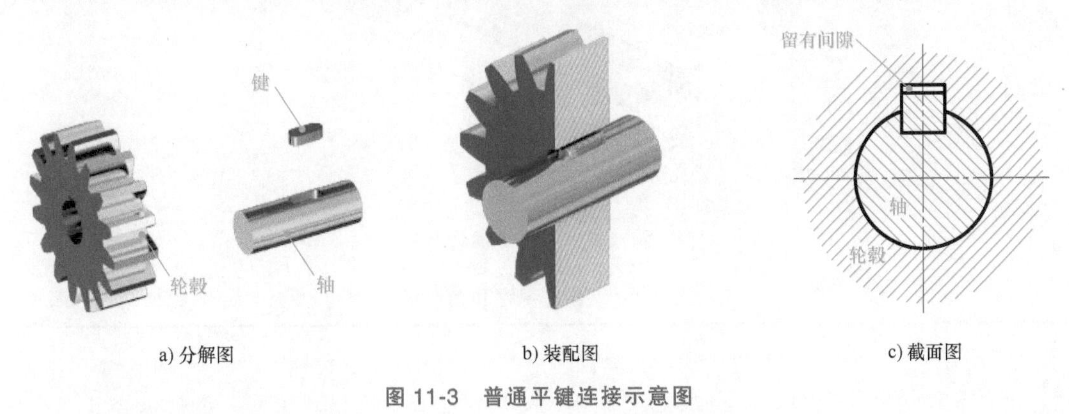

图 11-3 普通平键连接示意图

一、平键连接

根据用途不同，平键分为普通平键、导向平键和滑键等。

1. 普通平键

普通平键的上、下平面和两个侧面相互平行。根据键的端部形状不同，可分为圆头（A 型）、平头（B 型）和单圆头（C 型）三种形式，如图 11-4 所示。

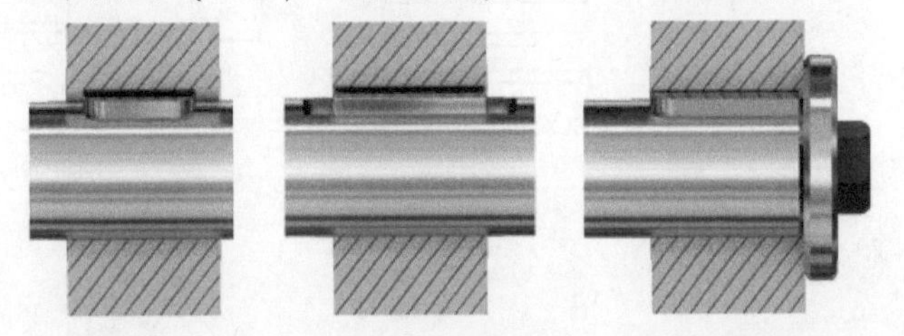

图 11-4 普通平键连接

圆头普通平键——键在键槽中的固定较好，不会发生轴向位移，应用最广。但键槽端部的应力集中较大，因此常用于轴中间。常用立铣刀加工键槽。

平头普通平键——键在键槽端部的应力集中较小，但键在键槽中的轴向固定不好，因此应用较少。对于尺寸较大的键，为防止松动，用紧定螺钉压紧。常用盘形铣刀加工键槽。

单圆头普通平键——常用在轴端的连接中，结构简单，装拆方便。常用立铣刀加工键槽。

键的材料通常采用 45 钢。当轮毂是有色金属或非金属时，键可用 20 钢或 Q235 钢制造。

普通平键的规格采用 b（键宽）×h（键高）×L（键长）来标记，其截面尺寸 $b×h$ 根据轴径 d 由标准选定，见表 11-1。键和键槽剖面尺寸及键槽公差可查阅有关标准。键长 L 根据轮毂长度按标准（GB/T 1095—2003）查取，一般比轮毂长度短 5~10mm。

平键是标准件，可以根据用途、轴径、轮毂长度来选取。普通平键的主要尺寸是键宽 b、键高 h 和键长 L，如图 11-5 所示。

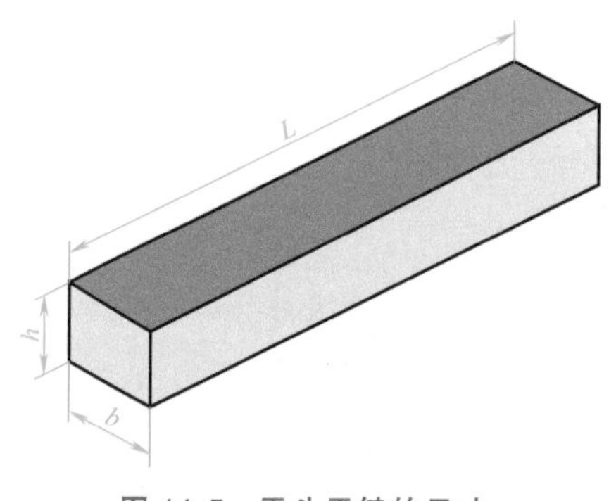

图 11-5　平头平键的尺寸

表 11-1　普通平键和键槽尺寸　（单位：mm）

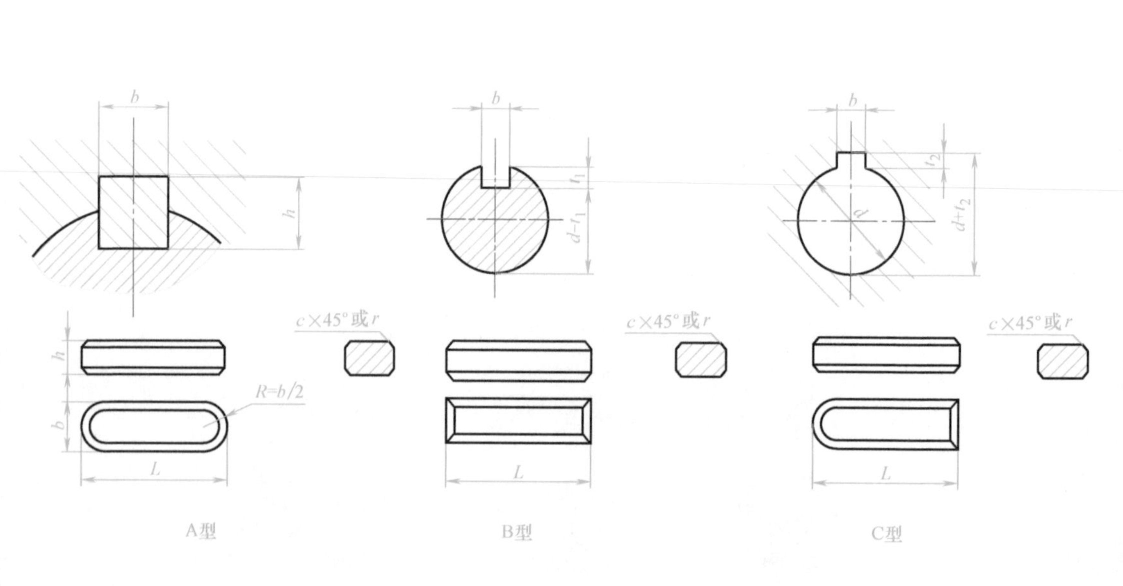

（续）

轴的直径 d	键		键槽	
	$b \times h$	L	t_1	t_2
>10~12	4×4	8~45	2.5	1.8
>12~17	5×5	10~56	3.0	2.3
>17~22	6×6	14~70	3.5	2.8
键长标准系列	6、8、10、12、14、16、18、20、22、25、28、32、36、40、45、50、56、63、70、80、90、100、110、125、140、160、…			

注：1. 更多有关数据可查阅相关标准或手册。

2. GB/T 1096—2003 中没有给出相应的轴径尺寸（d），此列数据取自旧国家标准，供选键时参考。

普通平键连接采用基轴制配合，按键宽与槽宽配合的松紧程度不同，分为松连接、正常连接和紧密连接三种。三种连接的键宽、轴槽宽和轮毂槽宽的公差带及其应用范围见表 11-2。

普通平键的标记形式为：标准编号　键型　键宽×键高×键长

标记示例如下：

GB/T 1096　键 16×10×100

表示键宽为 16mm，键高为 10mm，键长为 100mm 的 A 型普通平键。

GB/T 1096　键 B16×10×100

表示键宽为 16mm，键高为 10mm，键长为 100mm 的 B 型普通平键。

GB/T 1096　键 C16×10×100

表示键宽为 16mm，键高为 10mm，键长为 100mm 的 C 型普通平键。

标准规定，在普通平键标记中 A 型（圆头）键的键型可省略不标，而 B 型（平头）键和 C 型（单圆头）键的键型必须标出。

表 11-2　平键连接配合种类及其应用范围

平键连接配合种类	尺寸 b 的公差带			应用范围
	键宽	轴槽宽	轮毂槽宽	
松连接	h8	H9	D10	主要用于导向平键
正常连接		N9	JS9	用于传递载荷不大的场合，在一般机械制造中应用广泛
紧密连接		P9		用于传递重载荷、冲击载荷及双向传递转矩的场合

2. 导向平键和滑键

当轮毂需要在轴上沿轴向移动时，可采用导向平键和滑键连接。如图 11-6 所示，导向平键比普通平键长，为防止松动，通常用紧定螺钉固定在轴上的键槽中，键与轮毂槽采用间隙配合，因此，轴上零件能做轴向滑动。为便于拆卸，键上设有起键螺孔。由于键太长，制造困难，导向平键常用于轴上零件轴向移动量不大的场合，如机床变速箱中的滑动齿轮。

当轴上零件的轴向移动量很大时，可采用滑键。如图 11-7 所示，滑键连接是将滑键固定在轮毂上，并与轮毂一起在轴上的键槽中滑动。滑键的键长不受滑动距离的限制，只需在轴上铣出较长的键槽，而键可做得较短。

平键连接的主要失效形式有：工作面受挤压而被压溃、磨损（动连接）和剪断。

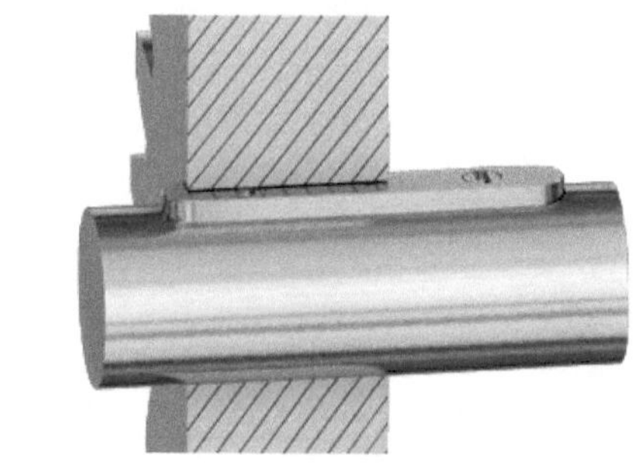

图 11-6　导向平键连接

导向平键连接动画

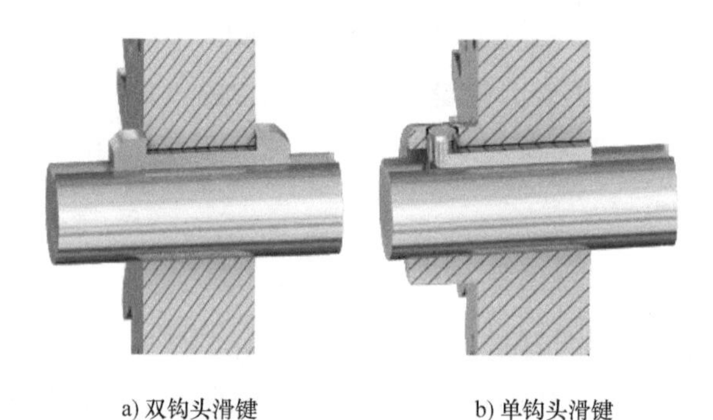

a) 双钩头滑键　　b) 单钩头滑键

图 11-7　滑键连接

双钩头滑键动画

单钩头滑键动画

增强键连接强度的方法有：

1）适当增加键和轮毂的长度。

2）轴上间隔 180°布置双键，强度校核时按照 1.5 个键进行。

二、半圆键连接

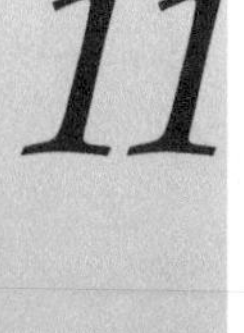

半圆键的上表面为平面，下表面为半圆形弧面，两侧面互相平行。半圆键连接也是靠两侧工作面传递转矩的，因此与平键一样，有较好的对中性，如图 11-8 所示。半圆键可在轴上的键槽中绕槽底圆弧摆动，以适应轮毂上的键槽斜度。因此，半圆键适用于锥形轴端与轮毂的连接。它的缺点是键槽对轴的强度削弱较大，只适用于轻载连接。

半圆键连接动画 a

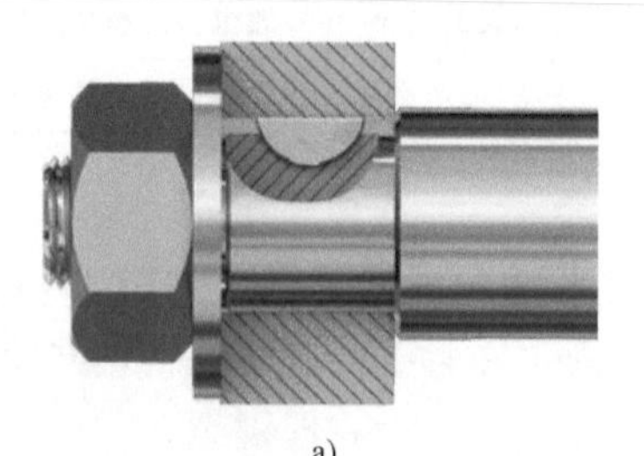

a)

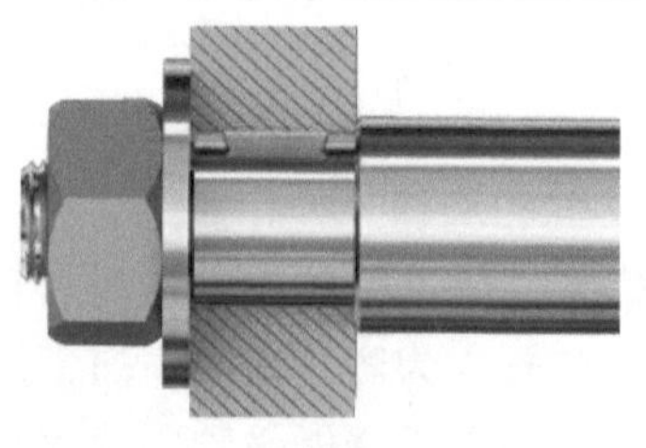

b)

图 11-8　半圆键连接

半圆键连接动画 b

三、花键连接

花键连接是指由沿轴和轮毂孔周向均布的多个键齿相互啮合而成的连接。花键连接键齿的侧面是工作面，工作时靠齿的侧面挤压传递转矩。花键分为外花键和内花键两种，如图11-9所示。

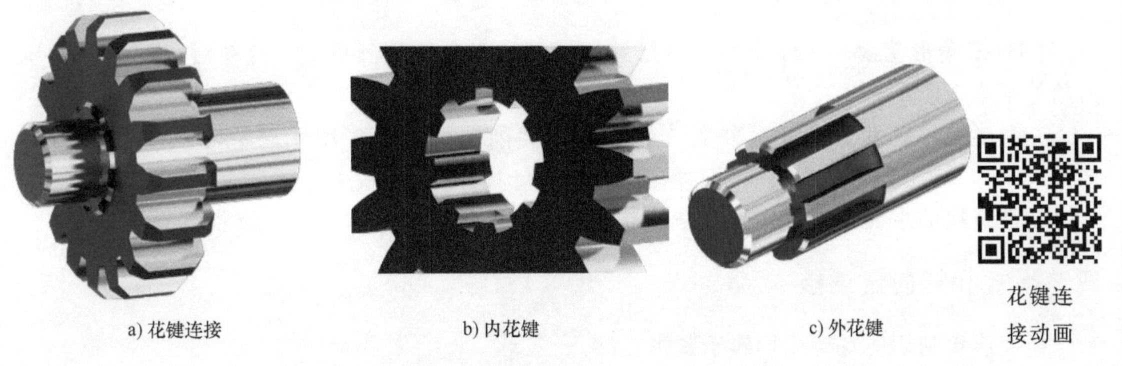

a) 花键连接　b) 内花键　c) 外花键

花键连接动画

图 11-9　花键及其连接

1. 花键连接的特点

花键连接具有下列特点：

1）由于多个键齿同时参加工作，受挤压的面积大，因此承载能力高。

2）轴上零件与轴的对中性好，沿轴向移动时导向性好。

3）键齿槽浅，对轴的强度削弱较小。

4）花键加工复杂，需专用设备，故对大批量生产是适用的，但单件、小批量生产的成本较高。

花键连接广泛用于载荷较大、定心精度要求较高的各种机械设备中，如汽车、飞机、拖拉机、机床等。

2. 花键连接的类型

如图11-8所示，花键连接按齿形的不同可分为矩形花键连接（图11-10a）、渐开线花键连接（图11-10b）和三角形花键连接（图11-10c）三类。

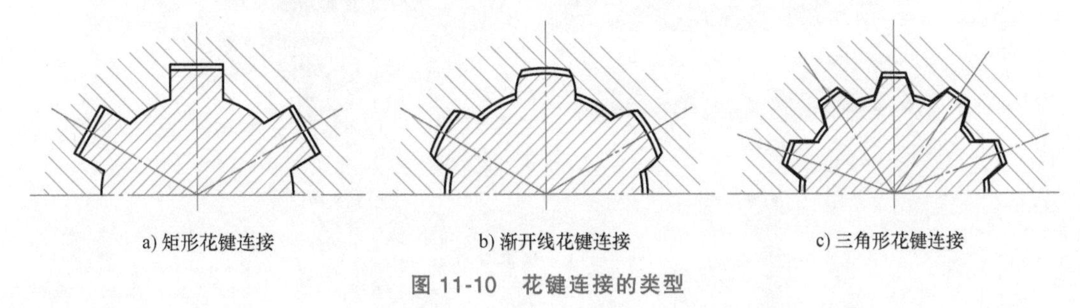

a) 矩形花键连接　b) 渐开线花键连接　c) 三角形花键连接

图 11-10　花键连接的类型

（1）矩形花键　矩形花键键齿的端面为矩形，形状简单，加工方便。

按键的齿数和齿形尺寸的不同，矩形花键有轻、中两个系列。它们分别适用于轻、中两种不同的载荷情况。

（2）渐开线花键　渐开线花键的齿廓为渐开线，分度圆上的压力角有30°、37.5°、45°三种，其中30°压力角花键应用较广。渐开线花键可用齿轮加工设备与方法进行加工制造，加工精度较高。

与矩形花键相比，渐开线花键齿根较厚，齿根圆角也较大，因此承载能力大；工作时键齿上有径向分力，宜于对中，使各齿承载均匀。渐开线花键适用于载荷较大、定心精度要求较高、尺寸较大的连接。

（3）三角形花键 这种花键的内花键齿端面齿形为等腰三角形，外花键齿廓曲线为压力角等于45°的渐开线。

三角形花键键齿细小，齿数多，对轴的强度削弱较小，多用于轻载和薄壁零件的静连接。

花键连接的主要失效形式有工作面被压溃（静连接）和工作面过度磨损（动连接）。

四、楔键和切向键连接

楔键连接和切向键连接均属于紧密连接。

1. 楔键

如图11-11所示，楔键分为普通楔键（图11-11a）和钩头楔键（图11-11b）两种。普通楔键有圆头、平头和单圆头三种形式。钩头楔键用于不能从一端将楔键打出的场合，钩头供拆卸用。楔键的上表面有1∶100的斜度，两个侧面相互平行。装配时，将楔键打入轴与轴上零件之间的键槽内，使之连成一体。由于楔键与键槽的两个侧面不接触，为非工作面，因此楔键连接的对中性较差，在冲击和变载荷的作用下容易发生松脱。楔键的上、下两个表面为工作面，工作时依靠键的上表面和下表面与轮毂键槽和轴槽的底面间所产生挤压力和摩擦力来传递动力和转矩。楔键连接能使轴上零件轴向固定，并能使零件承受单方向的轴向力。楔键连接常用于定心精度要求不高、荷载平稳和低速的场合，如带传动。

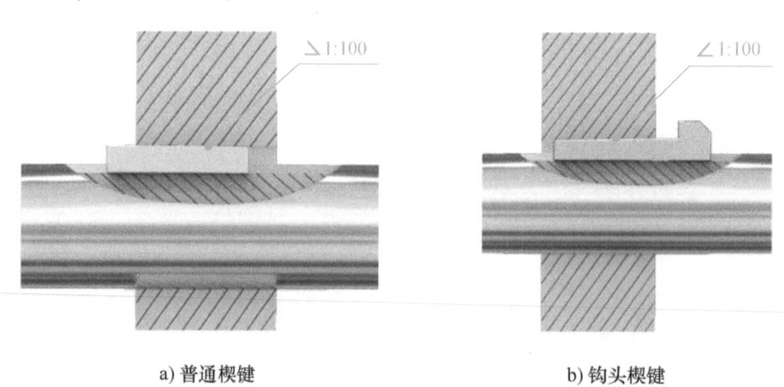

图11-11　楔键连接

2. 切向键

切向键是由一对具有1∶100斜度的楔键沿斜面拼合而成的，其上、下两工作面互相平行，轴和轮毂上的键槽底面没有斜度，如图11-12所示。

装配时，一对切向键分别自轮毂两边打入，使两工作面分别与轴和轮毂的键槽底面压紧。工作时，靠工作面的压紧作用传递转矩。切向键用于传递转矩大、对中性要求不高、低速、重载、轴径大于100mm的场合，如大型带轮、大型飞轮、大型绞车轮等。采用一对切向键只能用于传递单方向的转矩，如图11-13a所示。当传递两个方向转矩时，必须采用两对切向键，两对键一般相隔 120°，如图 11-13b 所示，如果安装有困难，也可以相隔 180° 安装。

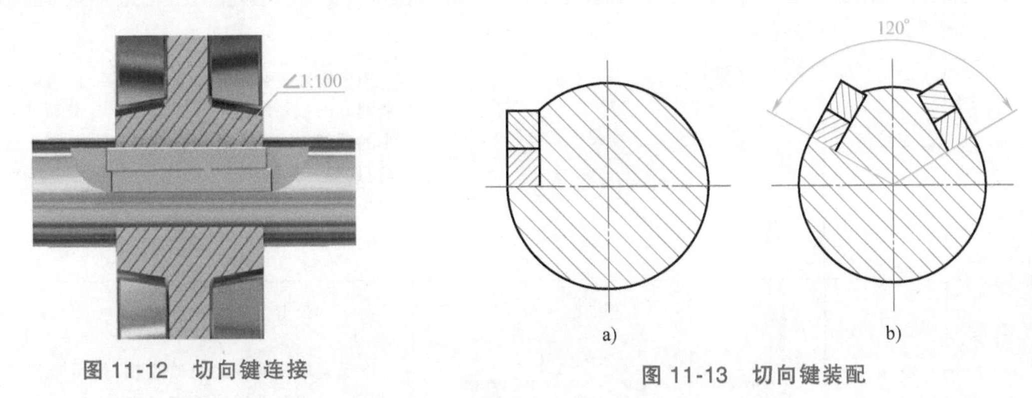

图 11-12　切向键连接

图 11-13　切向键装配

第 2 节　销　连　接

学习目标

掌握销连接的作用及类型。

知识导入

第 10 章介绍过轴上零件的周向固定可以采用销连接（图 11-14），销连接的作用是什么，都有哪些类型呢？

图 11-14　销连接

学习内容

销连接的主要作用是：定位，传递运动和动力，以及作为安全装置中的过载剪断零件。销的分类、特点及应用见表 11-3。

圆柱销利用较小的过盈量固定在销孔中，多次装拆会降低定位精度和可靠性；圆锥销的定位精度和可靠性较高，并且多次装拆不会影响定位精度。因此，需要经常装拆的场合不宜采用圆柱销连接，而应选用圆锥销连接。

圆柱销孔和圆锥销孔均需铰制。

表 11-3 销的分类、特点及应用

类型			图例	特点及应用
按用途	定位销			用来固定零件之间的相对位置，它是组合加工和装配时的重要辅助零件。通常不受载荷或是只受很小的载荷，故不做强度校核计算，其直径按结构确定，数目一般不少于2个。销在每一连接件内的长度为销直径的1~2倍
	连接销			用来实现两零件之间的连接，可用来传递不大的载荷。其类型可根据工作要求选定，其尺寸可根据连接的结构特点按经验或规范确定。必要时再按剪切和挤压强度条件进行校核计算
	安全销			作为安全装置中的过载剪断零件。安全销在过载时被剪断。因此，销的直径应按剪切条件确定。为了确保安全销在过载时被剪断而不提前发生挤压破坏，通常可在安全销上加一个销套
按形状	圆柱销	普通圆柱销		主要用于定位，也可用于连接。材料为不淬硬钢和奥氏体不锈钢的圆柱销，直径公差有m6和h8两种；材料为不淬硬钢和奥氏体不锈钢的圆柱销，直径公差为m6。常用的定位或连接孔的加工方法有配钻、铰等
		内螺纹圆柱销		适用于不通孔的场合，螺纹供拆卸用。公差带只有m6一种，其中，淬硬钢和马氏体不锈钢内螺纹圆柱销可按结构不同分为A、B两种类型
	圆锥销	普通圆锥销		有1∶50的锥度，装配方便，可反复拆装，定位精度高。按加工精度不同分为A、B两种类型，A型精度较高

（续）

类型			图例	特点及应用
按形状	圆锥销	内螺纹圆锥销	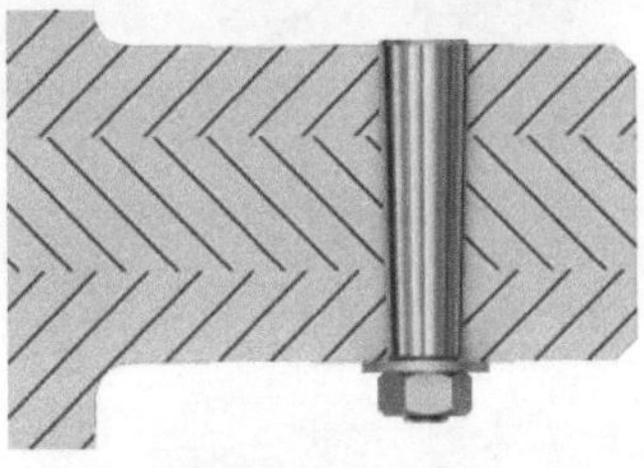	带内螺纹和大端带螺尾的圆锥销适用于不通孔的场合，螺纹供拆卸用。小端带螺尾的圆锥销可用螺母锁紧，适用于有冲击、振动的场合
	槽销		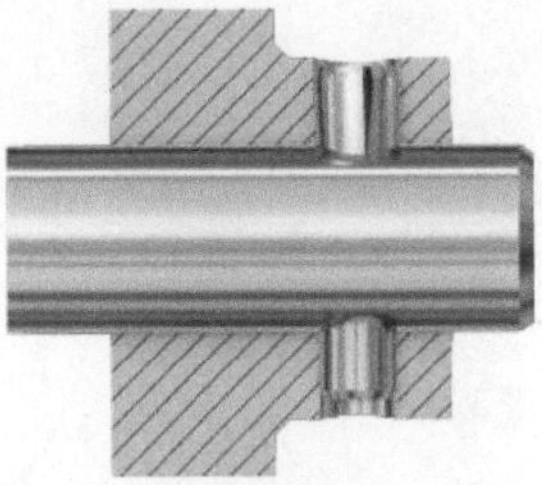	不易松动，能承受振动和变载荷，不铰孔，可多次拆装
	开口销		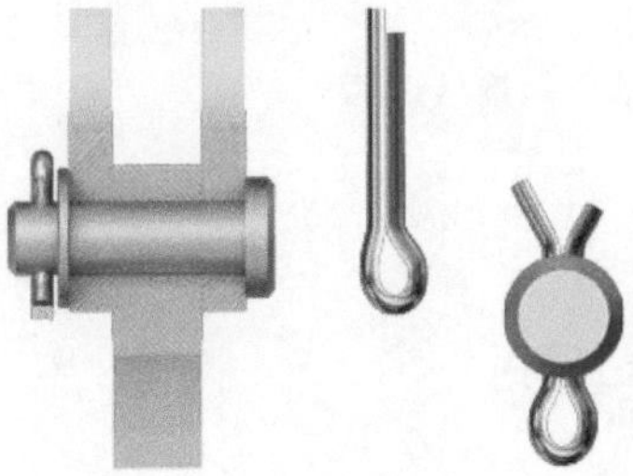	开口销通常与槽型螺母同时使用，可以锁紧螺纹连接件，实现防松。开口销的材料为35钢、45钢

第3节 无键连接

学习目标

简单了解无键连接的作用及类型。

学习内容

一、型面连接

在家用机械、办公机械等中，采用了大量的压铸、注塑零件。要注塑出各种各样的非圆形孔是毫无困难的，故型面连接的应用获得了发展。应用较多的是带切口圆形和正六边形型面。

型面配合部分的形状有柱形和锥形两种，如图11-15所示。

柱形——只能传递转矩。

锥形——能同时传递转矩和轴向力，用于不允许有间隙和要求高可靠性的场合。

a) 柱形

b) 锥形

图 11-15　型面配合部分的形状

常用的连接型面如图 11-16 所示。

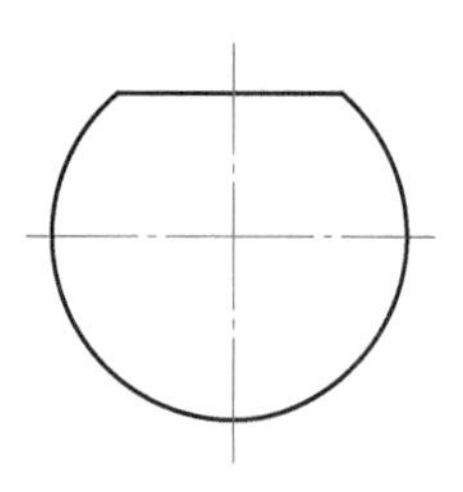
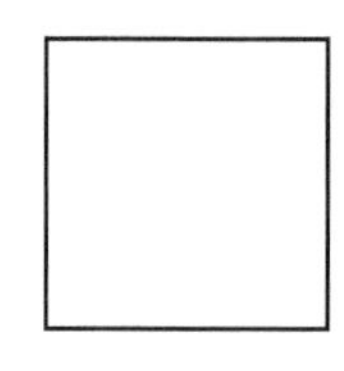
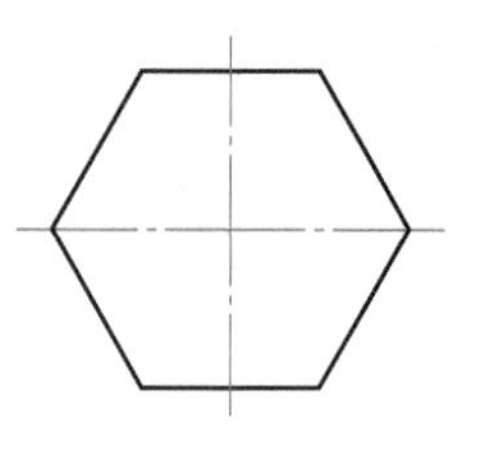
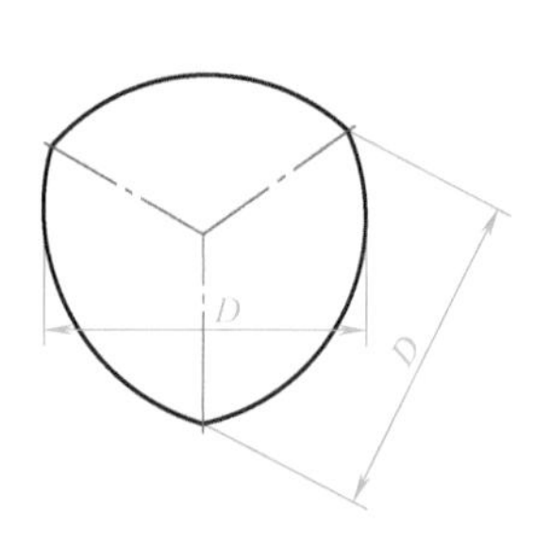

图 11-16　常用的连接型面

型面连接的特点有：

1）装拆方便，对中性好。

2）连接面上没有键槽和尖角，减少了应力集中。

3）可传递较大的转矩。

4）切削加工有难度，不易保证配合精度。

二、胀紧连接

胀紧连接胀套有两种类型：图 11-17 所示为 Z1 型胀套，图 11-18 所示为 Z2 型胀套。

Z1 型胀套中，在毂孔和轴的对应光滑圆柱面间，加装一个胀套或两个胀套。当拧紧螺母或螺钉时，在轴向力的作用下，内外套筒互相楔紧。内套筒缩小而箍紧轴，外套筒胀大而撑紧毂，使接触面间产生压紧力，工作时，利用此压紧力所引起的摩擦力来传递转矩或（和）轴向力。

Z2 型胀套中，与轴或毂孔贴合的套筒均有纵向间隙，以利于变形和胀紧。拧紧连接螺

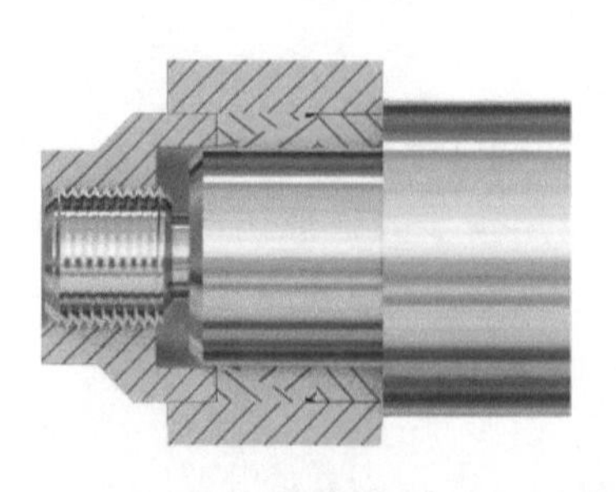

图 11-17　Z1 型胀套

钉，便可以将轴和毂胀紧。

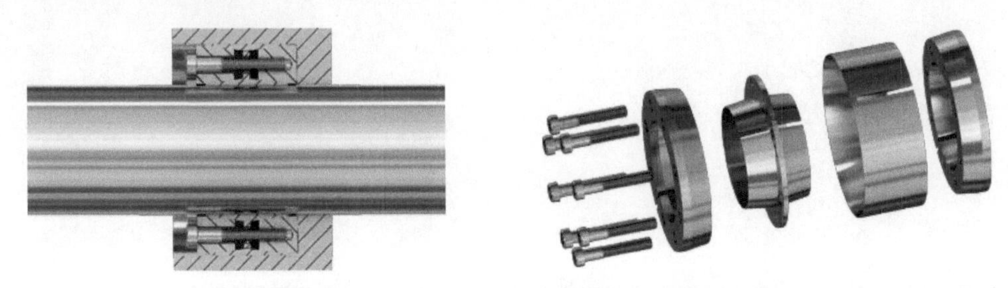

图 11-18　Z2 型胀套

胀紧连接的特点：

优点是定心好，装拆方便，引起的应力集中较小，承载能力较强，并且有安全保护作用。

缺点是由于轴和毂孔之间要安装胀套，有时应用受结构尺寸的限制。

本章小结

1. 键连接的作用及类型。
2. 平键连接的特点和种类。
3. 半圆键连接、花键连接、楔键连接和切向键连接的特点。
4. 销连接的作用及类型。
5. 无键连接的类型及特点。

本章习题

1. 键连接的作用是什么？常用的键连接有哪些？
2. 平键连接有哪几种类型？各有什么特点？
3. 平键标记为“GB/T 1096 键 18×11×80”的含义。
4. 切向键的组成及工作表面分别是什么？
5. 销连接的作用是什么？
6. 无键连接有哪两种类型？各有什么特点？

第12章 轴 承

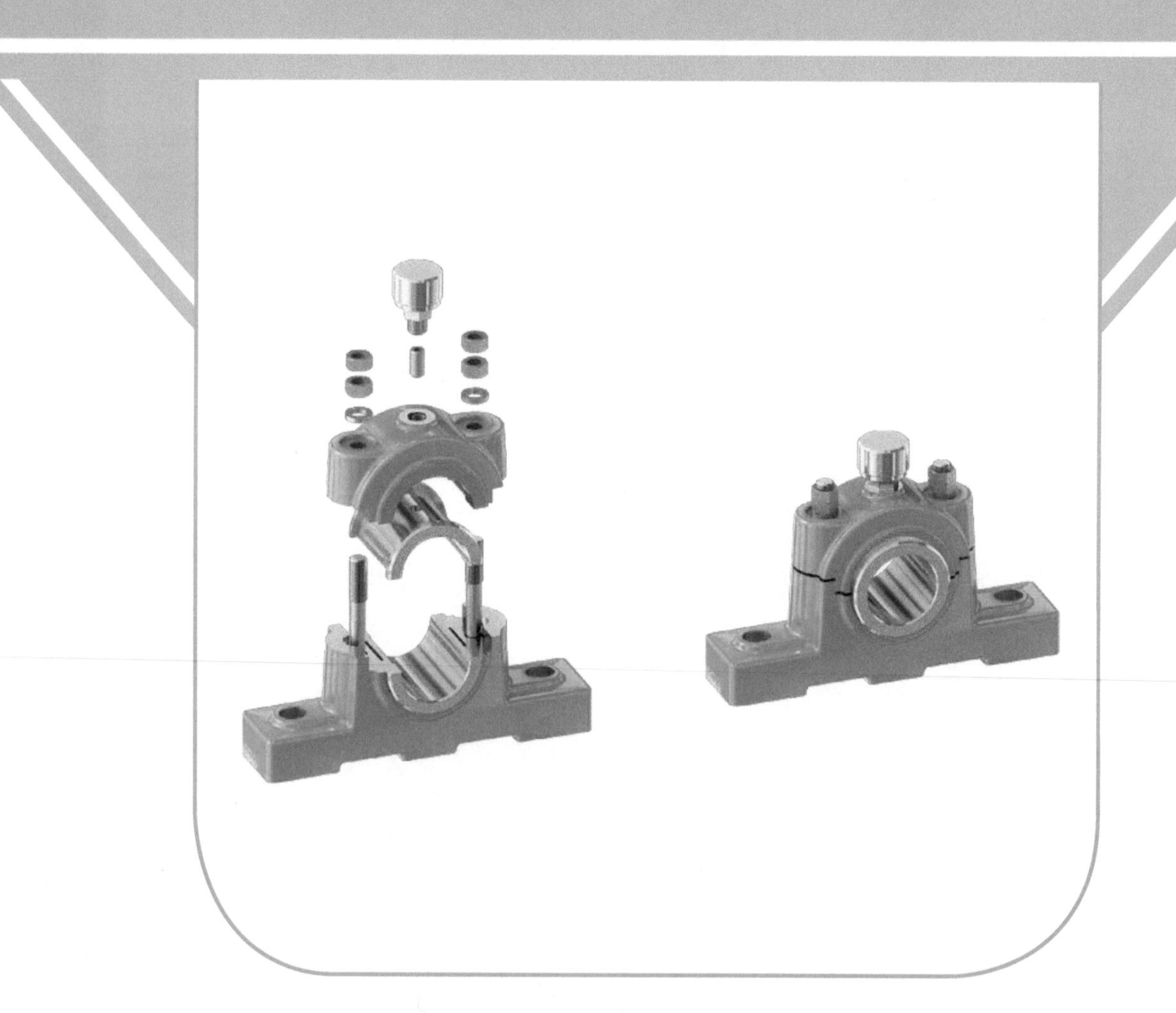

从滚轴溜冰鞋到汽车，从普通车床到数控机床，无论是在日常生活中，还是在制造装备业中，轴承（图 12-1）都占有重要的地位。

a) 数控车床主轴轴承

b) 电主轴用轴承

图 12-1 轴承

轴承是机器中用来支承转动的轴和轴上零件的重要零部件，它能保持轴的正常工作位置和旋转精度，减小转动时轴与支承间的摩擦和磨损，轴承性能的好坏直接影响机器的使用性能。因此，轴承是机器的重要组成部分。

根据摩擦性质的不同，轴承可以分为滚动轴承（图 12-2a）和滑动轴承（图 12-2）两大类。

a) 滚动轴承

b) 滑动轴承

图 12-2 轴承类型

滚动轴承具有摩擦力矩小，易起动，载荷、转速及工作温度的适用范围较广，轴向尺寸小，润滑维修方便等优点，滚动轴承已标准化，在机械中的应用非常广泛。

滑动轴承结构简单，易于制造，可以剖分，便于安装，适用于径向尺寸小的工作场合，价格便宜。在高速、重载、高精度和结构要求剖分的场合，显示出比滚动轴承更大的优越性。因而，在汽轮机、离心式压缩机、内燃机、大型电机中多采用滑动轴承。另外，在低速而带有冲击的机器中，如混凝土搅拌机、破碎机等也常采用滑动轴承。滑动轴承的缺点：润滑的建立和维护要求较高，润滑不良会使滑动轴承迅速失效，且轴向尺寸较大。

第 1 节　滚 动 轴 承

学习目标

1. 能够理解滚动轴承的结构及特点。
2. 能够掌握滚动轴承的类型及特点，并能根据工作情况正确选用轴承。
3. 能够掌握滚动轴承的各代号含义，并合理选择。
4. 了解滚动轴承的安装、固定、润滑与密封。
5. 了解滚动轴承的公差与配合。
6. 了解滚动轴承的主要失效形式。

知识导入

滚动轴承（图 12-3）在生活及生产中应用非常广泛。按其所受载荷方向或公称接触角的不同，可分为向心轴承和推力轴承。

图 12-3　滚动轴承

学习内容

一、滚动轴承的结构及特点

滚动轴承

1. 滚动轴承的结构

滚动轴承一般由外圈、内圈、滚动体和保持架组成，如图 12-4 所示。

双列深沟球轴承动画

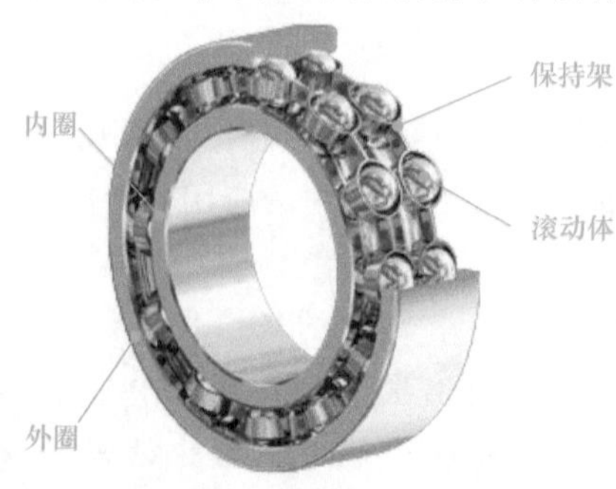

a) 球轴承

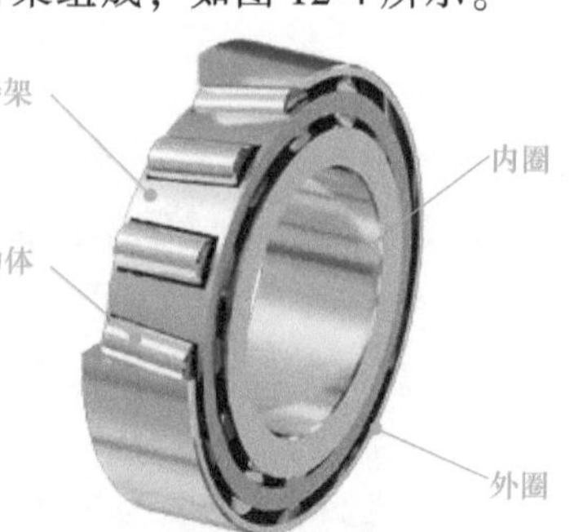

b) 滚子轴承

圆锥滚子轴承动画

图 12-4　滚动轴承的结构

在滚动轴承中，内圈装配在轴颈上，外圈安装在轴承座孔内。多数情况下，内圈随轴回转，外圈固定不动。内、外圈上设置有滚道，当内、外圈之间相对回转时，滚动体沿着套圈上的滚道滚动，表面间的相对运动为滚动摩擦，常见的滚动体形状如图 12-5 所示。滚动体是滚动轴承形成滚动摩擦不可缺少的核心元件。

保持架的作用是将滚动体均匀隔开，以减少滚动体之间的相互摩擦和磨损，常见的保持架结构型式如图 12-6 所示。

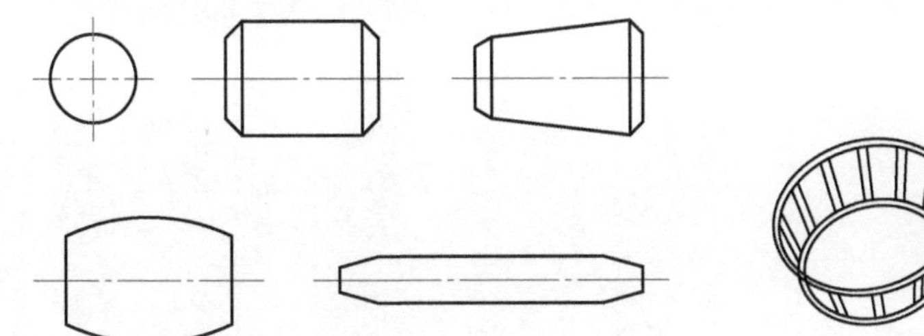

图 12-5 常见的滚动体形状

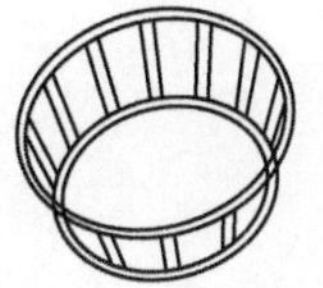

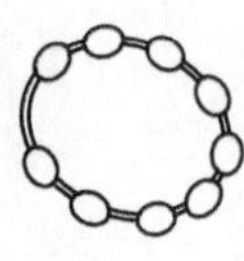

图 12-6 常见的保持架结构型式

2. 滚动轴承的结构特点

(1) 公称接触角 α 滚动轴承的公称接触角 α 指轴承的径向平面（垂直于轴线）与滚动体和滚道接触点的公法线之间的夹角，如图 12-7 所示。

滚动轴承的轴向承载能力随公称接触角 α 的增加而增大。各类轴承的公称接触角见表 12-1。

表 12-1 各类轴承的公称接触角

轴承类型	向心轴承		推力轴承	
	径向接触	角接触	角接触	轴向接触
接触角	$\alpha=0°$	$0°<\alpha\leqslant45°$	$45°<\alpha<90°$	$\alpha=90°$
示意图				
承载方向	主要承受径向载荷		主要承受轴向载荷	
	只能承受径向载荷或较小的轴向载荷	能同时承受径向载荷和轴向载荷	能同时承受径向载荷和轴向载荷	只能承受轴向载荷或较小的径向载荷

(2) 角偏位 轴承由于安装误差或轴的变形等都会引起内、外圈发生相对倾斜，此倾斜角 δ 称为角偏位，如图 12-8 所示。

(3) 游隙 轴承内、外滚道与滚动体之间的间隙量称为游隙，即当一个座圈固定时，另一座圈沿径向或轴向的最大移动量，如图 12-9 所示。游隙可影响轴承的运动精度、寿命、噪声、承载能力等。

(4) 极限转速 滚动轴承在一定的载荷及润滑条件下，轴承许可的最高转速称为极限转速。转速过高会产生高温，导致润滑失效而产生破坏。

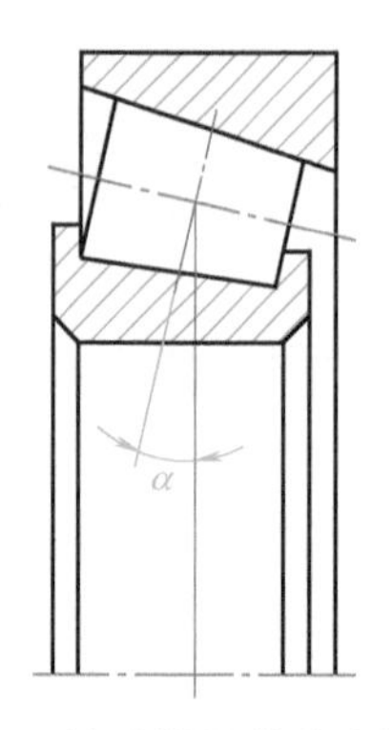

图 12-7　滚动轴承的公称接触角

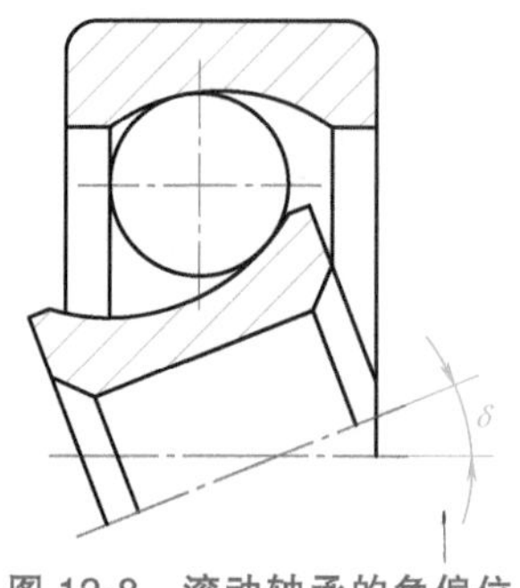

图 12-8　滚动轴承的角偏位

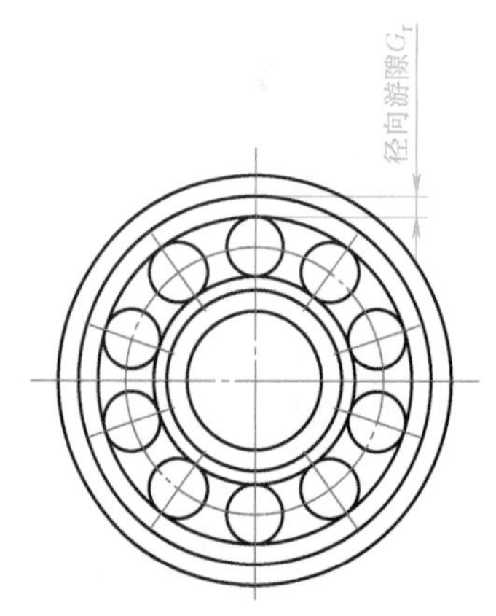

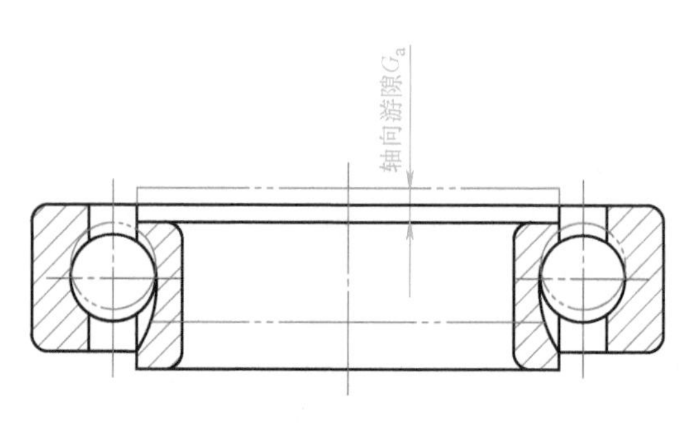

图 12-9　滚动轴承的游隙

提高轴承极限转速的措施有提高轴承精度，选用较大的游隙，改用特殊材料及结构的保持架，采用循环润滑、油雾润滑或喷射润滑，设置冷却系统等。

二、滚动轴承的类型及特点

为满足不同的工作条件要求，滚动轴承有多种不同的类型。国家标准 GB/T 272—2017 规定，滚动轴承的类 型共有 11 种，表 12-2 所列为常用滚动轴承的类型及特性。

表 12-2　常用滚动轴承的类型及特性

序号	轴承类型（标准号）	结构图	结构简图	承载方向	类型代号	极限转速比
1	深沟球轴承（GB/T 276—2013）				6	高
		基本特性：主要承受径向载荷，也可同时承受少量双向轴向载荷；摩擦阻力小，极限转速高，结构简单，价格便宜，应用最广泛。适用于高转速且有轻量化要求的场合				

12 CHAPTER

（续）

序号	轴承类型（标准号）	结构图	结构简图	承载方向	类型代号	极限转速比
2	圆锥滚子轴承（GB/T 297—2015）		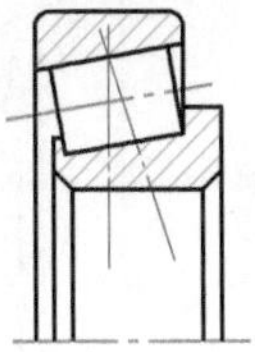		3	中
		基本特性：能同时承受较大的径向载荷和单向的轴向载荷。内、外圈可分离，通常成对使用，对称布置安装。适用于转速不太高，轴的刚性较好的场合				
3	推力球轴承（GB/T 301—2015）	单向 	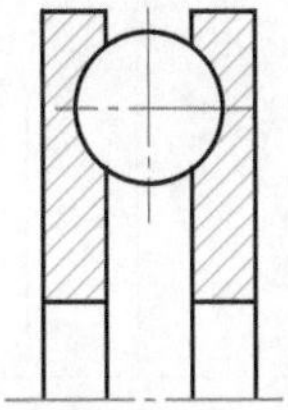		5（5100）	低
		基本特性：只能承受单向轴向载荷，适用于轴向载荷大而转速不高的场合				
		双向 	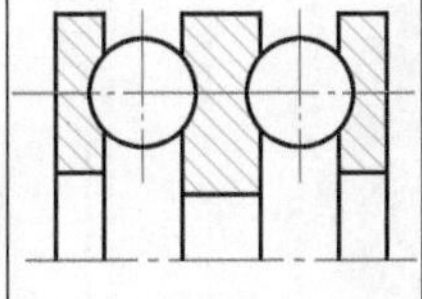		5（5200）	低
		基本特性：可承受双向轴向载荷，且作用线必须与轴线重合。适用于轴向载荷大、转速不高的场合。若转速过高，滚动体离心力大，球与保持架摩擦发热严重，寿命较低				
4	圆柱滚子轴承（GB/T 283—2007）		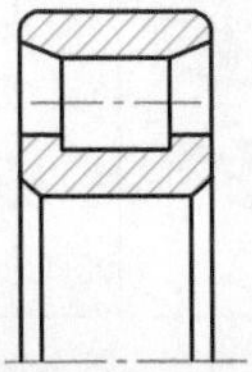		N	高
		基本特性：外圈无挡边，只能承受纯径向载荷。与球轴承相比，承受载荷的能力较大，尤其是承受冲击载荷。适用于刚度较大的轴，并要求支承座孔很好地对中				
5	调心球轴承（GB/T 281—2013）		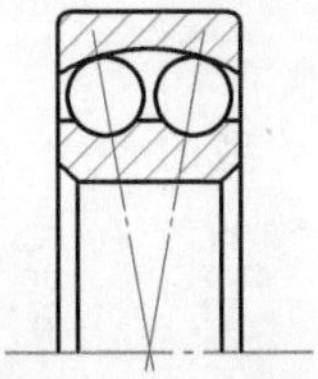		1	中
		基本特性：主要承受径向载荷，同时可承受少量双向轴向载荷；外圈内滚道为球面，能自动调心。适用于弯曲刚度小的轴				

（续）

序号	轴承类型（标准号）	结构图	结构简图	承载方向	类型代号	极限转速比
6	调心滚子轴承（GB/T 288—2013）				2	低
		基本特性：主要承受径向载荷，同时能承受少量双向轴向载荷，其承载能力比调心球轴承大；具有自动调心性能。适用于重载和冲击载荷的场合				
7	推力调心滚子轴承（GB/T 5859—2008）				2	低
		基本特性：主要承受很大的轴向载荷和不大的径向载荷。适用于重载和要求调心性能好的场合				
8	角接触球轴承（GB/T 292—2007）				7	较高
		基本特性：能同时承受径向载荷与轴向载荷，公称接触角 α 有 15°、25°、40°三种，接触角越大，承受轴向载荷的能力越大。适用于转速较高，同时承受径向载荷和轴向载荷的场合				
9	推力圆柱滚子轴承（GB/T 4663—2017）				8	低
		基本特性：能承受很大的单向轴向载荷，承载能力比推力球轴承大得多。适用于低速重载场合				

三、滚动轴承的代号

滚动轴承的类型很多，而同一类型的轴承又有不同的结构、尺寸、公差等级和技术性能等。例如，较为常见的深沟球轴承，在尺寸方面有大小不同的内径、外径和宽度（图 12-10a），在结构上有带防尘盖（图 12-10b）和外圈上有止动槽（图 12-10c）等。为了完整地反映滚动轴承的外形尺寸、结构及性能参数等，国家标准 GB/T 272—2017 规定用字母加数字来表示轴承各个相应的项目，滚动轴承代号的组成见表 12-3。

a) 不同尺寸的轴承

b) 带防尘盖结构

c) 外圈上有止动槽结构

图 12-10　深沟球轴承

表 12-3　滚动轴承代号的组成

<table>
<tr><th colspan="6">轴承代号</th></tr>
<tr><td rowspan="4">前置代号</td><td colspan="4">基本代号</td><td rowspan="4">后置代号</td></tr>
<tr><td colspan="3">轴承系列</td><td rowspan="3">内径代号</td></tr>
<tr><td rowspan="2">类型代号</td><td colspan="2">尺寸系列代号</td></tr>
<tr><td>宽度(或高度)系列代号</td><td>直径系列代号</td></tr>
</table>

注：国家标准对滚针轴承的基本代号另有规定。

1. 基本代号

基本代号表示轴承的基本类型、结构和尺寸，是轴承代号的基础，基本代号由轴承类型代号、尺寸系列代号和内径代号构成，并按此顺序排列。

(1) 轴承类型代号　轴承类型代号用阿拉伯数字或大写拉丁字母表示，轴承类型代号见表 12-4。

表 12-4　轴承类型代号

<table>
<tr><th>代号</th><th>轴承类型</th><th>代号</th><th>轴承类型</th></tr>
<tr><td>0</td><td>双列角接触球轴承</td><td>7</td><td>角接触球轴承</td></tr>
<tr><td>1</td><td>调心球轴承</td><td>8</td><td>推力圆柱滚子轴承</td></tr>
<tr><td>2</td><td>调心滚子轴承和推力调心滚子轴承</td><td rowspan="2">N</td><td>圆柱滚子轴承</td></tr>
<tr><td>3</td><td>圆锥滚子轴承①</td><td>双列或多列用字母 NN 表示</td></tr>
<tr><td>4</td><td>双列深沟球轴承</td><td>U</td><td>外球面球轴承</td></tr>
<tr><td>5</td><td>推力球轴承</td><td>QJ</td><td>四点接触球轴承</td></tr>
<tr><td>6</td><td>深沟球轴承</td><td>C</td><td>长弧面滚子轴承(圆环轴承)</td></tr>
</table>

注：在代号后或前加字母或数字表示该类轴承中的不同结构。

① 符号 GB/T 273.1 的圆锥滚子轴承代号按 GB/T 272—2017 附录 A 的规定。

(2) 尺寸系列代号　尺寸系列代号由两位数字组成，前一位数字为宽（高）度系列代号，后一位数字为直径系列代号。

1) 宽（高）度系列代号表示内、外径相同而宽（高）度不同的轴承系列。对于向心轴承用宽度系列代号，代号有 8、0、1、2、3、4、5 和 6，宽度尺寸依次递增；对于推力轴承用高度系列代号，代号有 7、9、1 和 2，高度尺寸依次递增。以圆锥滚子轴承为例的宽度系列代号示意图如图 12-11 所示。

2）直径系列代号表示内径相同而具有不同外径的轴承系列。直径系列代号有 7、8、9、0、1、2、3、4 和 5，其外径尺寸按由小到大顺序排列。以深沟球轴承为例的直径系列示意图如图 12-12 所示。

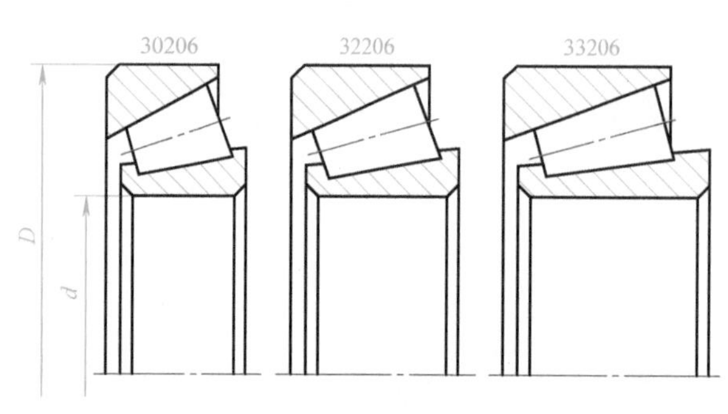

图 12-11　圆锥滚子轴承的宽度系列代号示意图

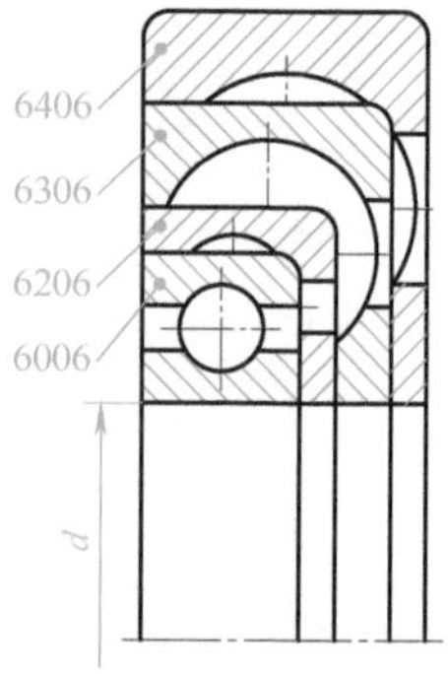

图 12-12　深沟球轴承的直径系列代号示意图

在轴承代号中，轴承类型代号和尺寸系列代号以组合代号的形式表达。在组合代号中，轴承类型代号“0”省略不表示，除 3 类轴承外，尺寸系列代号中的宽度系列代号“0”省略不表示。常用轴承尺寸系列代号见表 12-5。

表 12-5　常用轴承尺寸系列代号

轴承类型	类型代号	尺寸系列代号	轴承系列代号	轴承类型	类型代号	尺寸系列代号	轴承系列代号
调心球轴承	1 (1) 1 (1)	(0)2 22 (0)3 23	12 22 13 23	深沟球轴承	6	19 (1)0 (0)2 (0)3 (0)4	619 60 62 63 64
圆锥滚子轴承	3	02 03 13 22 23	302 303 313 322 323	角接触球轴承	7	(1)0 (0)2 (0)3 (0)4	70 72 73 74
推力球轴承	5	11 12 13 22 23	511 512 513 522 523	外圆无挡边圆柱滚子轴承	N	(0)2 22 (0)3 23 (0)4	N2 N22 N3 N23 N4

注：表中“(　)”内数字在组合代号中省略不表示。

(3) 内径代号　内径代号一般由两位数字表示，并紧接在尺寸系列代号之后标写。滚动轴承内径代号见表 12-6。

表 12-6 滚动轴承内径代号

轴承公称内径/mm		内径代号(两位数)	示例
10~17	10	00	深沟球轴承 6200 $d=10$mm
	12	01	
	15	02	
	17	03	
20~480 (22、28、32 除外)		公称内径除以 5 的商数,商数为个位数,需在商数左边加“0”,如 08	调心滚子轴承 22308 $d=40$mm

注：内径为 22mm、28mm、32mm 以及≥500mm 的轴承，内径代号直接用内径毫米数表示，但标注时与尺寸系列代号之间要用“/”分开。例如，深沟球轴承 62/22 的内径 $d=22$mm。

2. 前置代号和后置代号

前置代号和后置代号是轴承代号的补充，只有在轴承的结构形状、尺寸、公差、技术要求等有所改变时才使用，其排列见表 12-7，一般情况下可部分或全部省略，其详细内容请查阅《机械设计手册》中相关标准规定。

(1) 前置代号 前置代号用字母表示。前置代号及其含义见表 12-7。

表 12-7 前置代号及其含义

代号	含义	示例
L	可分离轴承的可分离内圈或外圈	LNU 207,表示 NU 207 轴承的内圈 LN 207,表示 N 207 轴承的外圈
LR	带可分离内圈或外圈与滚动体的组件	—
R	不带可分离内圈或外圈的组件(滚针轴承仅适用于 NA 型)	RNU 207,表示 NU 207 轴承的外圈和滚子组件 RNA 6904,表示无内圈的 NA 6904 滚针轴承
K	滚子和保持架组件	K 81107,表示无内圈和外圈的 81107 轴承
WS	推力圆柱滚子轴承轴圈	WS 81107
GS	推力圆柱滚子轴承座圈	GS 81107
F	带凸缘外圈的向心球轴承(仅适用于 $d\leqslant10$mm)	F 618/4
FSN	凸缘外圈分离型微型角接触球轴承(仅适用于 $d\leqslant10$mm)	FSN 719/5-Z
KIW-	无座圈的推力轴承组件	KIW-51108
KOW-	无轴圈的推力轴承组件	KOW-51108

(2) 后置代号 后置代号用字母（或加数字）表示。其顺序为：

1）内部结构代号是以字母表示轴承内部结构的改变情况，其含义随不同类型、结构而异。例如，三种不同公称接触角的角接触球轴承，其内部结构代号分别标注为：

① 公称接触角 $\alpha=15°$时，标注为：7210C。

② 公称接触角 $\alpha=25°$时，标注为：7210AC。

③ 公称接触角 $\alpha=40°$时，标注为：7210B。

2）密封、防尘与外部形状变化代号表示轴承是否带防尘、密封、止动槽、止动环，内孔有无锥度等。后置代号的排列顺序见表 12-8。

表 12-8 后置代号的排列顺序

排列顺序	1	2	3	4	5	6	7	8	9
含义	内部结构	密封、防尘与外部形状	保持架及其材料	轴承零件材料	公差等级	游隙	配置	振动及噪声	其他

3）保持架结构及其材料代号是表示材料改变及轴承材料改变的代号，由 JB/T 2974—2004 规定。

4）滚动轴承的公差等级代号有/PN、/P6/、/P6X、/P5、/P4、/P2、/SP 和/UP，其中，前六种分别代表公差等级符号标准规定的 0 级（代号中省略不表示）、6 级、6X 级、5 级、4 级、2 级公差等级；/SP 的尺寸精度相当于 5 级，旋转精度相当于 4 级；/UP 的尺寸精弃相当于 4 级，旋转精度高于 4 级。

5）游隙是指轴承在无载荷的情况下，内、外圈间所能移动的最大距离，做径向移动者称为径向游隙，做轴向移动者称为轴向游隙。游隙代号用“C 数字（或字母）”表示，数字为游隙组号，滚动轴承的游隙代号有/C2、/CN、/C3、/C4、/C5、/CA、/CM 和/C9，其中，/C9 的轴承游隙不同于现标准，详见 6205-RS/C9。游隙组有 2、N、3、4、5 共五组，游隙量按由小到大的顺序排列。其中游隙 N 组为基本游隙，在轴承代号中省略不表示。例如，6210/C2 表示游隙为 2 组，6210 表示游隙为 N 组。

轴承的公差等级代号与游隙代号需要同时表示时，可用公差等级代号加上游隙组号（N 组不表示）的组合形式表示。例如，“6203/P63”表示轴承的公差等级为 6 级，游隙为 3 组。

3. 滚动轴承代号示例

滚动轴承代号表示方法举例如下：

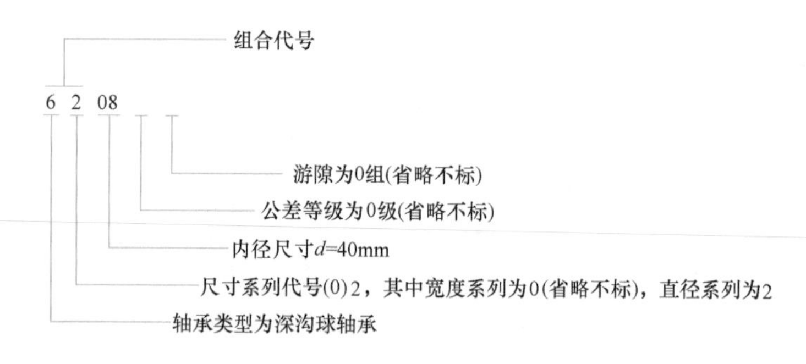

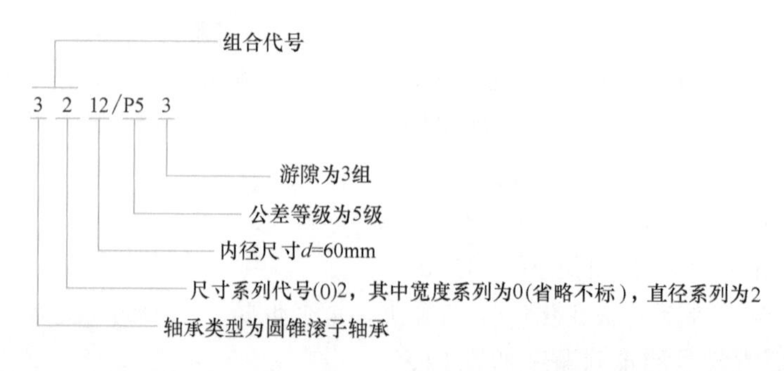

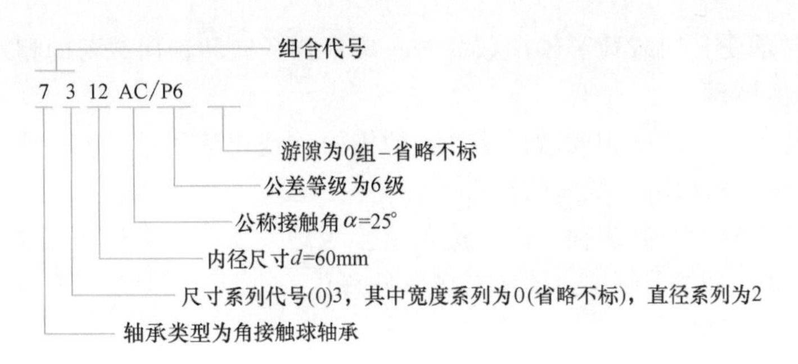

四、滚动轴承类型的选择

滚动轴承的类型很多，选用时，应综合考虑轴承所受载荷大小、方向和性质，转速高低、支承刚度，以及结构状况等，尽可能做到经济合理且满足使用要求。

1. 考虑承受载荷的大小、方向和性质

1）载荷小而平稳时，可选用球轴承；载荷大而有冲击时，可选用滚子轴承。

2）轴承仅受径向载荷时，可选用向心轴承；轴承仅受轴向载荷时，可选用推力轴承，如图 12-13 所示。

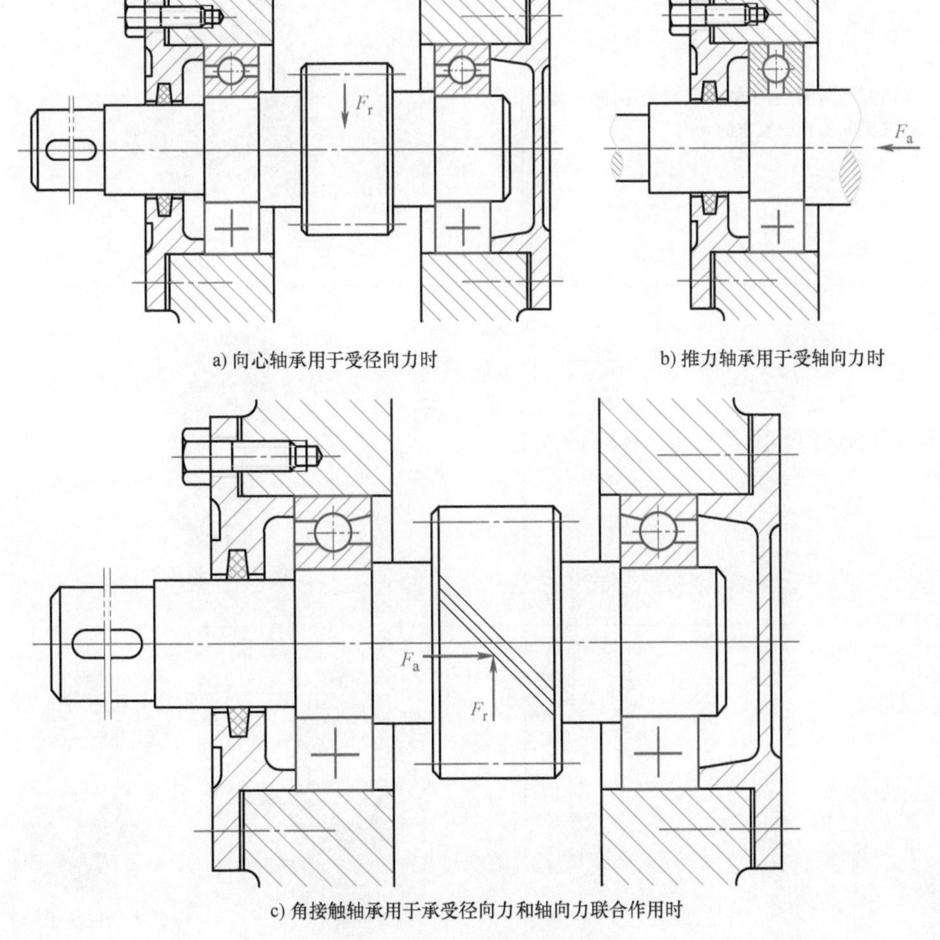

a) 向心轴承用于受径向力时　　b) 推力轴承用于受轴向力时

c) 角接触轴承用于承受径向力和轴向力联合作用时

图 12-13　滚动轴承的选择

3）轴承同时承受径向载荷和轴向载荷时，应根据径向和轴向载荷的相对值来选取。

2. 考虑轴承的转速

1）当轴承的尺寸和精度相同时，球轴承的极限转速比滚子轴承高，所以球轴承宜用于转速高的轴上，滚子轴承用于低速的场合。

2）受轴向载荷较大的高速轴，最好选用角接触球轴承，而不选用推力球轴承，因为转速高时滚子离心力很大，会使推力轴承工作条件恶化。

3. 考虑某些特殊要求

当跨距较大，轴的弯曲变形大或多支点轴，则可选用调心性能好的“自位轴承”。

4. 考虑经济性

此外，还应考虑经济性因素影响。同型号的轴承精度等级越高，其价格越贵。因此，在满足工作要求的条件下尽量选用精度较低的轴承。另外，球轴承较滚子轴承价格相对低，调心滚子轴承最贵。滚动轴承的基本选用原则见表 12-9。

表 12-9 滚动轴承的基本选用原则

应用条件	选用轴承类型示例
以承受径向载荷为主,用于轴向载荷较小、转速高、运转平稳且又无其他特殊要求的场合	深沟球轴承
只承受纯径向载荷,用于转速低、载荷较大或有冲击的场合	圆柱滚子轴承
只承受纯轴向载荷	推力球轴承　推力圆柱滚子轴承

（续）

应用条件	选用轴承类型示例
同时承受较大的径向载荷和轴向载荷	 圆锥滚子轴承 　角接触球轴承
同时承受较大的径向载荷和轴向载荷，但承受的轴向载荷比径向载荷大很多	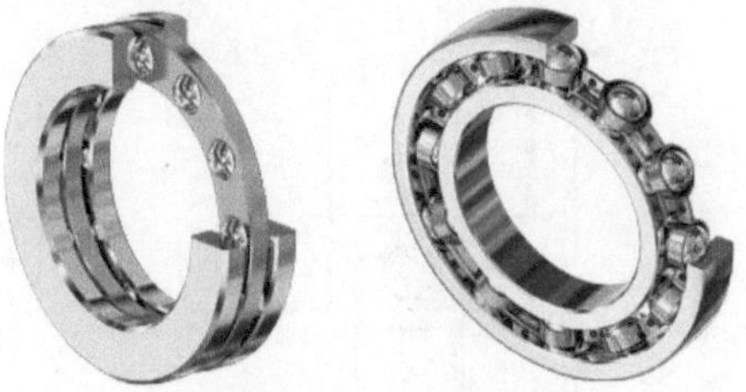 推力轴承和深沟球轴承的组合
两轴承座孔存在较大的同轴度误差或轴的刚度小，工作中弯曲变形较大	 调心球轴承 　调心滚子轴承

五、滚动轴承的安装、润滑与密封

滚动轴承部件的组合安装，是指把滚动轴承安装到机器中去，与轴、轴承座、润滑装置及密封装置等组成一个整体。它包括轴承的布置、固定、装拆、调整、预紧和配合等方面。另外，在使用过程中，为了减少摩擦、防止灰尘侵入，也要采取相应的润滑和密封措施。

1. 轴系的支承结构型式

滚动轴承组成的支承结构必须满足轴系轴向定位可靠、准确的要求，并要保证轴在工作中有热伸长时，其伸长量能够得到补偿。

轴上的零件大都是靠轴承来支承的，轴系的支承结构型式有三种，如图 12-14～图 12-16 所示。

1）两端单向固定。如图 12-14 所示，两端固定式在两个支承处各采用一个深沟球轴承，靠轴承端盖内侧窄端面顶住轴承外圈端面而起轴向固定作用。该形式结构简单，安装调整方

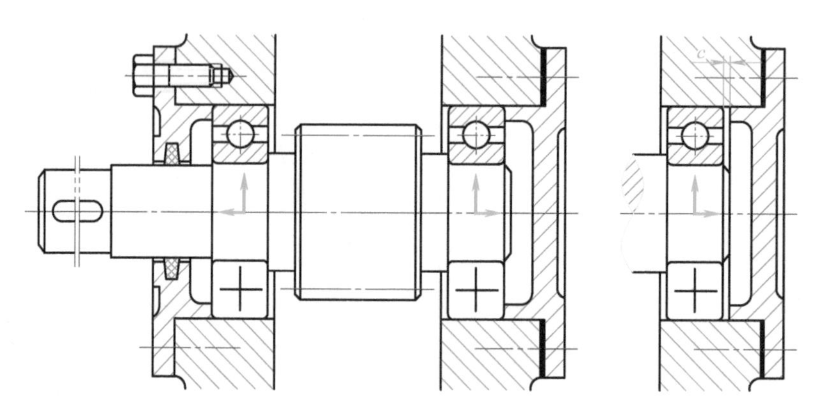

图 12-14　两端单向固定

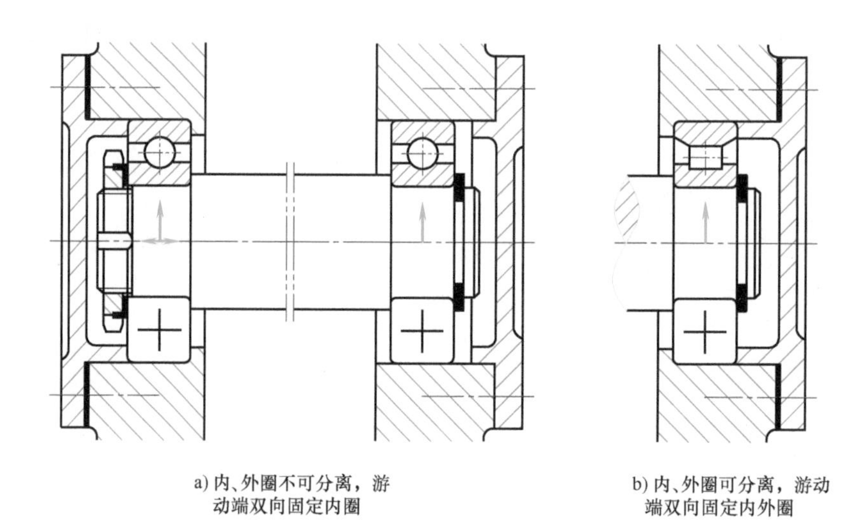

a) 内、外圈不可分离，游动端双向固定内圈　　b) 内、外圈可分离，游动端双向固定内外圈

图 12-15　一端双向固定，一端游动

便，适用于支承跨距不大和温差不大的场合。

2）一端双向固定，一端游动。如图 12-15 所示，一端支承的轴承的内、外圈双向固定，另一端支承的轴承的外圈可以轴向游动。双向固定端的轴承可承受双向轴向载荷，游动端的轴承端面与轴承盖之间留有较大的间隙，以适应轴的伸缩量，这种支承结构适用于轴的温度变化大和跨距较大的场合。

3）两端游动。如图 12-16 所示，对于支承人字齿轮的轴系部件，其位置可通过人字齿轮的几何形状确定，此时必须将两个支点设计为游动支承，但用于其啮合的人字齿轮所在轴系部件必须是两端固定的，以便两轴得到轴向定位。

2. 滚动轴承的轴向固定

一般情况下，滚动轴承的内圈装在被支承轴的轴颈上，外圈装在轴承座（或机座）孔内。滚动轴承安装时，对其内、外圈都要进行必要的轴向固定，以防止运转中产生轴向窜动。

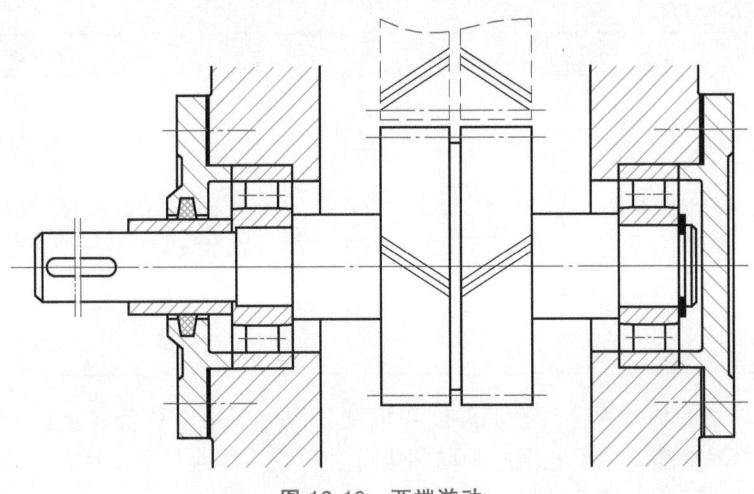

图 12-16　两端游动

（1）轴承内圈的轴向固定　轴承内圈在轴上通常用轴肩或套筒定位，定位端面与轴线要保持良好的垂直度。轴承内圈的轴向固定应根据所受轴向载荷的情况，适当选用轴端挡圈、圆螺母或轴用弹性挡圈等结构。常用轴承内圈的轴向固定形式见表 12-10。

表 12-10　常用轴承内圈的轴向固定形式

形式	图例	适用情况
利用轴肩的单向固定	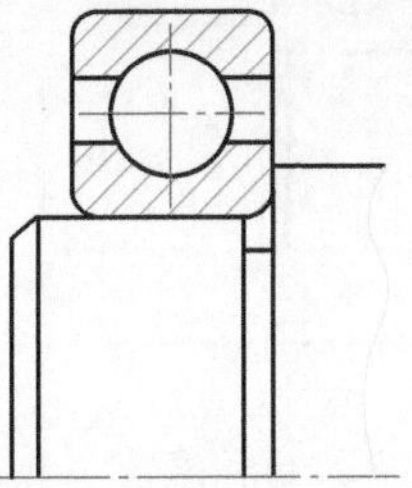	适用于承受较大单向轴向载荷的轴承
利用弹性挡圈和轴肩的双向固定	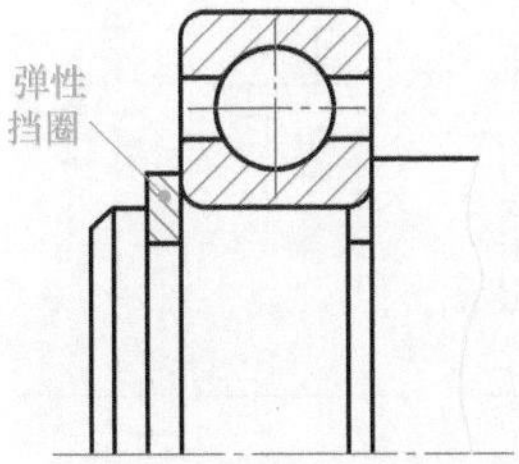	它的结构简单，轴向尺寸小，挡圈只能承受不大的轴向载荷。适用于轴向载荷不大、转速不高的轴承
利用轴肩和轴端挡圈的双向固定	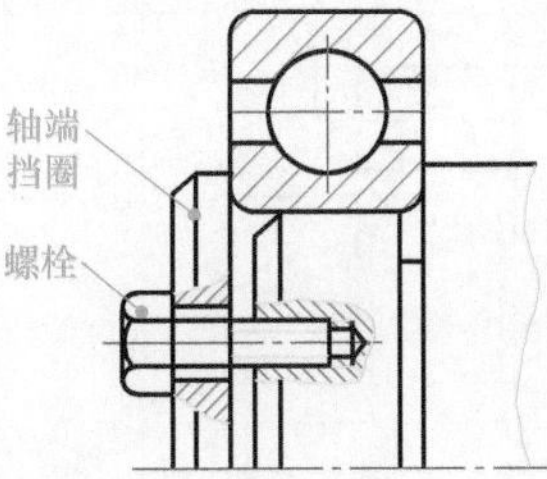	适用于轴端切制螺纹有困难且轴向载荷较大的轴承

（续）

形式	图例	适用情况
利用轴肩和锁紧螺母的双向固定	止动垫片 圆螺母	适用于有两个方向有较大的轴向力和转速高的轴承

（2）轴承外圈的轴向固定　轴承外圈在机座孔中一般用座孔台肩定位，定位端面与轴线需保持良好的垂直度。轴承外圈的轴向固定可采用轴承盖或孔用弹性挡圈等结构。常用轴承外圈的轴向固定形式，见表 12-11。

表 12-11　常用轴承外圈的轴向固定形式

形式	简图	适用情况
利用轴承盖上的凸缘单向固定	轴承盖	适用于两端轴承的固定，可在高转速下承受大的轴向载荷
利用弹性挡圈和机座凸台的双向固定	弹性挡圈	它的轴向尺寸小，适用于轴向载荷不大的轴系
利用轴承盖和机座凸台的双向固定	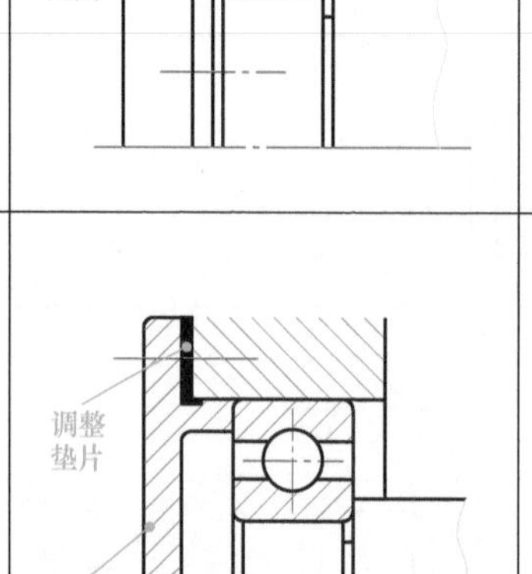	适用于高转速并承受很大轴向载荷的轴承

12 CHAPTER

3. 滚动轴承的润滑

滚动轴承润滑的目的在于减少摩擦阻力、降低磨损、缓冲吸振、冷却和防锈。

滚动轴承的润滑剂有液态的、固态的和半固态的。液态的润滑剂称为润滑油。半固态的、在常温下呈油膏状的润滑剂称为润滑脂。

滚动轴承的润滑方式有脂润滑、油润滑和固体润滑 3 种。

(1) 脂润滑　润滑脂是一种黏稠的凝胶状材料，强度高，能承受较大的载荷，而且不易流失，便于密封和维护，一次充脂可以维持较长时间，无须经常补充或更换；但内摩擦较大，散热效果差。由于润滑脂不适宜在高速条件下工作，故适用于轴颈圆周速度不高于5m/s 的滚动轴承润滑。润滑脂一般在装配时加入，当转速 $n<1500\text{r/min}$ 时，润滑脂的装填量为轴承空间的2/3，当 $n\geqslant1500\text{r/min}$ 时，为了防止摩擦发热过大，影响轴承正常工作，其装填量应为轴承空间的 1/3~1/2。

(2) 油润滑　与脂润滑相比，油润滑的内摩擦小，散热效果好，但需要较复杂的供油和密封装置，油润滑适用于轴颈圆周速度和工作温度较高的场合。油润滑的关键是根据工作温度、载荷大小、运动速度和结构特点选择合适的润滑油黏度。原则上，温度高、载荷大的场合，润滑油黏度应选大些；反之，润滑油黏度应选小些。油润滑的方式有浸油润滑、滴油润滑和喷雾润滑等。若轴承附近有润滑油源（如在齿轮减速器和变速器中），且转动零件的圆周速度又大于 3m/s 时，则可利用飞溅起来的油去润滑滚动轴承。

(3) 固体润滑　固体润滑剂有石墨、二硫化钼（MoS_2）等多种。一般在重载或高温工作条件下采用固体润滑。

4. 滚动轴承的密封

密封的目的，一是为了防止外界灰尘和水分、杂质等的侵入而加速轴承的磨损与锈蚀，二是防止内部润滑剂的漏出而污染设备和增加润滑剂的消耗。良好的密封可保证机器正常工作，降低噪声并延长轴承的使用寿命。

常用的密封装置按工作原理的不同，分接触式密封和非接触式密封两类。滚动轴承常用的密封方式见表 12-12。

表 12-12　滚动轴承常用的密封方式

类型		图例	适用场合	说明
接触式密封	毛毡圈密封	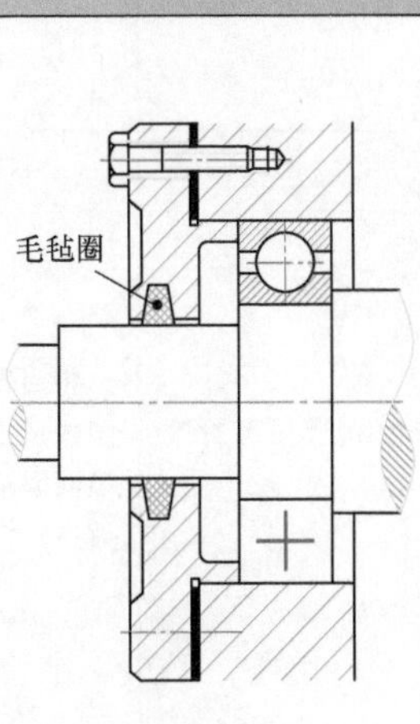 毛毡圈	脂润滑。要求环境清洁，轴颈圆周速度不高于 5m/s，工作温度不高于 90℃	矩形断面的毛毡圈被安装在梯形槽内，它对轴产生一定的压力而起到密封作用

（续）

类型			图例	适用场合	说明
接触式密封	油封		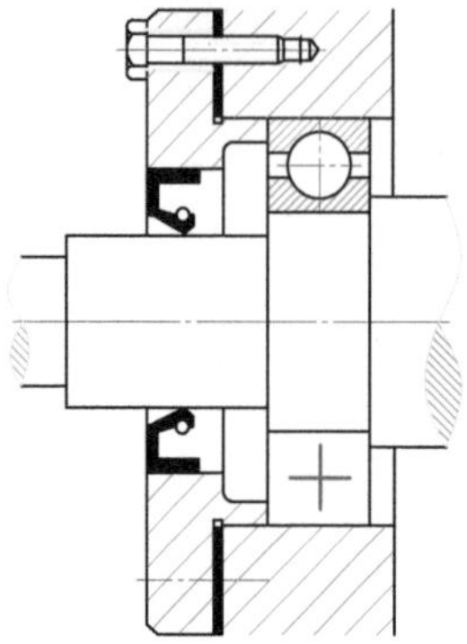	脂润滑或油润滑。圆周速度小于 7m/s，工作温度不高于 100℃	油封是标准件，其主要材料为耐油橡胶。油封的密封唇朝里，主要防止润滑剂泄漏；油封的密封唇朝外，主要防止灰尘、杂质侵入
非接触式密封	间隙密封		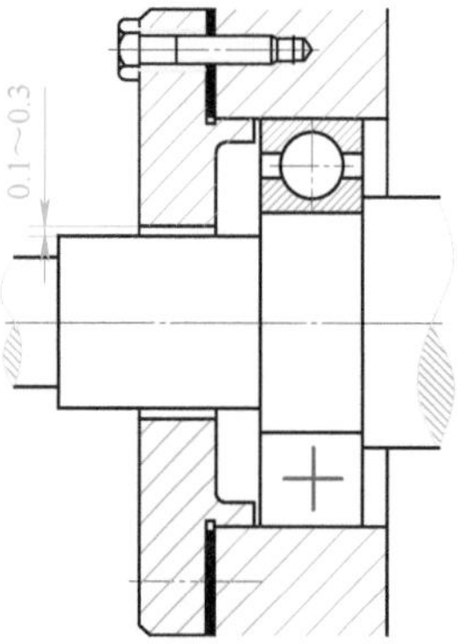	脂润滑。干燥、清洁环境	靠轴与轴承盖孔之间的细小间隙密封，间隙越小越长，密封效果越好，间隙一般取 0.1～0.3mm，油槽能增强密封效果
	曲路密封	径向	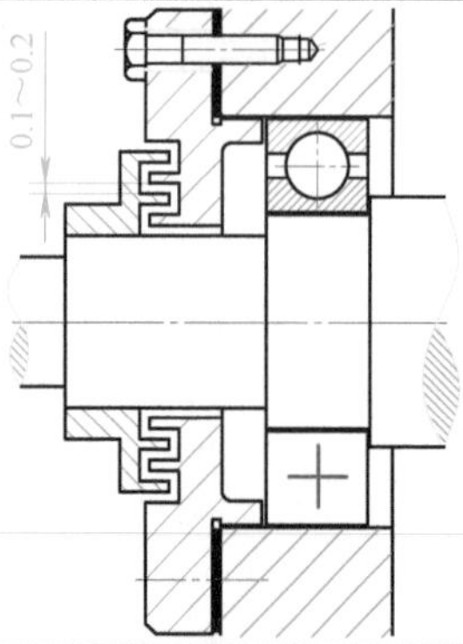	脂润滑或油润滑。密封效果可靠	将回转件与静止件之间的间隙做成曲路形式，在间隙中充填润滑油或润滑脂以增强密封效果
		轴向	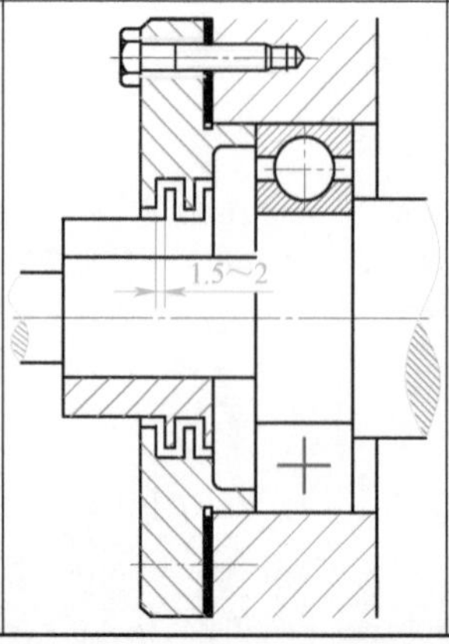	脂润滑或油润滑。密封效果可靠	将回转件与静止件之间的间隙做成曲路形式，在间隙中充填润滑油或润滑脂以增强密封效果

六、轴承游隙的调整

轴承游隙的调整可采用垫片调整或调整螺钉调整的方式，如图 12-17 所示。

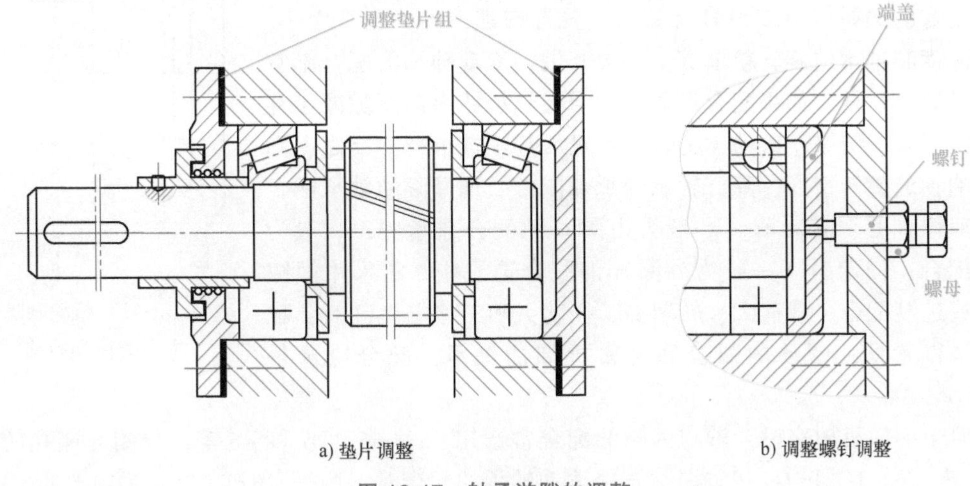

图 12-17 轴承游隙的调整

七、滚动轴承的公差与配合

滚动轴承是一种标准件，与滚动轴承内孔配合的轴颈直径选取基孔制中轴的公差带，并规定有 17 种公差带，如图 12-18a 所示；与滚动轴承外径配合的外壳孔孔径选取基轴制中孔的公差带，并规定有 16 种公差带，如图 12-18b 所示。

需要说明的是，滚动轴承的内孔虽然是基准孔，但其公差带却在零线以下，而普通圆柱公差标准中的基准孔的公差带在零线以上，因此轴承内圈孔与轴的配合比普通圆柱公差标准中基孔制的同名配合要紧得多。轴承外圈的基准轴的公差带在零线以下，这样外圈和座孔的配合与一般孔轴配合的同名配合基本上保持相似的配合公差，但轴承内、外圈的公差数值与一般孔轴配合的标准公差值不等。

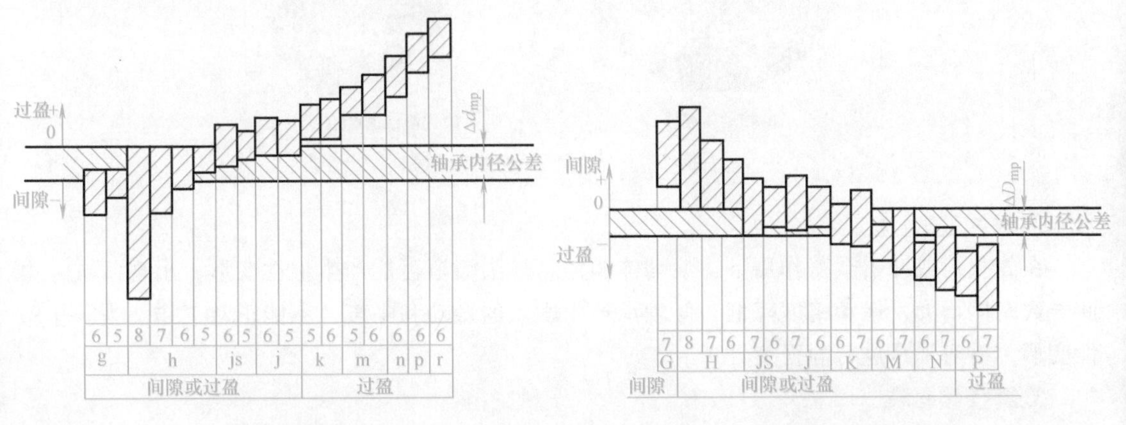

图 12-18 0 级公差滚动轴承与轴颈和外壳孔配合常用公差带

12 CHAPTER

在装配图中，轴承的配合不必注出配合代号，其中轴承内孔与轴的配合只标注轴的公差带代号；轴承外径与外壳孔的配合只标注外壳孔的公差带代号，如图 12-19 所示。

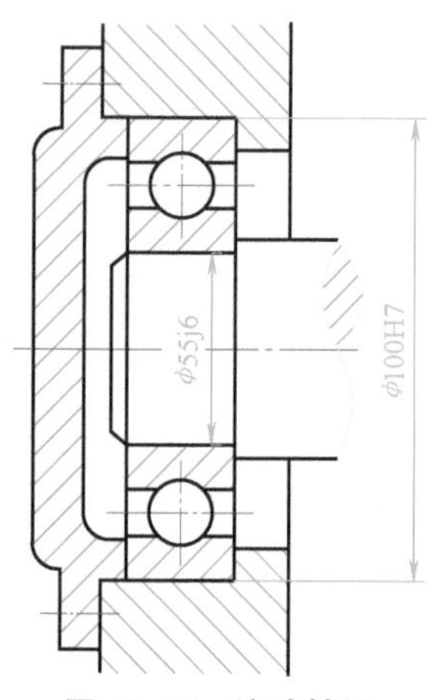

图 12-19　滚动轴承配合的图样标注

滚动轴承的周向固定是通过选择适当的配合来实现的。滚动轴承配合的选择与很多因素有关，主要考虑载荷的类型、大小、工作温度和轴承的旋转精度等。一般来说，滚动轴承的配合不宜选得过紧或过松。如果配合过紧，则会使轴承的内部间隙减小甚至完全消除，结果使滚动体的转动不灵活甚至被卡死。反之，则会影响轴的旋转精度，降低轴承的承载能力。选择滚动轴承配合的一般原则是：转动圈（一般为内圈）的配合选紧些，一般为过盈配合；固定圈（一般为外圈）的配合选松些，常采用间隙配合或过渡配合。载荷大、转速高、振动大和工作温度高时，配合应选得紧些；游动的圈套和经常拆卸的轴承，配合应选得松些。

对于一般机械来说，轴与内圈的配合常选用 n6、m6、k6 和 js6 等，外圈与座孔的配合选用 J7、J6、H7 和 G7 等。具体选择滚动轴承的配合时，可按 GB/T 275—2015 选取。

八、滚动轴承的主要失效形式

1. 接触疲劳点蚀

滚动体和内、外圈滚道在交变应力作用下会发生表面接触疲劳点蚀，如图 12-20 所示，这是滚动轴承的主要失效形式。点蚀使轴承在运转中产生振动和噪声，回转精度降低且工作温度升高，使轴承丧失正常的工作能力。为了防止点蚀，需要进行疲劳寿命计算。

a) 滚动体点蚀

b) 内圈滚道点蚀

图 12-20　滚动轴承疲劳点蚀

2. 塑性变形

在静载荷或冲击载荷作用下，滚动体和内、外圈滚道可能产生塑性变形，出现凹坑，由此导致摩擦增大、运动精度降低，使轴承产生剧烈的振动和噪声，不能正常工作。为防止塑性变形，需对轴承进行静强度计算。

3. 磨损和碎裂

轴承在多尘或密封不可靠、润滑不良的条件下工作时，滚动体或内、外圈滚道易产生磨粒磨损。轴承在高速运转时还会产生滚动体回火。为防止和减轻磨损，应限制轴承的工作转速，并采取良好的润滑和密封措施。此外，高速轴承可能由于离心力引起保持架破坏。由于配合不当、装拆不合理等非正常因素，轴承的内、外圈可能发生破裂，在装拆轴承时应充分注意。

第2节 滑动轴承

学习目标

滑动轴承

1. 掌握滑动轴承的结构及特点。
2. 了解轴瓦的结构及材料选择。
3. 理解滑动轴承的润滑方式及装置。

知识导入

电唱盘（图12-21）总是带有古老却又高雅的色彩，而电唱盘上用的轴承为塑料制作的滑动轴承。

滑动
轴承动画

图12-21 电唱盘

学习内容

一、滑动轴承的结构特点

1. 滑动轴承的类型及特点

滑动轴承按承载方向分为径向滑动轴承（承受径向载荷）、止推滑动轴承（承受轴向载荷）。与滚动轴承相比，滑动轴承的主要优点是：运转平稳可靠，径向尺寸小，承载能力大，抗冲击能力强，能获得很高的旋转精度，可实现液体润滑以及能在较恶劣的条件下工作。滑动轴承适用于低速、重载、对轴的支承精度要求较高以及径向尺寸受限制等场合。

滑动轴承主要由轴承座、轴瓦（或轴套）、润滑装置和密封装置等部分组成。装有轴瓦（或轴套）的壳体称为滑动轴承座。常用滑动轴承的结构特点见表12-13。

表 12-13　常用滑动轴承的结构特点

<table>
<tr><th colspan="3">类型</th><th>图　　例</th><th>特　　点</th></tr>
<tr><td rowspan="3">径向滑动轴承</td><td colspan="2">整体式</td><td>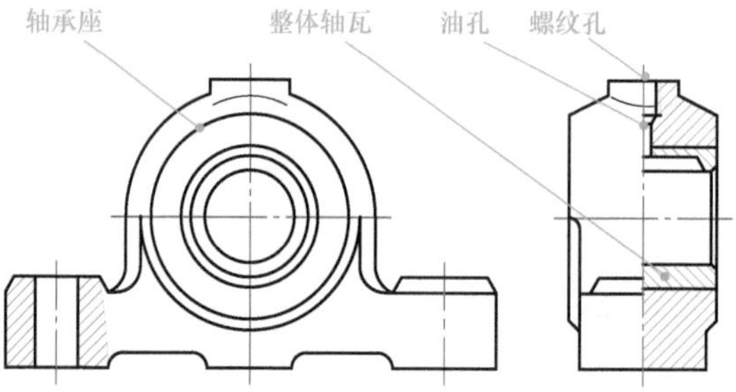
</td><td>无轴承座的整体式滑动轴承，在机架式箱体上直接镗出轴承座孔，孔中可安装套筒形的轴瓦
有轴承座的整体式滑动轴承，使用时把它用螺栓安装到机架上。这种轴承已标准化，其结构和尺寸可参考 JB/T 2560—2007
整体式滑动轴承具有结构简单、制造方便、价格低廉、刚度较大等优点。但轴套磨损后间隙无法调整，装拆时必须做轴向移动，不太方便，故只适用于低速、轻载和间歇工作的场合</td></tr>
<tr><td rowspan="2">剖分式</td><td>正滑动轴承</td><td>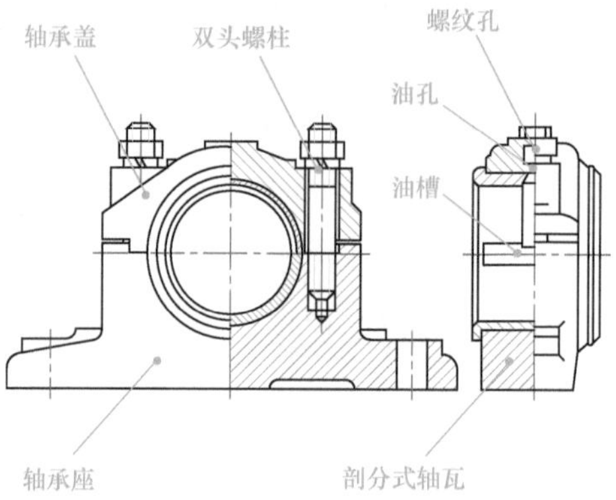
</td><td rowspan="2">可分为剖分式正滑动轴承和斜滑动轴承两类
剖分式径向滑动轴承由轴承盖、轴承座、上下轴瓦和润滑装置等组成，轴承盖与轴承座用两个或四个双头螺柱连接，在剖分面处制成凹凸状的配合表面，使之能上下对中和防止横向错动。通常在轴承盖和轴承座之间留有少量的间隙，当轴瓦稍有磨损时，可减薄剖分面的垫片厚度来调整间隙
选用剖分式正滑动轴承时，应保证径向载荷的作用线与水平线之间的夹角不超过 35°，否则，就应采用剖分式斜滑动轴承，这类轴承已标准化见 JB/T 2561—2007，JB/T 2562—2007 和 JB/T 2563—2007。
剖分式滑动轴承的优点是装拆方便，易于调整间隙，因此得到了广泛应用</td></tr>
<tr><td>斜滑动轴承</td><td>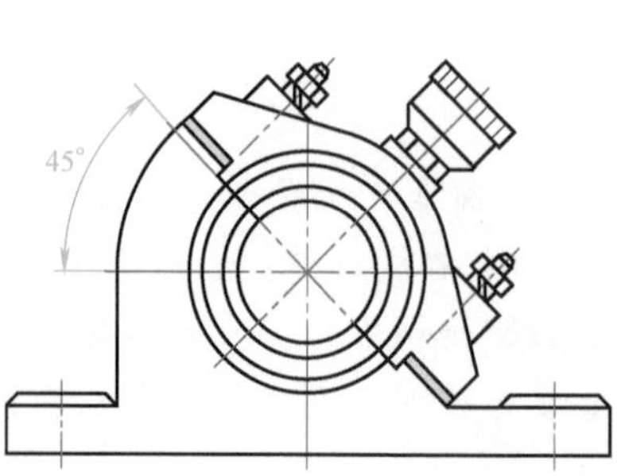
</td></tr>
</table>

（续）

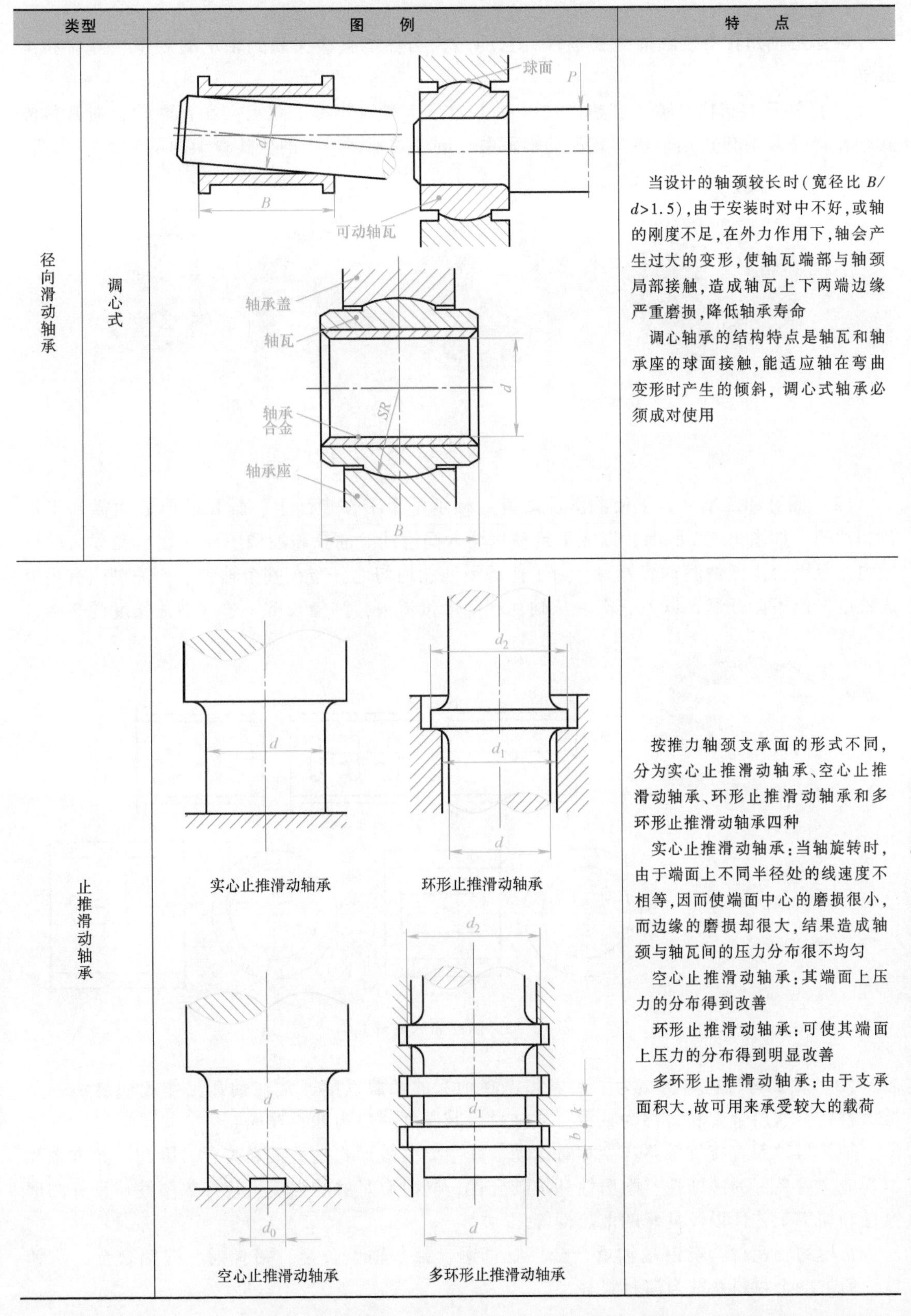

类型		图例	特点
径向滑动轴承	调心式		当设计的轴颈较长时（宽径比 $B/d>1.5$），由于安装时对中不好，或轴的刚度不足，在外力作用下，轴会产生过大的变形，使轴瓦端部与轴颈局部接触，造成轴瓦上下两端边缘严重磨损，降低轴承寿命 调心轴承的结构特点是轴瓦和轴承座的球面接触，能适应轴在弯曲变形时产生的倾斜，调心式轴承必须成对使用
止推滑动轴承		实心止推滑动轴承 环形止推滑动轴承 空心止推滑动轴承 多环形止推滑动轴承	按推力轴颈支承面的形式不同，分为实心止推滑动轴承、空心止推滑动轴承、环形止推滑动轴承和多环形止推滑动轴承四种 实心止推滑动轴承：当轴旋转时，由于端面上不同半径处的线速度不相等，因而使端面中心的磨损很小，而边缘的磨损却很大，结果造成轴颈与轴瓦间的压力分布很不均匀 空心止推滑动轴承：其端面上压力的分布得到改善 环形止推滑动轴承：可使其端面上压力的分布得到明显改善 多环形止推滑动轴承：由于支承面积大，故可用来承受较大的载荷

2. 轴瓦

轴瓦是轴颈直接接触的重要零件，它的结构与性能直接关系到轴承的效率、寿命和承载能力。

（1）轴瓦的结构 轴瓦有整体式（图 12-22a）和剖分式（图 12-22b）两种，通常整体式轴瓦（又称轴套）用于整体式滑动轴承中，剖分式轴瓦用于剖分式滑动轴承。

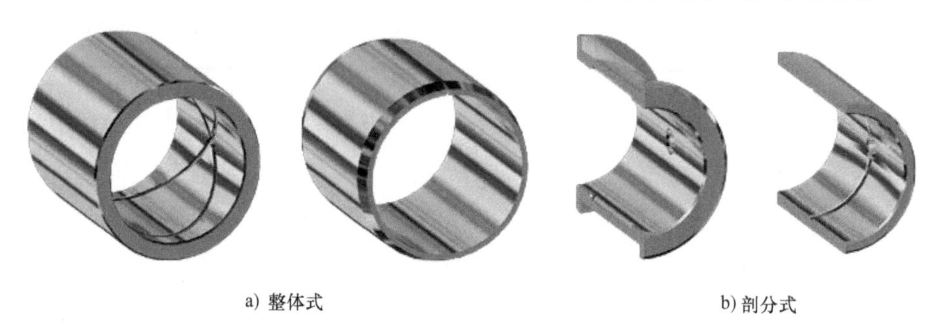

a) 整体式　　b) 剖分式

图 12-22　轴瓦的结构

（2）油孔和油槽 为了使润滑油能流到轴承整个工作表面上，轴瓦的内表面需开出油孔和油槽，如图 12-23 所示，以便于给轴承注入润滑油。油孔和油槽不能开在承受载荷的区域内，否则会降低油膜承载能力。为了使润滑油能均匀地分布在整个轴颈上，油槽应有足够的长度，但不能开通，以免润滑油从轴瓦端部大量流失，油槽长度一般取轴瓦长度的 80%。

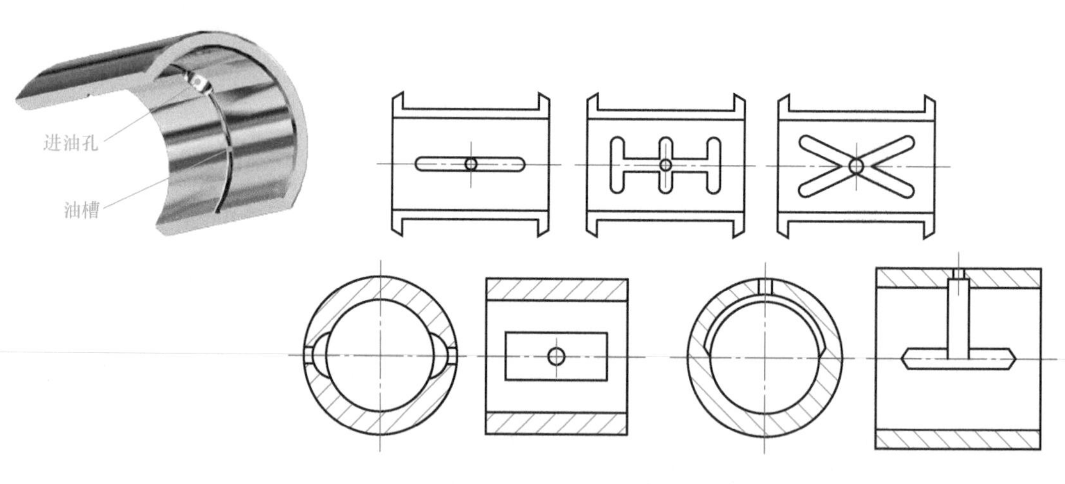

图 12-23　油孔和油槽形式

（3）轴瓦与轴衬材料 为了改善和提高轴瓦的承载性能，常在轴瓦工作表面浇注一层减摩材料，这层金属材料称为轴承衬或轴衬，其厚度一般为 0.5~6mm。

轴瓦与轴系直接接触并产生相对运动，其主要失效形式是磨损和胶合。因此，要求轴瓦材料应具有良好的减摩性、耐磨性和抗胶合性，同时有足够的强度、较好的塑性、良好的磨合性和加工工艺性以及良好的散热性等。

常用的轴瓦材料有锡基轴承合金、锡青铜、铅基轴承合金、铅青铜、锌铝合金、灰铸铁、粉末冶金材料及非金属材料等。

二、滑动轴承的润滑

滑动轴承润滑的目的在于减小工作表面的摩擦和磨损，降低功率消耗。润滑剂还可起到冷却、防锈、吸振和散热等作用。合理正确地润滑对保证机器的正常运转、延长使用寿命具有重要的意义。常用的滑动轴承润滑方式及装置见表 12-14。

表 12-14　常用的滑动轴承润滑方式及装置

润滑方式		装置示意图	说　明
间歇润滑	针阀式油杯	手柄 调节螺母 针阀	用于油润滑。将手柄置于垂直位置，针阀上升，油孔打开供油；手柄置于水平位置，针阀降回原位，停止供油。旋动螺母可调节注油量大小
	旋套式油杯	杯体 旋套	用于油润滑。转动旋套，当旋套孔与杯体注油孔对正时可用油壶或油枪注油。不注油时，旋套壁遮挡杯体注油孔，起密封作用
	压配式油杯	钢球 弹簧	用于油润滑或脂润滑。将钢球压下可注油，不注油时，钢球在弹簧的作用下，使杯体注油孔封闭

（续）

润滑方式		装置示意图	说　明
间歇润滑	旋盖式油杯	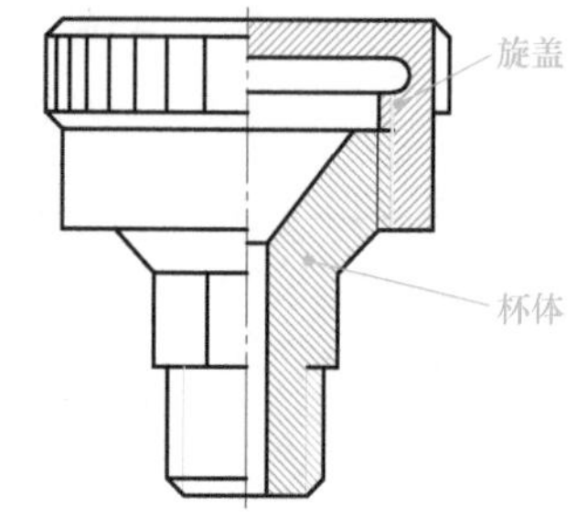	用于脂润滑。杯盖与杯体采用螺纹连接，旋合时在杯体和杯盖中都装满润滑脂，定期旋转杯盖，可将润滑脂挤入轴承内
连续润滑	芯捻式油杯	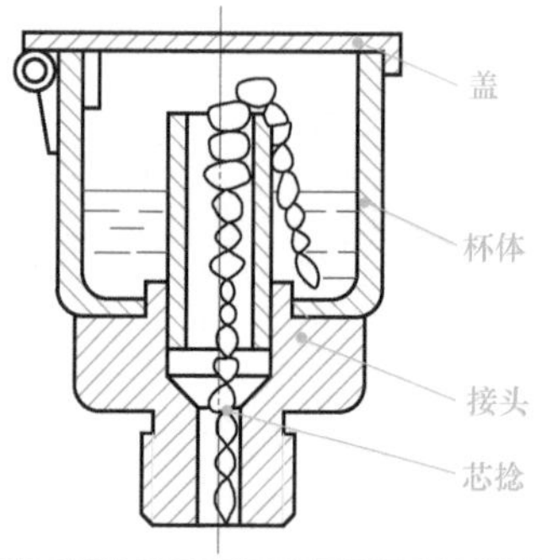	用于油润滑。杯体中储存润滑油，靠芯捻的毛细作用实现连续润滑。这种润滑方式注油量较小，适用于轻载及轴颈转速不高的场合
	油环润滑	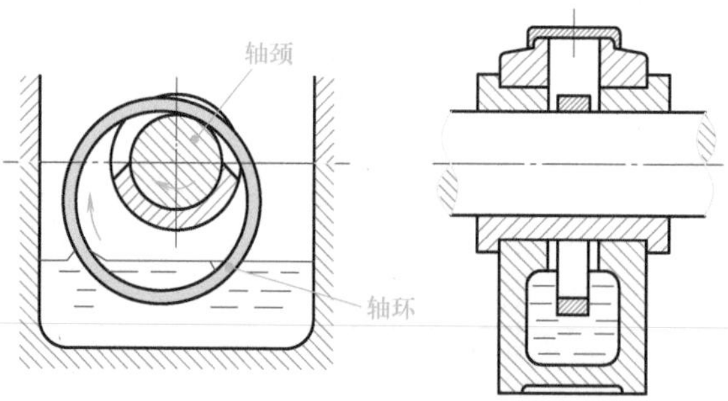	用于油润滑。油环套在轴颈上并垂入油池，轴旋转时，靠摩擦力带动油环转动，将润滑油带至轴颈处进行润滑。这种润滑方式结构简单，但由于靠摩擦力带动油环甩油，因此轴的转速需要适当才能充足供油
	压力润滑	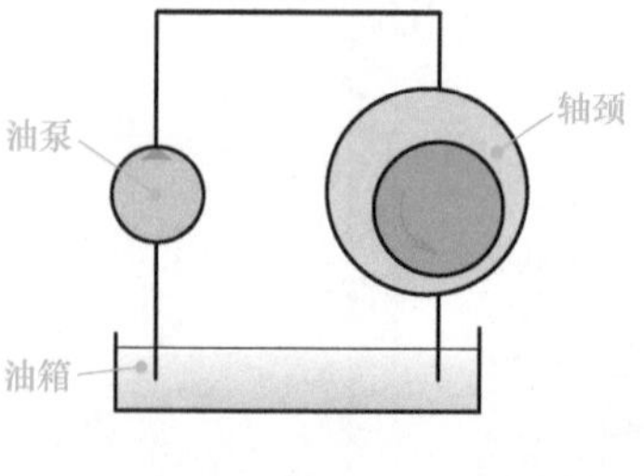	用于油润滑。利用油泵将压力润滑油送入轴承进行润滑。这种润滑方式工作可靠，但结构复杂，对轴承的密封要求高，且成本较高。适用于大型、重载、高速、精密和自动化机械设备

本章小结

1. 轴承的作用及分类。
2. 滚动轴承的结构组成及特点。
3. 滚动轴承的类型及选择。
4. 滚动轴承的代号。
5. 滚动轴承的安装、润滑及密封。
6. 滚动轴承的公差与配合。
7. 滚动轴承的主要失效形式。
8. 滑动轴承的类型、结构特点及润滑。
9. 轴瓦的结构及材料。

本章习题

1. 常用滚动轴承的类型有哪些？各有什么特点？
2. 请写出下列滚动轴承代号的含义。

   62203　6111/P6　30213　7（0）312AC/P6
3. 滚动轴承类型的基本选用原则是什么？
4. 滚动轴承内、外圈的轴向固定形式有哪些？
5. 滚动轴承润滑的目的是什么？
6. 滚动轴承的失效形式有哪些？
7. 简述常用滑动轴承的结构特点。
8. 滑动轴承常用的润滑方式有哪些？
9. 请举出在生产实践和日常生活中应用滚动轴承和滑动轴承的实例各两个。

第13章　联轴器、离合器和制动器

手动档汽车有三个脚踏板，左脚踩离合器踏板，右脚踩加速踏板和制动踏板，也就是说，汽车的安全正常行驶离不开汽车离合器（图 13-1a）和汽车制动器（图 13-1b）。而生活、生产中，很多机械设备都需要利用联轴器（图 13-1c）、离合器和制动器才能保证设备的正常工作，如卷扬机、各种运输机械以及各种车辆等。

a) 汽车离合器

b) 汽车制动器

c) 联轴器

图 13-1 离合器、制动器和联轴器

第 1 节 联 轴 器

学习目标

了解联轴器的结构、特点及应用。

联轴器

知识导入

在机械设备中，通常需要用电动机来带动轴进行旋转，那么电动机是通过什么和轴连在一起并传递运动和动力的呢？

学习内容

联轴器是机械传动中的常用部件，用来连接两传动轴，使其一起转动并传递转矩，有时也可作为安全装置。例如，在卷扬机传动系统中，联轴器将电动机轴与减速器连接起来并传递转矩及运动。

联轴器一般由两个半联轴器及其连接件组成。两个半联轴器通常用键分别跟主、从动轴相连，再利用连接件把两个半联轴器连接在一起。用联轴器连接的两传动轴在机器工作时不能分离，只有当机器停止运转后，用拆卸的方法才能将它们分开。

联轴器按结构特点不同，可分为刚性联轴器和挠性联轴器两大类。刚性联轴器通过若干刚性零件将两轴连接在一起，可分为固定式和可移式两类。刚性联轴器结构简单、成本较低，但对中性要求高，一般用于平稳载荷或只有轻微冲击的场合。挠性联轴器可分为无弹性元件联轴器和有弹性元件联轴器两类。常用联轴器的类型、结构特点及应用见表 13-1。

表 13-1　常用联轴器的类型、结构特点及应用

类型			图　例	结构特点及应用
刚性联轴器	凸缘联轴器		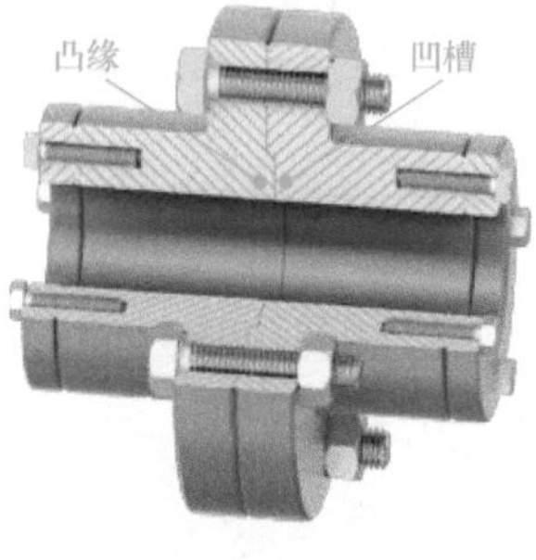 a) 凹槽相嵌  b) 剖分环配合	凸缘联轴器利用螺栓连接两个半联轴器的凸缘，以实现两轴的连接。这种联轴器结构简单，装拆较方便，可传递较大的转矩，但无缓冲和吸振作用。适用于两轴对中性好、低速、载荷平稳及经常拆卸的场合 凸缘联轴器有两种对中方法：一种是用半联轴器接合端面上的凸缘与凹槽相嵌合来对中(图 a)，另一种是在两个半联轴器上都制出凸缘，共同与一个剖分环配合而实现对中(图 b)
	套筒联轴器		 键连接  锥销连接	套筒联轴器由连接两轴轴端的套筒和连接套筒与轴的键或销组成。这种联轴器结构简单，径向尺寸小，制造方便，但装拆时需做轴向移动而不太方便，故仅用于低速、轻载、工作平稳、要求径向尺寸紧凑或空间受限制的场合
挠性联轴器	无弹性元件联轴器	十字轴万向联轴器	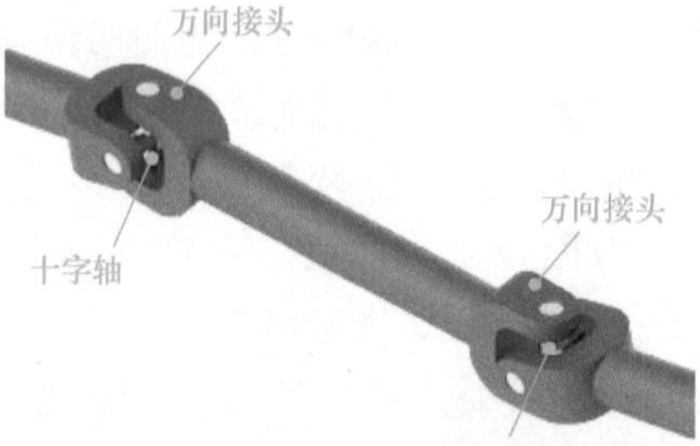	十字轴万向联轴器由两个万向接头及一个十字轴通过刚性铰接而构成。它广泛用于两轴中心线相交成较大角度(可达 45°)的连接。十字轴万向联轴器结构紧凑、维护方便，广泛用于汽车、拖拉机、切削机床等机器的传动系统中

（续）

类型			图　例	结构特点及应用
挠性联轴器	无弹性元件联轴器	滑块联轴器	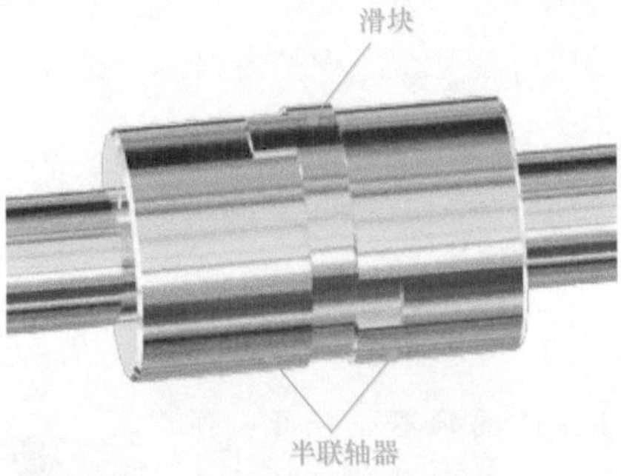	滑块联轴器由两个带径向通槽的半联轴器和一个两面具有相互垂直的凸榫的中间滑块所组成，滑块上的凸榫分别和两个半联轴器的凹槽相嵌合，构成移动副，故可补偿两轴间的偏移。为减少磨损、提高寿命和效率，在榫槽间需定期施加润滑剂。当转速较高时，因为中间浮动盘的偏心将会产生较大的离心惯性力，给轴和轴承带来附加载荷，所以只适用于低速、冲击小的场合
		齿式联轴器		齿式联轴器由两个具有外齿的半联轴器和两个具有内齿的外壳组成。半联轴器分别装在两轴上，用键连接，外齿与外壳上的内齿啮合，传递转矩，而两壳在凸缘处用螺栓连接 由于制造时，啮合齿间留出了较大的间隙，并将外齿的齿顶做成球面（并做成鼓形齿），因此它具有补偿两轴之间综合位移的能力（即允许两轴产生任何相对位移）。这种联轴器传递转矩的能力大（原因是多对齿同时工作），故在重型机械中应用广泛
	有弹性元件联轴器	弹性套柱销联轴器		弹性套柱销联轴器的两个半联轴器之间用套有弹性套的柱销连接，弹性套筒常用橡胶制造，具有良好的弹性，柱销常用钢制造。允许少量的轴向位移、径向位移和角位移（即综合位移）。这种联轴器适用于起动频繁、变载荷、转速高，传递中小转矩的轴
		弹性柱销联轴器	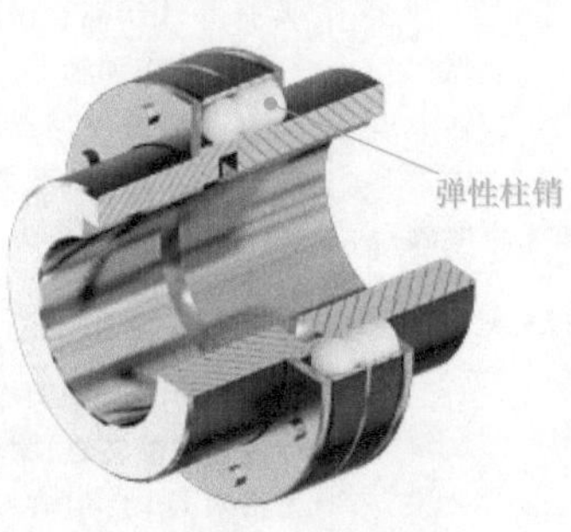	弹性柱销联轴器的两个半联轴器之间用非金属的柱销连接，柱销常用尼龙制造，具有一定的弹性。这种联轴器结构简单，制造容易，维修方便，适用于轴向窜动量较大、正反转起动频繁的传动和轻载的场合

第2节　离　合　器

学习目标

1. 理解离合器的结构、特点及应用。
2. 掌握联轴器和离合器的主要功用及区别。

离合器

知识导入

在机器运转过程中，因为联轴器连接的两轴不能分开，所以在一些应用中受到制约。例如，汽车从起动到正常行驶过程中，操纵变速杆（图 13-2）需要换档变速，为保持换档时的平稳并减少冲击和振动，需要暂时断开发动机与变速器的连接，待换档变速后再逐渐接合。显然，联轴器不能满足这种要求。若采用离合器即可解决这个问题，离合器类似开关，能方便地接合或断开动力的传递。

图 13-2　变速杆

学习内容

与联轴器相同，离合器主要用来连接两轴，使其一起转动并传递转矩。但用离合器连接的两轴，在机器的运转过程中可以随时进行接合或分离。另外，离合器也有过载保护的功能，通常用于机械传动系统的起动、停止、换向及变速等操作。

离合器的特点是工作可靠，接合平稳，分离迅速而彻底，动作准确，调节和维修方便，操作方便省力，结构简单等。

离合器的种类很多，常用的有啮合式离合器、齿形离合器、摩擦块离合器和超越离合器。常用离合器的类型、结构特点及应用见表 13-2。

表 13-2　常用离合器的类型、结构特点及应用

类型	图　例	结构特点	应用
啮合式离合器	半离合器　对中环　滑环	啮合式离合器主要由两个端面带有齿形的套筒所组成。其中，一个半离合器用键和螺钉固定在主动轴上，另一个半离合器则用导向平键（或花键）与从动轴构成动连接，利用操纵杆带动滑环可使半离合器沿其轴向移动，从而实现离合器的接合和分离。其结构简单，尺寸小，操作方便，能传递较大的转矩，两轴连接后无相对运动，但在接合时有冲击	适用于低速或停机时的接合，否则容易将齿打坏

（续）

类型	图　例	结构特点	应用
齿形离合器		齿形离合器利用内、外齿组成嵌合副，操作方便	多用于机床变速箱中
摩擦块离合器		操纵摩擦块离合器的滑环使主、从动盘压紧或松开，从而实现两轴的离合。其结构简单，接合平稳，散热性好，冲击和振动小；当从动轴发生过载时，离合器摩擦表面之间发生打滑，因而能保护其他零件免于损坏。由于摩擦表面之间存在相对滑动，以致发热较高，磨损较大，因此传递转矩较小	用于经常起动、制动或频繁改变速度大小和方向的机械，如汽车、拖拉机等
超越离合器		图示为滚柱式超越离合器，若星轮为主动件并做顺时针方向转动时，滚柱因被楔紧而使离合器处于接合状态；当星轮做逆时针方向转动时，滚柱因被放松而使离合器处于分离状态。若外圈为主动件，则情况刚好相反。超越离合器接合和分离中平稳、无噪声，可在高速运转中接合	广泛用于金属切割机床、飞机、汽车、摩托车和各种起重设备的传动装置中

联轴器和离合器在功能上的共同点是：均用于轴和轴之间的连接，使两轴一起转动并传递转矩。

联轴器和离合器在功能上的区别是：联轴器只有在机器停止运转后才能将其拆卸，使两轴分离；而离合器可在机器运转过程中随时使两轴接合或分离。

第3节　制　动　器

制动器

理解制动器的结构、特点及应用。

知识导入

当人们骑车发现前面有突发状况时就要制动，其目的是尽快地停下，避免发生危险。同样，在一些机械设备中，为了降低某些运动部件的转速或使其停止，就要利用制动器。

学习内容

制动器一般是利用摩擦力矩来降低机器运动部件的转速或使其停止回转的装置，其构造和性能必须满足以下要求：

1）能产生足够的制动力矩。

2）结构简单，外形紧凑。

3）制动迅速、平稳、可靠。

4）制动器的零件要有足够的强度和刚度，还要有较好的耐磨性和耐热性。

5）调整和维修方便。

按制动零件的结构特征，制动器一般可分为带式、内张式、外抱式等，其结构特点及应用见表 13-3。

表 13-3　制动器的类型、结构特点及应用

类型	图　　例	结构特点
带式制动器	制动轮 制动带 杠杆 F_Q	当力 F_Q 作用时，利用杠杆机构收紧制动带而抱住制动轮，靠制动带与轮间的摩擦力达到制动的目的。其结构简单，径向尺寸小，但制动力不大。为了增强摩擦制动作用，在制动带上可以衬垫石棉、橡胶或帆布等
内张式制动器	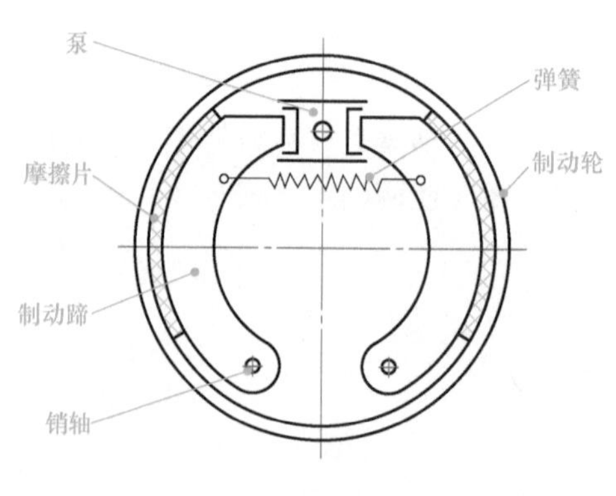	两个制动蹄分别通过两个销轴与机架铰接，制动蹄表面装有摩擦片，制动轮与需要制动的轴固连。制动时，压力油进入泵，推动左右两个活塞移动，在活塞的作用力下，两个制动蹄向外摆动，压紧在制动轮的内表面上，实现制动。油路卸压后，弹簧使两个制动蹄与两个制动轮分离，制动器处于松开状态。这种制动器结构紧凑，广泛用于各种车辆以及结构尺寸受限制的机械中

（续）

类型	图　例	结构特点
外抱式制动器	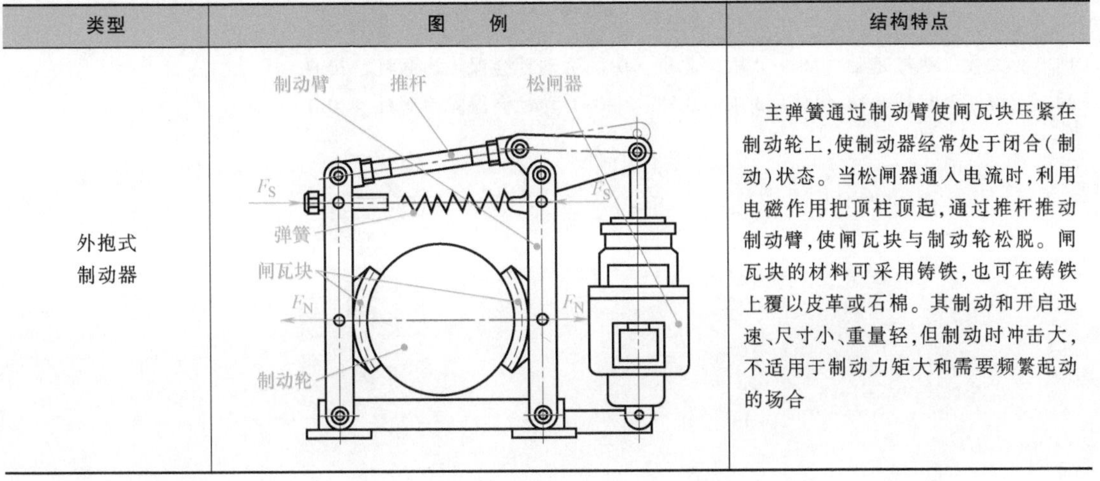	主弹簧通过制动臂使闸瓦块压紧在制动轮上，使制动器经常处于闭合（制动）状态。当松闸器通入电流时，利用电磁作用把顶柱顶起，通过推杆推动制动臂，使闸瓦块与制动轮松脱。闸瓦块的材料可采用铸铁，也可在铸铁上覆以皮革或石棉。其制动和开启迅速、尺寸小、重量轻，但制动时冲击大，不适用于制动力矩大和需要频繁起动的场合

本章小结

1. 联轴器的结构、特点及应用。
2. 离合器的结构、特点及应用。
3. 联轴器和离合器的主要作用及区别。
4. 制动器的结构、特点及应用。

本章习题

1. 联轴器和离合器在作用上有何异同？
2. 制动器为什么一般安装在转速较高的轴上？
3. 结合本章所学知识，分析离合器在汽车中的应用。
4. 结合本章所学知识，观察自行车的制动装置，分析其结构特征。

参考文献

[1] 孙大俊. 机械基础 [M]. 4版. 北京：中国劳动社会保障出版社，2007.
[2] 范继宁. 机械基础 [M]. 5版. 北京：中国劳动社会保障出版社，2011.